中国石化
SINOPEC

Annual
Report

# 中国能源化工产业
# 发展报告

中国石化集团经济技术研究院有限公司
中国石化咨询有限责任公司 编著

中国石化出版社
中国经济出版社
·北京·

## 内容提要

本书聚焦经济、能源、炼油、化工等多个行业发展态势，围绕经济、产业、热点三大模块，回顾了 2024 年中国能源化工产业的发展进程，特别是在国际地缘冲突持续、全球经济增速放缓、能源格局加速重构等多重不确定因素交织下的产业格局变化。在此基础上，本书对 2025 年"十四五"收官之年的能源化工产业发展趋势进行研判，还就能源化工行业培育新质生产力、我国新型储能技术经济性、石油需求达峰后我国炼油规模及定位、美国页岩油气并购等热点焦点议题进行了专题分析。

本书适合能源化工行业相关从业者及关注能源化工产业概况、绿色转型等主题的读者阅读参考。

**图书在版编目（CIP）数据**

2025 中国能源化工产业发展报告 / 中国石化集团经济技术研究院有限公司 , 中国石化咨询有限责任公司编著 . 北京：中国石化出版社 , 2024. 12. — ISBN 978-7-5114-7757-6

Ⅰ . F426.2

中国国家版本馆 CIP 数据核字第 2024UX7606 号

**中国石化出版社出版发行**

地址：北京市东城区安定门外大街 58 号
邮编：100011　电话：（010）57512500
发行部电话：（010）57512575
http ://www.sinopec-press.com
E-mail : press@sinopec.com
北京科信印刷有限公司印刷
全国各地新华书店经销

\*

889 毫米 × 1194 毫米　16 开本　17.5 印张　392 千字
2024 年 12 月第 1 版　2024 年 12 月第 1 次印刷
定价：598.00 元

# 《2025 中国能源化工产业发展报告》
## 编 委 会

# 前 言 ◀ Preface

伴随百年变局加速演进，2024年全球局势仍处于复杂多变的关键节点。世界各国选举活动频繁、大国博弈加剧、地区经济增长分化严重、地缘紧张局势加剧等多重因素盘错交织，为全球经济、政治、能源化工等多领域发展前景增添不确定性。中国从推动构建"人类命运共同体"到高质量共建"一带一路"，多维度展现新时代大国责任与担当。

2025年是我国"十四五"规划的收官之年，也是加速发展新质生产力、扎实推进全面高质量发展的关键之年。面对国际局势多变、能源格局重塑、低碳转型加速、传统创新碰撞、数智技术引领的新形势，我国能源化工产业坚持先立后破，以"新"提质，聚焦绿色发展，促进技术创新，优化产业结构，加强国际合作，以实现高质量发展为目标，持续推动传统产业的转型升级、新兴产业的培育壮大、未来产业的前瞻布局，为"十五五"规划谱写前奏，为下一个五年奋斗目标奠定坚实基础。

为了帮助我国能源化工行业人士全面了解宏观市场环境变化趋势、准确把握产业深度变革方向，中国石化集团经济技术研究院有限公司（中国石化咨询有限责任公司）组织研究力量，全面、系统分析研判宏观经济，以及中国能源、石油天然气、炼油和石化产业链2025年走势，汇编形成了《2025中国能源化工产业发展报告》，供业内外人士参考。

为持续提升报告质量与水平，我们真诚希望得到您的意见与建议。希望本书对中国能源化工行业的经营决策者、管理者及相关读者有所帮助和启迪。

《2025中国能源化工产业发展报告》编委会
2024 年 12 月

# 目 录 ◢ Contents

# 01

## 宏观经济

回顾 2024 年，全球经济显示出较强韧性，增长稳定，通胀正在逐步回归到目标区间范围内，全球经济实现软着陆的信心进一步增强。美国经济增长韧性较强，其他发达国家与美国的差距逐渐扩大；新兴经济体复苏步伐加快。我国尽管存在有效需求不足、房地产低迷、社会预期偏弱等问题，但在一系列政策支持下经济将实现预期增长目标。

展望 2025 年，预计主要经济体货币政策逐渐宽松，全球经济平稳增长，但上行动力不足；特朗普再次担任美国总统将对全球贸易及投资格局产生较大冲击，增加全球经济发展不确定性及风险波动；科技创新革命将成为拉动世界经济潜在增长率的主要因素。中国经济将面临内需偏弱、贸易壁垒升级、房地产持续深度调整等诸多挑战，但政策效果持续释放和科技创新，将有利于我国保持经济的稳定增长。

# 1. 2024 年世界经济相对平稳，中国经济承压增长

## 1.1 世界经济：利率与通胀基本实现政策平衡，经济稳中趋缓

2024 年，持续高利率冲击下全球经济体通货膨胀率虽然小幅高于政策目标，但整体抗通胀进程成效显著。自 2022 年上半年以来，全球经济体为应对高通胀采取一系列加息举措，因财政政策扩张、产业政策扶持、科技创新变革等政策对冲，2023 年以来，全球经济稳中趋缓，基本实现软着陆。为避免经济步入衰退，2024 年下半年开始，美国、欧洲等主要经济体陆续开启降息。预计 2024 年全球 GDP 增速为 3.2%，与 2023 年 3.3% 基本持平。

图 1 全球大宗商品价格指数走势

◆ 数据来源：国际货币基金组织（IMF）

## 特点一：美国经济增长明显领先于其他发达经济体

消费、投资及科技推动等多重因素下美国经济稳定增长。尽管持续面临创历史纪录的高利率冲击，美国经济增速屡屡超出经济学家和各大投行预期。2024年前三季度，美国GDP同比增速分别为2.9%、3.0%、2.6%，预计2024年全年GDP增速为2.8%（2023年为2.9%），高于21世纪以来平均增速约2%的水平。一是居民消费意愿强烈，消费情绪乐观。占美国GDP70%左右的居民消费在超额储蓄消耗殆尽后仍保持稳定增长，原因在于居民工资增速虽放缓但仍能支持居民消费，大选年份居民消费情绪乐观，美国金融资产价格上涨及完善的社会保障体系做底部支撑。二是在"三大产业"政策拉动下，固定资产投资在高利率下逆势快速增长。除房地产市场因结构性因素投资增速为负值外，基础设施、高科技制造业及新能源产业推动固定资产投资大幅增长，前三季度增速分别为5.5%、5.6%、3.2%。三是企业盈利持续攀升。截至10月，2024年美股上市企业盈利对市值增长贡献增加，企业盈利正向循环。四是科技创新推动下劳动生产率快速增长。2024年上半年，劳动生产率同比提升2.8%，为金融危机以来均值水平的两倍左右。

欧元区经济增长低迷，复苏缓慢。居民消费因通胀下降而小幅增长，上半年消费支出同比增长1.1%，但整体低于"俄乌冲突"前水平；工业生产指数仍不断下降，1—8月同比下降2.6%。预计2024年GDP增速为0.8%（2023年为0.4%）。欧元区经济增长主要由服务业驱动，制造业竞争力不足，经济结构严重依赖于出口，短期内难以有明显改善。

## 特点二：工业生产增长主要由中高科技产品驱动，低端产品停滞

全球工业生产复苏有所加快，结构性分化趋势愈发明显。2024年1—7月，全球工业产出指数同比增长2.0%，增速快于2023年（1.2%），但仍低于全球GDP增速。工业生产主要由中高科技产品驱动，1—7月同比增速为3.7%，增速较高的为计算机及电子产品（10.6%）、化学及制品（4.7%）等；药品（2.5%）、橡胶及塑料产品（1.8%）等保持小幅增长。低端制造业复苏程度慢，1—7月同比增速为0.9%，整体发展不及疫情前（2019年）；其中纺织业增长1.0%、家具产业链增速为1.0%。

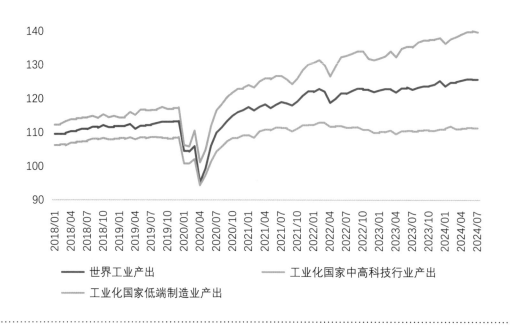

图 2　全球工业生产指数

◆ 数据来源：联合国制造业协会

因全球利率仍处高位，叠加美国大选、地缘政治等不确定性因素较强，全球制造业景气预期指标——采购经理人指数（PMI）仍位于萎缩区间。2024 年整体来看，金融条件并未明显放松，全球商品消费回暖幅度不及预期，全球供应链碎片化、地缘政治不确定性因素较强，制造业生产商整体预期悲观。上半年，全球制造业 PMI 位于 50~51 的荣枯线以上狭窄空间，但下半年 7—10 月连续 4 个月位于 49~50 的荣枯线以下。

## 特点三：全球贸易增长低于世界经济增速，新兴国家成为关键力量

除美国外的发达国家进口需求下降，2024 年全球商品贸易量有所放缓。2024 年 1—7 月，全球贸易量增长 2.2%（2023 全年为 3.3%）；全球贸易额增长 1.1%（2023 全年为 -1.1%）。世界贸易组织 10 月预计，2024 年全球商品贸易量增长 2.6%。发达经济体中，美国进口需求强劲，1—7 月进口额增长 3.5%；除美国外的其他发达国家进口需求均出现萎缩，如欧洲贸易额下降 5.2%。新兴经济体进口需求增长加快。除中国外的其他亚洲新兴国家（主要是印度及东盟）、拉丁美洲进口需求大幅上升，贸易额分别增长 8.3% 和 2.6%，成为除美国外拉动全球贸易增长的关键力量。

人工智能设备和电动汽车贸易量激增。2024 年上半年，高性能人工智能设备贸易量同比增长 26.2%；人工智能相关的其他电子及存储设备贸易量增长 7%。同期电动汽车贸易量亦保持 2023 年高速增长势头，同比增长约 25%。

持续的地缘政治碎片化已逐步改变世界贸易分工模式。一是新兴国家之间（即"南南国家"）

贸易量明显增加。发达国家贸易区域化、增设贸易壁垒，发达国家与新兴经济体间贸易增速不断下滑，而新兴国家贸易往来愈发密切。二是美国通过墨西哥、东盟实行"中国＋1"的策略已达至短期瓶颈期，难以绕开中国相关中间产品供给。2024年1—9月，中国对墨西哥出口额同比增长约13%，对东盟出口额同比增长约11%，明显高于中国对全球出口的平均增速。

图3　全球贸易额月度指数变化（2021年=100）

◆ 数据来源：荷兰经济分析局（CPB）

## 特点四：全球金融市场环境稳定，美元保持相对高位

发达国家及新兴经济体的股市均在全球经济软着陆及降息的预期下攀升。尽管金融市场环境承压，但是2024年1—10月，美国道琼斯工业指数上涨约18%，德国股市上涨约17%，日经300指数上涨约27%，印度、越南股市分别上涨约31%和19%。

因美联储降息及美国经济放缓预期，2024年美元指数仍位于100~106的区间高位震荡。一方面，美元指数篮子中约50%为欧元，而欧洲经济中短期内弱增长；另一方面，地缘政治风险的不确定性使全球投资者青睐美元避险资产。长期强美元抬升全球贸易成本，增加新兴国家货币不稳定风险；全球投资者不断增持美国资产，深刻影响全球资本流动再平衡。

全球房地产价格止跌回稳，回归区域化发展特征。2024年高利率下全球各国房地产价格涨跌不一，与2023年同步下降明显不同。美国房地产因库存不足、户主置换成本高而新增需求又加大等结构性因素，推动房价增幅较大，1—9月上涨约8%。欧元区房价下跌约3%，日本房价上涨约3%，韩国、加拿大房价平稳；拉丁美洲、非洲等国家房地产市场小幅上涨3%~4%。

能源商品价格与非能源商品价格走势分化。1—11月，大宗商品价格整体同比小幅下降2.7%；其中能源价格同比下降4.2%，非能源商品价格上涨1.5%，原材料价格上涨4.5%，基本金属价格上涨 3.6%。

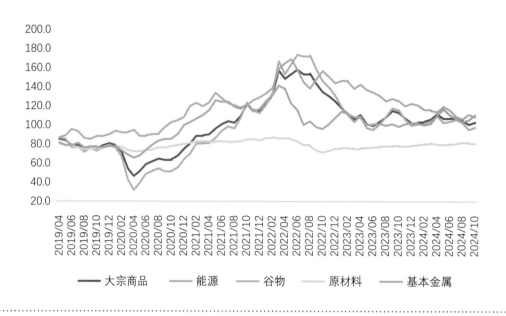

图 4　大宗商品价格月度指数变化（2010 年 =100）

◆ 数据来源：世界银行

## 1.2 中国经济：2024年经济增长承压，政策联动助力实现全年目标

　　2024 年国际环境愈加复杂，国内经济处于转型期，经济增长压力大。在面临产业结构调整、内需不足问题凸显、阶段性压力犹存等不利因素情况下，我国及时出台一揽子增量政策，坚持政策"长短"结合，进一步聚焦"稳增长、扩内需、化风险"，积极引导市场预期，为实现全年经济增长目标提供有力保障，预计 2024 年 GDP 同比增长 5.0% 左右。

　　分季度看，前三季度经济逐步放缓，四季度回升。一季度推动经济向好的积极因素不断累积增多，经济实现开门红，GDP 同比增长 5.3%。二季度经济在外需仍具韧性带动下持续修复，但内生动能仍需稳固，GDP 同比增长 4.7%。三季度我国仍面临总需求不足、房地产继续下行及地缘政治等风险，经济增长总体偏弱，GDP 同比增长 4.6%。11 月制造业 PMI 为 50.3，为 7 个月以来最高点，反映出在强有力的一揽子增量增长政策推动下，经济呈现回升向好态势。2024 年以来，7 天逆回购、中期借贷便利（MLF）和 5 年贷款市场报价利率（LPR）分别累计下调了 30 基点、50 基点和 60 基点，降息幅度为 2016 年以来之最。随着逆周期政策加码且组合发力，预计四季度稳定经济增长预期增强。

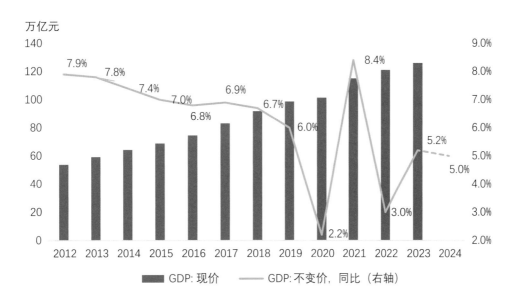

图 5　中国经济增速走势

◆ 数据来源：国家统计局，万得资讯（WIND），中国石化经济技术研究院

　　净出口对经济增长贡献率回升，投资贡献率表现平稳，消费贡献率显著下滑。前三季度，货物和服务净出口、资本形成总额、最终消费支出对经济增长贡献率分别为 23.8%、26.3% 和 49.9%。与 2023 年全年相比，净出口贡献率提高 35.2 个百分点，投资和消费贡献率分别下降 2.6 和 32.6 个百分点。

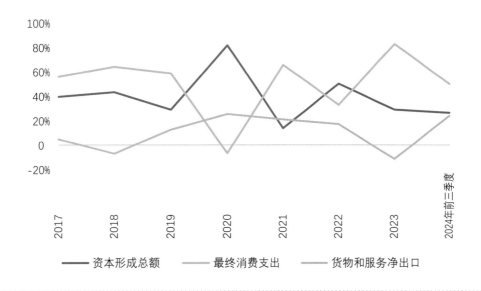

图 6　中国三大需求对经济增长的贡献率

◆ 数据来源：国家统计局，万得资讯（WIND）

### 特点一：利好政策密集出台，部分缓解房地产行业对投资的负面影响

制造业投资高位发力、基建投资保持稳定、房地产投资持续探底，投资整体稳步增长。2024 年 1—10 月，投资同比增长 3.4%（2023 年全年为 3.0%），其中，制造业、基建、房地产投资同比增速分别为 9.3%、4.3%、−10.3%（2023 年全年分别为 6.5%、5.9%、−9.6%）。在中央经济工作会议、国务院常务会议等重要会议中，一再强调科技引领先进制造业发展的重要意义，利好企业在相关领域投资；新一轮房地产优化政策注重逆周期调节和促进房地产止跌回稳。此外，大规模设备更新政策有效调动了经营主体更新生产、用能等各类设备的积极性，推动设备制造等行业生产较快增长。1—10 月，通用设备制造业和专用设备制造业投资分别增长 14.2% 和 11.9%，增速比全部投资分别高出 10.8 和 8.5 个百分点。随着"稳增长"政策效果的逐渐显现，预计投资增速持续复苏。

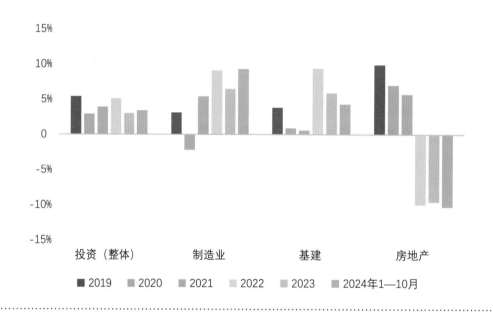

图 7　中国投资增速

注：2021 年为两年平均增速。

◆ 数据来源：国家统计局，万得资讯（WIND），中国石化经济技术研究院

### 特点二：居民收入增速不及预期且存在一定不确定性，消费增速较低

居民收入增速放缓是导致当前消费增速低位徘徊的根本原因。2024 年前三季度，全国居民人均可支配收入 30941 元，同比增长 5.2%（2023 年同期为 6.3%），较上半年下滑 0.2 个百分点。其中，工资性收入同比增长 5.7%（2023 年同期为 6.8%），财产性收入同比增长 1.2%（2023 年同期为 3.7%）。鉴于以上原因，1—10 月消费同比增长 3.5%（2023 年同

期为 6.9%），餐饮收入更是出现断崖式下滑。尽管如此，9 月末利好政策密集出台，一方面，推动股市大幅上涨，直接增加部分居民收入；另一方面，中央政治局会议对当前经济形势及未来经济工作做了切实的部署，增加了居民对经济企稳、就业稳定、收入增加的预期，进而显化以旧换新等促消费政策效应，预计将推动消费增速回升。

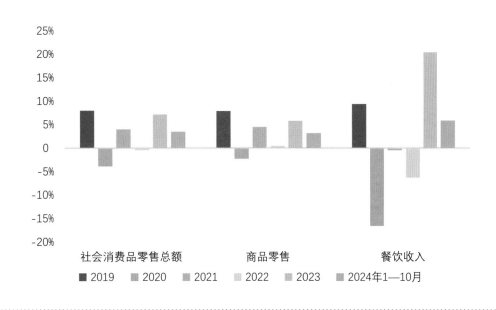

图 8　中国消费增速

注：2021 年为两年半均增速。

◆ 数据来源：国家统计局，万得资讯（WIND），中国石化经济技术研究院

## 特点三：出口表现亮眼，出口产品结构及贸易伙伴均发生变化

2024 年出口呈现出高附加值产品强劲增长、传统大宗商品出口下降以及全球市场需求变化影响出口结构的态势。同时，出口市场正通过多元化策略和加强与新兴市场的合作来保持稳定增长。1—10 月，我国进出口同比增速 3.7%（以美元计，2023 年全年同比 -5.0%），出口、进口增速同比分别为 5.1%、1.7%（2023 年全年同比分别为 -4.7% 和 -5.5%）。一是高附加值产品出口表现强劲，如船舶和集成电路出口同比分别增长 72.5% 和 19.6%。二是传统大宗商品出口下降，如钢材、肥料出口同比分别为 -2.4% 和 -13.0%，这主要受到全球市场需求疲软、国际市场竞争加剧以及国内产能过剩等因素的影响。三是在全球供应链转移调整和"一带一路"倡议下的经济合作加深等因素影响下，我国对传统贸易伙伴出口增速维持低位，对美、欧出口同比分别为 3.3% 和 1.9%；对新兴市场国家的出口增速较快，对东盟、巴西出口同比分别为 10.8% 和 24.9%，反映出我国与新兴国家不断加强的经贸合作，出口市场正呈现多元化趋势。

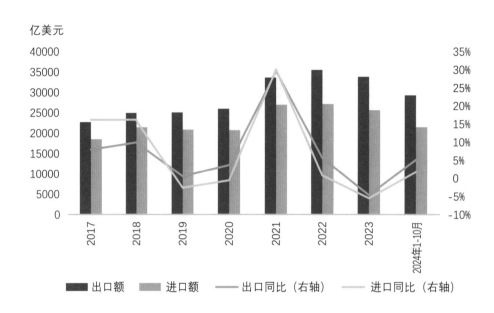

图 9 中国出口及进口情况

注：2021 年为两年平均增速。
◆ 数据来源：国家统计局，万得资讯（WIND），中国石化经济技术研究院

## 特点四：新质生产力相关领域在经济中占比逐渐上升，推动工业增长

　　作为实现经济高质量发展的关键，新质生产力相关多个领域和指标取得显著成绩，预计我国战略性新兴产业占 GDP 比重从 2014 年的 7.5% 升至 2024 年的 15% 以上。1—10 月工业增加值同比增长 5.8%（2023 年全年为 4.6%）。其中，新能源汽车产销分别完成 977.9 万辆和 975 万辆，同比分别增长 33.0% 和 33.9%；充电桩、风力发电机组、光伏电池等新能源产品产量同比分别增长 57.2%[①]、16.3%[②]、15.5%。此外，2024 年 9 月 27 日至 11 月 1 日，高炉开工率从 78.25% 连续 5 周上升至 82.46%，表明自 9 月下旬一揽子增量政策举措出台以来，工业经济运行状况有明显起色。随着稳经济各项措施显效，国内市场信心与活力恢复，工业经济将延续复苏态势，预计在财政货币政策联合发力的综合作用下，工业表现将继续保持稳步回升态势。

---

① 为 2024 年前三季度数据。
② 为 2024 年前三季度数据。

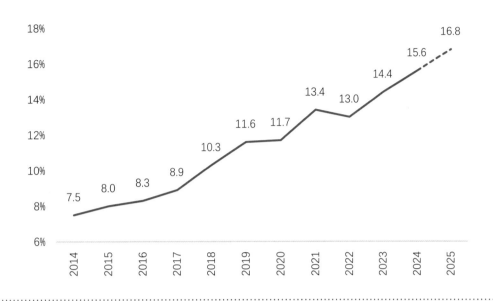

图 10　战略性新兴产业在经济中的占比变化

◆ 数据来源：国家统计局，万得资讯（WIND），中国石化经济技术研究院

　　物价持续低迷，工业生产者出厂价格指数（PPI）连续 25 个月为负。居民收入增速下滑，有效需求不足，是消费者价格指数（CPI）增速持续低位徘徊的根本原因；国际大宗商品价格下降、房地产市场探底、需求弱于供给等因素导致 PPI 持续为负。1—10 月，CPI、PPI 累计同比分别为 0.3% 和 -2.1%。

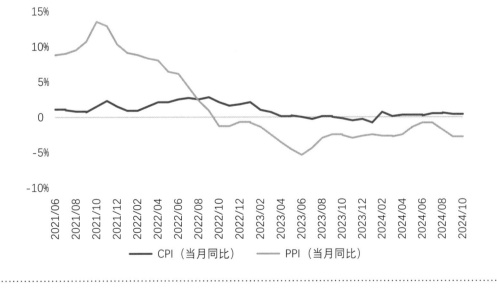

图 11　中国 CPI 及 PPI 涨跌幅

◆ 数据来源：国家统计局，万得资讯（WIND）

## 2. 2025 年世界经济面临的不确定性增加，中国经济政策发力支撑增速

### 2.1 世界经济：2025年全球经济平稳增长，科技创新愈发成为拉动经济增长的关键力量

随着全球主要经济体逐步降息，预计 2025 年全球经济平稳增长，GDP 增速为 3.2%，与 2024 年持平，但经济上行及加速动力不足。美国基本实现软着陆，但财政政策空间狭窄以及劳动力市场愈发疲软，经济增长由 2024 年中高速转为相对平稳；预计 2025 年 GDP 增速为 2.2%，与 21 世纪以来平均增速基本持平。欧元区低速增长，居民实际收入有所提升拉动消费，但制造业面临创新力不足、能源成本高、产业政策实施碎片化等挑战，短期内难以有较大起色；预计 2025 年 GDP 增速为 1.2%。日本因通货膨胀下降、居民实际收入提升提振消费，预计 2025 年 GDP 增速升高至 1.1%。新兴经济体中，中东及中亚、非洲等经济增速有所提高，但中国、印度等有所放缓。

特朗普就任美国总统后，其对外关税及经贸关系政策是全球经济的"达摩克利斯之剑"，全球经济下行风险增加、不确定性因素升高。

表 1 世界及主要国家 2025 年 GDP 增速预测

%

| 预测机构 | 全球 | 美国 | 欧元区 | 预测时间 |
|---|---|---|---|---|
| IMF | 3.2% | 2.2% | 1.2% | 2024 年 10 月 |
| OECD | 3.2% | 1.6% | 1.3% | 2024 年 9 月 |
| 世界银行 | 3.2% | 1.8% | 1.4% | 2024 年 6 月 |

注：OECD—经济合作与发展组织。

### 判断一：全球主要经济体利率水平下降，但仍远高于疫情前水平

2025 年，主要经济体通货膨胀基本能够回归政策目标；美国及欧洲等主要经济体将持续降息。预计 2025—2026 年，美联储联邦基金利率由当前的 5.0% 逐步下降至 3%~3.5% 的中性利率区间，欧央行政策利率由当前的 3.25% 回归至 2% 左右的中性利率区间。回归中性利率区间意味着货币政策正常化，以经济体潜在增长率对应的自然利率区间运行。

特朗普政府政策将扰动全球通胀下降速率。一方面，在竞选中他承诺将尽快降低美国国内通胀；另一方面，如果 10% 无差别关税和 60% 的针对中国特定税率实施，这将抬升美国通胀的顽固性，很有可能将此轮货币政策降息的进程拉长，或联邦基金利率的降息终点高于预期的 3%~3.5% 的自然水平。美国与其他国家货币政策可能分化。美国为抑制通胀上升苗头，将货币政策利率长期保持高位；而其他国家因遭受冲击，利率保持低位以促进增长。全球货币政策分化将支撑美元，美元保持高位。

## 判断二：科技创新将成为新一轮经济增长周期关键力量

全球经济在区域化、安全化发展情况下，政策红利空间较为狭窄。发达国家因人口数量增长不足、老龄化程度掣肘愈发明显，经济潜在增长率下降。新一轮全球经济周期将以科技创新引领，其中又以半导体和人工智能为核心。科技创新具有迸发性的特征，其他技术应用创新包括绿色技术、先进制造、核电、先进材料等，将成为拉动全球经济增长的关键动力。

美国将是此轮科技创新革命的引领者，中国目前位居第二位，欧洲因科技研发难以应用转化、产业政策难以形成聚力等因素，与美国和中国的差距拉大。人工智能领域，截至 2024 年上半年，美国约占全球风险投资总额的 3/4，是名副其实的"领头羊"。10 月，美国能源部发布《能源领域 AI 前沿研究方向》报告，提出在核电、电网、碳管理、能源储存和能源材料与 AI 领域相互补充。特朗普已宣布将确保美国在人工智能领域的领先地位。人工智能技术虽因开发成本极高、在应用场景精确化程度等方面有待提升，全产业大规模商业化方面仍尚待时日，但小规模工业场景应用落地已大势所趋。

欧洲制造业创新发展面临诸多瓶颈。一是新兴产业政策财政投入落后。在新兴及未来产业投入仍存约三分之一的财政缺口，投入额与中美差距拉大。二是企业创新投入不足，创新能力与美国差距逐步拉大。人工智能大模型领域投资额仅为美国 1/10。三是政治极化，政策实施顺利性降低。法国领导人选举显示派别政策分割日益严重，经济政策难以顺利实施。四是产业领域市场分割，经济政策碎片化阻碍技术发展与利用。未来产业补贴及发展规划各自为战，缺乏统一规划。

## 判断三：特朗普政府将深刻改变全球贸易、投资和产业链格局

跨国投资增速下降。因贸易环境的不确定性及风险升高，跨国公司投资建厂将更为谨慎，而当前地缘政治冲突下跨国投资已明显放缓。

全球产业链转移比中美贸易冲突影响更为深远。与 2018—2019 年"中美贸易冲突"爆发，产业链转移在无准备、条件尚未成熟情况下进行不同，特朗普 2.0 政策下，中美经贸关系未来更趋复杂，跨国公司产业链搬离中国的布局酝酿与考量将更为成熟，范围更加广泛，产业链转移向上游渗透比例更高。产业链搬迁或不会过于迅速，但影响定将更为深远。

### 判断四：特朗普政府能源政策减缓全球清洁技术发展步伐

特朗普政府将撤销部分《通胀削减法案》。如果废除《通胀削减法案》，将导致 2025—2035 年美国可再生能源新增容量下降 17%；其中海上风电受影响最大，降幅达 35%。而哈里斯的竞选纲领中将发展清洁能源技术放于首位，甚至放置于人工智能技术前面。哈里斯的败选可能导致美国在清洁能源技术及电动车发展上将再次落后于中国和欧洲一个台阶，在某种程度上减慢全球清洁能源技术发展进程。

美国天然气出口增加，增加全球化石燃料供给。拜登政府暂停广泛出口液化天然气，但特朗普回归后将指示能源部恢复向亚洲及其他非美国自由贸易伙伴国家出口天然气。世界将出现清洁能源技术不断发展，传统石化能源量级扩张、并行发展的局面。

## 2.2 中国经济：2025年内生动力逐步增强，经济延续向好态势

2025 年是"十四五"收官之年，我国将继续朝着"稳中求进"的方向迈进，着力推动高质量发展。尽管受贸易保护主义抬升和房地产市场调整等因素的影响，经济增速面临放缓的压力，但通过政策托底、提振消费、科技创新等手段，将促进投资增长、提升消费预期、强化高技术产业发展，经济的内生动力将逐步增强，预计 GDP 增速在 4.6%~5.0% 区间。

### 判断一：超预期财政货币政策支持下房地产"止跌回稳"，利好投资

多措并举，保障房地产市场平稳运行。为了稳定市场预期，财政政策方面叠加运用地方政府专项债券、专项资金、税收政策等工具，以支持房地产"止跌回稳"。货币政策方面，通过"四个取消""四个降低""两个增加"③，以促进房地产市场平稳健康发展。放宽限购政策能够吸引更多有购房需求的消费者进入市场，促进房屋交易量的回升；而降低二套房首付比例和贷款利率，则直接降低了购房门槛和成本，有助于释放改善型住房需求，缓解房地产市场的库存压力，如图 12 所示，房贷利率和商品房销售面积增速呈负相关关系。此外，新增 100 万套棚改货币化安置计划，通过直接给予资金补偿的方式，鼓励棚户区居民自主选择购房，既能加快棚户区改造进程，又能有效增加市场需求，稳定房地产市场发展。综合而言，地产销售初现止跌回稳，叠加土地回购置换推进，预计 2025 年房地产投资降幅有望收窄。基建投资在地方化债背景下或更侧重于大工程与新基建，预计保持稳定增长；制造业投资有望在设备更新政策延续下，迎来行业与政策周期共振，预计成为拉动投资增长的主力。

---

③ "四个取消"，即充分赋予城市政府调控自主权，调整或取消各类购房的限制性措施，主要包括取消限购、取消限售、取消限价、取消普通住宅和非普通住宅标准。"四个降低"，即降低住房公积金贷款利率、降低住房贷款的首付比例、降低存量贷款利率、降低"卖旧买新"换购住房税费负担。"两个增加"，即通过货币化安置等方式新增实施 100 万套城中村改造和危旧房改造，2024 年底前将"白名单"项目的信贷规模增加至 4 万亿元。

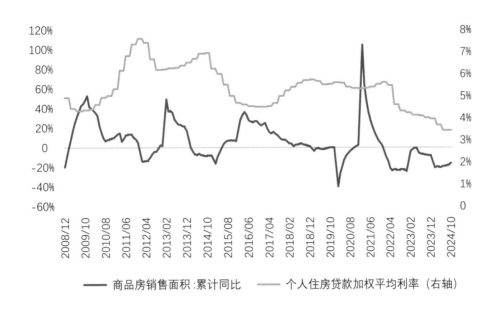

图 12　商品房销售面积增速和房贷利率走势

◆ 数据来源：万得资讯（WIND）

### 判断二："以旧换新"政策发力叠加收入预期改善，推动消费回暖

为了提振消费以促进经济持续健康发展，政府提出了一系列针对性的政策措施，旨在从多个维度出发，综合施策，以拉动消费增长。一是激活市场内需，推动产业升级。为了有效激发居民消费需求，政府推出了汽车、家电以旧换新的政策。此举不仅旨在通过置换补贴、税收优惠等手段鼓励消费者淘汰老旧设备，购买更加节能环保的新产品，从而促进相关产业的迭代升级，还能直接拉动内需增长，形成良性经济循环。二是创新金融工具，维护资本市场稳定。为了维护资本市场的稳定与健康发展，央行计划创设新的金融工具（逆周期调节的货币政策工具、针对特定市场风险的定向干预措施等）来稳定股市，旨在通过灵活的市场操作，平抑股市异常波动，增强投资者信心。此举不仅能够为市场提供必要的流动性支持，还能引导市场预期，促进资本市场长期稳定发展。三是精准施策，提升民生福祉。2024 年 9 月 25 日，《中共中央 国务院关于实施就业优先战略促进高质量充分就业的意见》发布，部署 24 条举措，旨在提升就业质量与数量，通过促进劳动报酬合理增长，完善初次分配机制，提高劳动报酬比重等方式，提高居民收入，扩大中等收入群体规模，从而增强消费能力，推动消费升级。

### 判断三：地缘政治冲突持续及贸易保护主义抬升，出口面临较大压力

出口形势面临多重挑战，但仍存机遇。不利因素主要是美国加征关税的潜在风险，以及国内出口价格偏弱可能导致的出口金额拖累。同时，地缘政治冲突、海外国家二次通胀、海外选

举及贸易政策的不确定性等风险因素也可能对出口造成不利影响。有利因素则是随着全球经济逐步复苏，有望促进全球贸易量的提升。中国出口企业也在积极调整策略，尽力扩展到新兴市场，以对冲潜在的关税风险。不仅如此，政府将继续支持外贸发展，包括扩大优质消费品、先进技术、重要设备、能源资源等进口，提升出口质量。同时，将加快数字技术与贸易发展深度融合，促进跨境电商健康持续创新发展等。

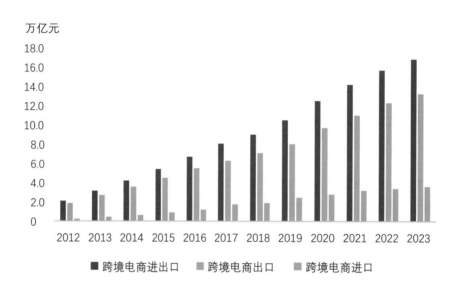

图 13　跨境电商发展态势

◆ 数据来源：万得资讯（WIND），《2023 年度中国跨境电商市场数据报告》（网经社电子商务研究中心发布），
　　中国石化经济技术研究院

## 判断四：科技创新作为经济发展的核心动力之一，助推工业生产复苏

我国将加大对人工智能、5G/6G 通信技术、半导体制造、量子计算等领域的投资力度，减少对外部技术依赖。制造业尤其是高新技术制造业将迎来蓬勃发展，带动工业生产继续向好回升。二十届三中全会明确指出深化科技体制改革，"统筹强化关键核心技术攻关，推动科技创新力量、要素配置、人才队伍体系化、建制化、协同化"。《2024 年第三季度中国货币政策执行报告》中强调要"充分发挥货币信贷政策导向作用"，针对国家重大科技任务、科技型中小企业等重点领域和薄弱环节，持续提升金融对其科技创新能力、强度和水平的支持力度。截至 2024 年 10 月，高技术制造业增加值同比增长 9.1%，比规模以上工业增加值高 3.3 个百分点，显示了高技术制造业的强劲增长势头。因此，在技术创新、产业结构优化、高端装备制造业的快速发展、高技术产品产量的快速增长、政策支持等多方面因素的共同作用下，将共同推动高技术制造业的发展，进而带动整体工业生产的增长。

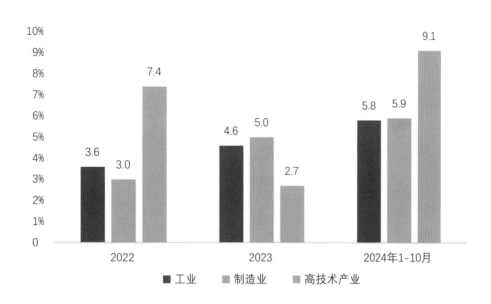

图 14 　工业、制造业和高技术产业增加值同比增速

◆ 数据来源：国家统计局，万得资讯（WIND）

　　2025 年，我国将基于二十届三中全会的长期改革蓝图，以"十五五"规划为契机，坚持持续推进高质量发展的战略方向，致力于实现更有效率、更加公平、更可持续的增长模式。尽管在这一进程中，将不可避免地面临多重挑战，如地缘政治冲突持续、贸易壁垒增强、产业结构调整压力等，但通过灵活有效的政策调整与持续不断的创新驱动，我国完全有能力克服这些困难，保持经济的稳定增长。政府将继续优化营商环境，鼓励科技创新，加强国际合作，以确保我国经济在新发展阶段中持续焕发活力。

表 2 　中国 GDP 增速预测

%

| 预测机构 | 2024 年 | 2025 年 | 预测时间 |
|---|---|---|---|
| IMF | 4.8 | 4.5 | 2024 年 10 月 22 日 |
| 世界银行 | 4.8 | 4.1 | 2024 年 6 月 11 日 |
| 亚洲开发银行 | 4.8 | 4.5 | 2024 年 9 月 25 日 |
| OECD | 4.9 | 4.7 | 2024 年 12 月 4 日 |
| 中国石化经济技术研究院 | 5.0 | 4.6~5.0 | 2024 年 12 月 10 日 |

# 02

## 中国能源

2024年是实现"十四五"规划目标任务的关键一年，面对全球地缘冲突持续、经济增速放缓、国际贸易格局变革、能源格局加速重构等不确定因素交织的复杂环境，中国能源行业按照稳中求进、以进促稳、先立后破的总基调，扎实推进能源革命，加快构建新型能源体系，持续推动能源行业高质量发展。

# 1. 2024年能源行业迈入高质量发展新阶段，能源转型蹄疾步稳

2024年我国能源行业能源结构持续优化、供应保障能力持续增强、质量效率稳步提高，煤炭行业兜底保障作用显著，石油稳产态势良好，天然气供需保持快速增长，非化石能源持续快速扩张，有力支撑了经济社会高质量发展。

## 1.1 能源消费稳步上升，增量主要来自非化石能源

经济运行稳中向好，能源消费持续增长。从主要行业看，工业生产较快增长，制造业投资保持高增长态势，出口有所好转，净出口对经济拉动作用增强。国民经济延续向好态势，为能源消费增长提供主要支撑。预计2024年我国经济增速5.0%左右，能源消费总量达59.7亿吨标煤，同比增长4.3%，能源消费增速在2023年高基数下有所回落。

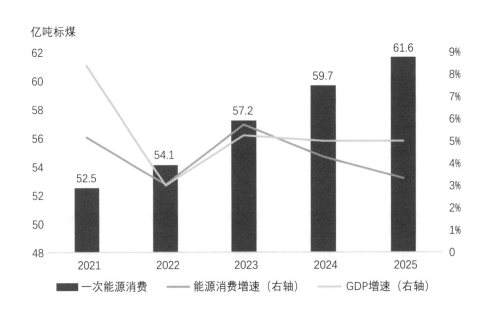

图 1　近年来我国一次能源消费情况

◆ 数据来源：2021—2023 年历史数据来自国家统计局，2024—2025 年预测数据来自中国石化经济技术研究院

能源消费结构持续优化，低碳能源消费占比稳步提升。从能源结构看，2024 年煤炭占比下降 1.2 个百分点，石油下降 1 个百分点，天然气提升 0.4 个百分点，非化石能源提升 2 个百分点。首先，煤炭消费方面，电力行业是煤炭消费主阵地，我国已建成全球最大的清洁煤电供应体系，尽管可再生能源发电快速增长挤占了部分增量空间，但在用电需求高增长带动下，煤电仍存一定增量。非电用煤需求整体偏弱，水泥和建材行业用煤需求低迷，主要受房地产市场持续疲软、投资下滑等因素影响，化工行业需求有所增长，但总量规模相对较少，领先企业正在探索将煤化工与绿电、绿氢、绿氧相结合，实现源头减碳，产业高端化、多元化、低碳化特征日趋明显。综合来看，煤炭消费同比保持增长，预计全年煤炭消费量为 48.5 亿吨，同比增长 2.5%，较上一年明显回落。其次，石油消费方面，2023 年成品油消费基本达峰，2024 年迎来下降拐点。新能源汽车渗透率进一步提高，持续挤压燃油市场份额。汽油消费出现下降，基建、制造等行业需求低迷，叠加 LNG 重卡销量继续创历史新高，柴油需求萎缩明显。预计全年石油消费量约 7.5 亿吨，同比下降 1.6%。再次，天然气消费方面，居民用气需求受采暖用气和交通用气需求支撑快速增长，工业用气需求稳定增长，发电用气在气电装机增长和迎峰度夏发电需求带动下稳定增长，化工化肥用气需求保持稳定，较去年小幅增长。预计全年天然气消费量约 4300 亿立方米，同比增长 9%。最后，非化石能源方面，非化石能源继续保持跃升态势，呈现两位数的高增长，占能源消费增量比重超过 80%，是能源消费增量的绝对主体，预计全年非化石能源消费量约 11.7 亿吨标煤，占一次能源消费的比重提高到 19.7%，将首次超越石油（17.3%）。

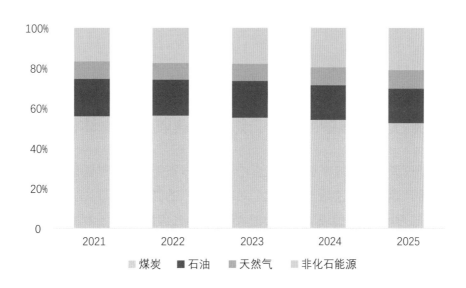

图 2　近年来我国一次能源消费结构

　　碳排放强度下降助力绿色发展，重点领域节能降碳持续推进。2024 年单位国内生产总值能耗和碳排放量均呈下降趋势，扣除原料用能和非化石能源消费后，预计全年碳排放强度下降 4.0%，完成《2024—2025 年节能降碳行动方案》提出的 2024 年单位国内生产总值二氧化碳排放降低 3.9% 左右的发展目标。碳市场活跃度大幅提高，上半年全国碳排放权交易市场月均成交量达 366.82 万吨，同比大涨 174.9%。截至 2024 年 8 月，钢铁、电解铝、水泥、炼油、乙烯、合成氨等行业能效标杆产能占比平均提高约 6 个百分点。新建建筑中绿色建筑面积占比超 90%，城镇既有建筑节能改造超 3 亿平方米，节能建筑占城镇既有建筑面积比例超 64%。清洁能源技术引领全球。高效晶体硅、钙钛矿等光伏电池技术转换效率多次刷新世界纪录，量产先进晶体硅光伏电池转换效率超过 25%。18 兆瓦全球最大单机容量风电机组启动发电，20 兆瓦全球最大功率漂浮式风电机组成功下线。自主研发的世界首座具有第四代核电特征的高温气冷堆核电站已正式投入商业运营。

　　经济复苏带动用电高增，终端能源电气化趋势显著。随着国家稳增长政策持续发力、工业生产稳步恢复以及制造业持续扩张，2024 年预计全社会用电量达到 9.9 万亿千瓦时，同比增长 7%。各领域电能占终端能源消费比重不断提高，工业领域钢铁、建材、化工等重点行业推广电炉钢、电锅炉等电加热技术，扩大终端电气化设备使用比例。交通领域新能源汽车渗透率持续提升，充电桩等基础设施加速建设。建筑领域热泵、电制冷、供暖应用场景不断深化。预计 2024 年我国终端电气化率较 2023 年提高 0.8 个百分点，增至 28.8%。

## 1.2 能源供应韧性增强，供给保障能力实现新跃升

### 1.2.1 煤炭：产业集中度提升，进口增速收窄，整体供应平稳

稳产稳供延续政策下，煤炭产量"前紧后松"。上半年受安全生产监督影响，山西省煤炭产量明显下降，随着产地煤矿安监趋于常态化，对煤矿生产的影响逐渐弱化，加之下半年部分建设煤矿投产，有效产能有所增加，重点产煤省份加大产量、补齐欠量，预计全年煤炭产量约 47.4 亿吨，同比增长 1.5%。煤炭生产集中度持续提升，煤炭产业布局加速向中西部地区转移，晋陕蒙新四省区的原煤产量占全国的比重超过 80%，疆煤外运超 6000 万吨。煤炭行业高质量发展迈上新台阶，煤炭深加工精细化程度不断提高，低阶煤干法分选技术工程应用实现新突破。数智赋能煤炭产业改造升级，截至 2024 年 6 月底，全国累计建成智能化采煤工作面 2201 个、智能化掘进工作面 2269 个，智能化煤矿产能占总产能比重达到 45.9%。

煤炭进口增速明显收窄，来源国呈现多元化趋势。2024 年 1—9 月煤炭进口量 3.9 亿吨，创历史新高，同比增长 11.9%，但相比 2023 年同期 73.1% 的高增长，进口增速明显回落。印尼仍是我国最大的煤炭进口来源国。受俄罗斯煤企遭美国制裁以及中俄双方进出口关税政策影响，来自俄罗斯的进口量下降。在中澳关系缓和以及澳煤价格优势推动下，来自澳大利亚的进口份额明显回升。在国家建立煤炭产能储备制度相关政策影响下，全社会存煤整体维持高位，截至 2024 年 11 月末，全国统调电厂存煤超过 2 亿吨，平均可用天数超过 30 天。

### 1.2.2 石油：上游稳产增产成效显著，产量持续回升超过 2.1 亿吨

石油行业继续加大增储上产力度，预计 2024 年全国石油产量将达 2.14 亿吨，同比增长 2%，海上石油继续成为石油增产的主要推动力。《"十四五"现代能源体系规划》要求，石油产量稳中有升，力争 2022 年回升到 2 亿吨水平并较长时期稳产。我国石油产量于 2021 年逼近 2 亿吨，2022 年达到 2.05 亿吨，2024 年已接近 2015 年 2.15 亿吨的历史最高水平，增产效果显著，为之后的长期稳产打下了良好基础。随着国内石油产量的稳步提升，预计石油对外依存度将比上年略降，约为 73%。

### 1.2.3 天然气：持续 8 年增产超百亿立方米，有力保障供应安全

2024 年三大石油公司持续加大勘探开发力度，产能建设高效推进。预计全国天然气产量 2493 亿立方米，同比增长 7.3%，新增产量约 169 亿立方米。国内天然气常规、非常规和海域

天然气勘探开发取得新突破，深地油气钻探能力及配套技术跻身国际先进水平，建成了首口设计井深超万米的科学探索井，自主攻克了万米级特深井钻探技术瓶颈，四川盆地深层页岩气勘探取得重要突破，海南岛东南海域勘探发现首个超深水超浅层气田。

液化天然气和管道天然气进口实现双增长。2024 年我国管道天然气进口量约 763 亿立方米，较上一年增长 92 亿立方米，增速 13.6%；液化天然气（LNG）进口量约 1087 亿立方米，较上一年增长 103 亿立方米，增速 10.4%。全国油气管网基础设施建设持续推进，预计全年新增管道里程将超过 4000 公里，为天然气保供提供有力支撑。在全球天然气供应增长推动下，2024 年国际天然气市场供需形势较上一年有所改善，LNG 价格同比下降、进出口贸易景气度回升，2024 年东北亚现货均价预计为 11.7 美元 / 百万英热单位，同比下降 15.4% 左右，价格走跌带动国内 LNG 现货采购量增长。中俄东线管道气加快推进，全年新增供应量在 80 亿立方米左右。

### 1.2.4 非化石：风光累计装机超过煤电累计装机，储能发展迎来新机遇

2024 年全国发电装机容量将突破 33 亿千瓦，同比增长 14%。其中，非化石能源累计装机 19.2 亿千瓦，占比 57.5%，风电和光伏合计累计装机 13.8 亿千瓦，超过总装机量的 40%，我国已提前 6 年完成 2030 年风光发电装机合计 12 亿千瓦的发展目标；煤电累计装机 12 亿千瓦，占比 36.2%。2024 年，全国新增发电装机容量约 4.1 亿千瓦，其中，非化石能源发电装机新增 3.4 亿千瓦，是发电装机的增量主体。非化石能源发电投资保持快速增长，截至 2024 年 9 月，非化石能源发电投资占电源投资比重为 85.6%。

新能源消纳问题日益突出，储能发展进入重要机遇期。根据全国新能源消纳检测预警中心数据，2024 年 1—10 月，全国风电利用率 96.4%，光伏发电利用率 97.1%，均同比下降，且 2 月首次出现风电、光伏利用率跌破 95%。新型储能装机规模稳步增长，锂离子储能是主要储能技术。据国家能源局统计，截至 2024 年上半年，全国已建成投运新型储能项目累计装机规模达 4444 万千瓦 /9906 万千瓦时，较 2023 年底增长超过 40%，已投运锂离子电池储能占比 97%。此外，压缩空气储能、液流电池储能、钠离子电池储能、重力储能等新建项目陆续投产，构网型储能探索运用，推动储能技术多元化发展。从应用场景看，独立储能、共享储能装机占比 45.3%，新能源配建储能装机占比 42.8%，其他应用场景占比 11.9%，新能源 + 储能、光储充一体化、微电网 + 储能、工商业 + 储能等新应用、新模式不断涌现。

### 1.2.5 电力：非化石能源发电量快速增长，煤电充分发挥兜底保障作用

全年电力供需总体紧平衡。预计 2024 年全年用电量 9.9 万亿千瓦时，同比增长 7%。其中，非化石能源发电量约 3.9 万亿千瓦时，同比增长 15.5%，占全社会用电量的 39.5%。风电光伏

发电量 1.8 万亿千瓦时，约占全社会用电量的 18.3%。煤电发电量约 5.6 亿千万时，同比增长 2.2%，占全社会用电量的 56.8%，煤电以不到四成的发电装机占比，生产了近 6 成的电量，兜底保障作用显著。风电、光伏利用小时数同比增加，水电利用小时数恢复到历史均值，对煤电形成挤压，煤电利用小时数同比降低。发电成本方面，2024 年我国陆上风电度电成本（LCOE）为 0.14 ~ 0.21 元 / 千瓦时，海上风电 LCOE 为 0.28 ~ 0.41 元 / 千瓦时，光伏发电 LCOE 为 0.16 ~ 0.25 元 / 千瓦时，竞争力持续提升。

## 1.3 能源结构转型势在必行，绿色低碳发展迈上新台阶

### 1.3.1 加快构建碳排放双控制度体系，积极稳妥推进碳达峰碳中和

2024 年 8 月，国务院办公厅印发《加快构建碳排放双控制度体系工作方案》（以下简称《方案》），意味着能耗双控正式向碳排放双控转型，能耗强度不再作为约束性指标，并鼓励各级政府发展和利用非化石能源和可再生能源。《方案》提出了构建碳排放双控制度体系的阶段目标，"十五五"期间以碳排放强度控制为主，总量控制为辅，而碳达峰后，要求以总量控制为主，强度控制为辅。同时明确了国家规划、地方制度、行业机制、企业制度、项目评价、产品体系等 6 类 15 项重点任务。

随着《方案》发布，可以预见：一是碳排放约束性政策数量增多。国家将清理现行法规政策中与碳排放双控要求不相适应的内容，各层面将陆续出台一系列细化法律法规及工作方案，开启全面实施碳排放双控新时代。二是碳排放核算机制进一步完善。《方案》提出完善工业行业和城乡建设、交通运输等重点行业领域碳排放核算机制和建立行业领域碳排放监测预警机制。一方面部分行业碳排放核算指南相对粗糙，导致不同生产工艺的碳排放核算存在差异。另一方面，早期发布的排放因子等参数存在滞后性，一些重点行业的技术工艺、能源结构等都出现了较大的变化，不再适用当前的情况。《方案》将加快推出重点行业相关指南。三是碳市场扩容提速。全国碳市场方面，目前仍只有发电企业参与，尚未纳入其他重点行业企业。国家已出台电力行业、电解铝行业以及水泥行业相关温室气体排放、报告及核查指南。随着重点行业相关指南的完善，碳市场规模将快速扩大。四是企业受到碳排放约束趋严，将促使其加大对绿色高效低碳技术的创新和应用，有利于加快培育新质生产力。

### 1.3.2 加快建设新型电力系统，引领绿色低碳转型

"双碳"目标下，传统电力运行系统体制难以适应新能源快速发展，构建新型电力系统有助

于解决新能源消纳、系统稳定等问题，是应对电力转型挑战的关键举措，是保障我国能源安全的长远战略选择。近年来，国家扎实推进新型电力系统建设，先后发布了《新型电力系统发展蓝皮书》《关于新形势下配电网高质量发展的指导意见》《关于做好新能源消纳工作 保障新能源高质量发展的通知》等文件，党的二十大报告和二十届三中全会也提出"深入推进能源革命""加快规划建设新型能源体系"。

2024 年 7 月，国家发展改革委、国家能源局、国家数据局制定了《加快构建新型电力系统行动方案（2024—2027 年）》（以下简称《方案》）。《方案》围绕"清洁低碳、安全充裕、经济高效、供需协同、灵活智能"的基本原则，旨在通过一系列专项行动，加速我国电力系统的绿色转型和高质量发展。明确提出需求侧协同能力提升行动，开展典型地区高比例需求侧响应、建设一批虚拟电厂，为加快新型电力系统构建提供重要支撑。《方案》的提出既明确了新型能源体系下电力系统转型发展的目标，也提出了能源转型加快建设的关键举措，特别为需求侧资源灵活性的协同发展指明了方向，将为新型电力系统的建设提供有力支撑。

### 1.3.3 规划建设新型能源体系，推动新能源高质量发展

2024 年 7 月，党的二十届三中全会提出，健全绿色低碳发展机制，促进绿色低碳循环发展经济体系建设。为深入贯彻落实党中央、国务院关于碳达峰碳中和决策部署，加快推进各领域各行业可再生能源替代，2024 年 10 月，国家发展改革委等六部门联合印发了《关于大力实施可再生能源替代行动的指导意见》（以下简称《意见》）。《意见》贯彻"四个革命、一个合作"能源安全新战略，明确了统筹谋划、安全替代，供需统筹、有序替代，协同融合、多元替代，科技引领、创新替代的基本原则。提出了"十四五"和"十五五"期间的具体目标，即到 2025 年和 2030 年，全国可再生能源消费量分别达到 11 亿吨和 15 亿吨标煤以上，以支撑实现 2030 年碳达峰目标。主要任务包括：提升可再生能源的安全可靠替代能力，加快推进重点领域可再生能源替代应用，以及替代创新试点等，旨在通过全面提升可再生能源供给能力、优化电力调度控制、加强供需互动和推动新技术攻关试点等方式，促进能源行业的绿色转型。

新能源行业迎来新的发展机遇。一是可再生能源的供给能力将大幅提升，大型风电光伏基地、水电基地建设加快，分布式可再生能源进一步发展。二是能源基础设施将不断升级，智能电网、热力管网、氢能供应网络等建设和改造，将为可再生能源的输送和消纳提供保障。三是工业、交通、建筑等重点领域将加速向可再生能源转型，如工业绿色微电网建设、交通领域的电气化以及建筑的可再生能源集成应用。四是能源市场机制和价格机制将不断健全，有利于可再生能源的可持续发展。总之，该政策将推动能源行业向绿色、低碳、高效的方向不断迈进。

## 2. 2025 年能源行业锚定"十四五"目标，改革再发力

2025 年是"十四五"收官之年，我国经济由高速增长向高质量发展转型的攻坚期，能源行业也将进入全面深化改革的关键期，能源领域将聚焦绿色低碳转型、能源安全保障、创新技术驱动等核心要点，持续优化能源结构，加速产业升级改造，大力发展可再生能源，为经济社会高质量发展筑牢能源根基。

### 2.1 经济运行稳中求进，能源消费稳中有增

我国经济正在由高速增长阶段转向高质量发展阶段，产业结构优化进入深化期，从传统制造业向创新驱动和高附加值产业转型，高科技产业和绿色项目的投资比重加大，"新三样"、数字新基建等新兴产业将成为能源消费的重要引擎，预计 2025 年我国经济增速在 4.6%~5.0% 区间，一次能源消费总量 61.6 亿吨标煤，同比增长 3.3%。

煤炭消费方面。发电用煤需求仍具有一定刚性，在经济稳定增长、电气化水平持续提升、新兴产业快速发展带动下，全社会用电量将继续增长，火电仍将是主体电源，发电装机和发电量将持续增长。不过，随着可再生能源电力进一步渗透，煤电发电量和发电装机占比将逐渐下降。非电用煤需求受限，受钢铁、水泥等行业产业结构调整以及节能降碳专项行动计划实施影响，工业领域煤炭消费预计将下降。预计 2025 年我国煤炭消费量约 48.8 亿吨，同比增长 0.5%，在一次能源消费中占比为 52.5%，较 2024 年下降约 1.5 个百分点。

石油消费方面，柴油消费加速下降，汽油消费达峰后下降，航煤消费恢复动力减弱。其中，柴油消费在交通领域既受电动化冲击，同时也被 LNG 替代；房地产业虽筑底企稳，但拉动柴油消费的贡献相对有限。汽油消费在 2023 年达峰后，受电动车替代影响继续下滑。航煤消费仍有恢复空间，主要表现为国际航线未达到 2019 年水平，2025 年国际航线有所增加但增速将减缓。预计 2025 年我国石油消费量约为 7.7 亿吨，同比增长 2.7%，在一次能源消费中占比为 17.2%，较 2024 年下降约 0.1 个百分点。

天然气消费方面，行业保持高景气度发展。一是国内经济持续向好，有利于稳固工业、商业、发电等部门的用气需求增长态势；二是装备制造业"压舱石"作用进一步增强，电子、新能源汽车产业链保持较快增长，将会形成工业用气需求的新增长点；三是国际天然气市场供需整体趋于

稳定，价格波动程度有望较 2022 年大幅下降，天然气贸易整体稳定。综合以上因素判断，预计天然气需求将延续 2024 年中高增长态势，2025 年我国天然气消费量约为 4580 亿立方米，同比增长约 6.6%，在一次能源消费中占比 9.2%，较 2024 年上升约 0.3 个百分点。

非化石消费方面，可再生能源消纳能力提升，重点领域和行业节能降碳改造效果显著，2025 年非化石能源消费量维持较快增长，预计 2025 年我国非化石能源消费量约 13 亿吨标煤，同比增长 10.5%，占一次能源消费的比重提高到 21.1%，完成"十四五"非化石能源消费占比达到 20% 左右的目标，较 2024 年上升约 1.4 个百分点。

## 2.2 能源供应结构更绿、韧性更强，高质量特征凸显

### 2.2.1 煤炭：不确定性因素交织下"压舱石"作用凸显

煤矿先进产能加快释放，煤炭输送通道体系日益完备，全国煤炭资源配置能力进一步增强。预计 2025 年全国煤炭产量在 47 亿吨左右，与 2024 年持平。煤炭进口主要受地缘政治、贸易政策以及价格等因素影响，存在一定的不确定性。在建立健全煤矿产能储备制度的政策驱动下，煤炭库存仍将保持在较高水平。此外，安全环保政策趋严下，需要警惕生产供需错配、安全问题加大释放或收紧煤炭产能、因下游产业排碳指标限制导致投资被叫停或建设放缓等问题。

### 2.2.2 石油：持续加大增储上产力度，2025 年产量将保持在 2.1 亿吨以上

2025 年油气行业将坚决执行"七年行动计划"，力争在之前六年打下的良好基础上完美收官。石油企业将持续加大油气勘探开发力度，保持高强度工作量投入，强化重点盆地重点领域技术攻关，进一步做到高效勘探、效益开发，有效和高效释放新区新领域的增储增产潜力，减缓老区减产速度，尽全力做到储采平衡。预计 2025 年我国石油储量将继续保持高位增长，年均新增探明地质储量 10 亿吨以上，推动新建产能保持在历史高位。2025 年石油产量小幅增加，达到 2.15 亿吨左右。石油消费同比增长，全年石油对外依存度约 74%。

由于国际油价预期下滑，在保供压力较大和油气勘探开发成本不断攀升的情况下，2025 年油气勘探开发将面对较大压力。我国石油勘探开发成本较高，东部老油田成本超 60 美元 / 桶，稳产依赖高油价。历史数据表明，油价跌至 60 美元 / 桶，我国石油产量将出现下滑，跌至 50 美元 / 桶时将大幅下滑。因此，2025 年我国的保供压力大，既要努力保障投资力度，又要全力优化投资结构，还要大力通过技术创新、工艺优化以及管理创新和优化等手段全方位和全力降

本，以保障 2025 年产量目标如期实现。

### 2.2.3 天然气：天然气供应持续增长，增储上产再上新台阶

2025 年，国内天然气生产企业将持续落实"十四五"能源规划中明确提出的天然气产业发展目标，在天然气勘探开发、基础设施建设、储气调峰能力建设等方面发力，增强我国天然气保供能力。预计 2025 年国产气量有望达到 2606 亿立方米，同比增长 4.5%。进口方面，预计管道气进口量在购销合同框架下稳定增长，LNG 进口合约稳定执行。预计全年天然气进口量在 2012 亿 ~2035 亿立方米左右，我国天然气对外依存度同比小幅增长。

### 2.2.4 非化石：累计装机占比逼近 60%，储能发展提速

非化石能源发展保持强劲势头。预计 2025 年，非化石能源累计装机超过 22 亿千瓦，同比增长 16.4%，占总装机的 59.8%。其中，风能和太阳能发电累计装机分别为 5.9 亿千瓦和 10.7 亿千瓦，分别占非化石能源累计装机的 26% 和 48%。非化石能源新增装机约 3.1 亿千瓦，占新增总装机的 79%。全年非化石能源发电量约为 4.8 万亿千瓦时，同比增长 9.6%，占总发电量的 45.5%，预计风能和太阳能发电量约为 2.2 万亿千瓦时，占总发电量的 21%。风光发电项目成本持续降低。2025 年，陆上风电 LCOE 进一步降低，为 0.13 ~ 0.19 元 / 千瓦时，海上风电 LCOE 为 0.27 ~ 0.38 元 / 千瓦时，光伏发电 LCOE 为 0.15 ~ 0.24 元 / 千瓦时，相对于煤电的成本优势进一步显现。

新型储能规模将实现快速增长，新型储能应用场景不断丰富。根据中关村储能产业技术联盟预计，2025 年新型储能累计装机规模将达到 90~120 吉瓦，锂离子电池储能仍将占较大份额，压缩空气储能、液流电池等新技术将为储能市场带来新活力。随着新能源大规模并网带来的随机性、波动性等突出问题，各省将进一步完善新能源配储政策，提高配储比例，延长配储时长，电源侧储能将稳步增长，电网侧、用户侧储能仍具有较大的发展空间。

## 2.3 能源转型驶入快车道，加快构建能源供给新体系

2024 年国家先后发布《节能降碳行动方案》《保障新能源高质量发展通知》《加快构建新型电力系统行动方案》和《加快经济社会发展全面绿色转型的意见》等政策措施，2025 年这些能源新政将持续推进我国新型能源体系建设，在绿色低碳发展方面实现新的历史性突破。

在碳达峰目标推动下，能源政策将聚焦能源系统安全平稳地向"新"向"绿"。一是提升能源系统韧性。随着新能源大规模发展和电力负荷特性变化，能源电力系统运行面临更多不确定性，国家将持续出台电力系统相关政策，增强系统的灵活调节能力，不断提升能源系统安全运行和抵御风险能力。二是加强工业、建筑、交通等重点领域碳排放约束，全面实施节能标准，推广先进能效产品，淘汰落后产能。三是建立健全可再生能源绿色电力证书制度，将绿电消费作为评价、认证和标识绿色产品的重要依据和内容，鼓励全社会优先使用绿色能源和采购绿色产品服务，鼓励具备条件的企业形成低碳零碳的能源消费模式。四是大力发展能源领域的新质生产力，加强能源科技创新顶层设计和统筹布局，加快创新步伐。

# 3. 结语

面对日趋复杂多变的国际形势，在新技术革命风起云涌、数字化智能化浪潮席卷而来的大背景下，我国能源行业肩负着持续提升产业竞争力和国际竞争力，更加有力地保障我国经济社会质量发展的光荣使命和历史重任。我国能源行业将瞄准国家战略目标，加快能源行业转型升级和绿色发展步伐，以科技创新为核心驱动力，深入挖掘能源资源潜力，持续优化产业布局，大力提升能源供给的稳定性和可靠性，积极践行绿色发展理念，全方位拓展国际合作的深度广度，为建成能源强国不懈奋斗，为实现中华民族的永续发展奋勇前行。

附表 中国一次能源消费结构

万吨标煤、%

| 项目 | 2021 年 | | 2022 年 | | 2023 年 | | 2024 年 | | 2025 年 | |
|---|---|---|---|---|---|---|---|---|---|---|
| | 数量 | 占比 | 数量 | 占比 | 数量 | 占比 | 数量 | 占比 | 数量 | 占比 |
| 煤炭 | 29.4 | 55.9 | 30.4 | 56.2 | 31.6 | 55.3 | 32.3 | 54.1 | 32.3 | 52.5 |
| 石油 | 9.8 | 18.6 | 9.7 | 17.9 | 10.5 | 18.3 | 10.3 | 17.3 | 10.6 | 17.2 |
| 天然气 | 4.6 | 8.8 | 4.5 | 8.4 | 4.9 | 8.5 | 5.3 | 8.9 | 5.7 | 9.2 |
| 核能 | 1.2 | 2.3 | 1.3 | 2.3 | 1.3 | 2.3 | 1.4 | 2.3 | 1.4 | 2.3 |
| 水电 | 4.1 | 7.7 | 4.1 | 7.5 | 3.9 | 6.8 | 4.3 | 7.3 | 4.4 | 7.1 |
| 其他可再生能源 | 3.5 | 6.7 | 4.1 | 7.7 | 5.0 | 8.8 | 6.1 | 10.1 | 7.2 | 11.7 |
| 合计 | 52.6 | 100 | 54.1 | 100 | 57.2 | 100 | 59.7 | 100 | 61.6 | 100 |

# 03

## 国际油价

# 1. 概述

　　国际原油价格作为全球经济的重要风向标，其走势对各国经济、政治乃至社会层面均产生深远影响。2024 年，国际油价呈现前高后低宽幅震荡态势，主要受到欧佩克＋延长减产决策、地缘政治局势紧张、石油需求增长乏力以及美联储货币政策调整等多重因素的交织影响。2025 年，国际油价下行压力加大，主要由于全球石油供应过剩、特朗普上任后开启"贸易战"拖累全球经济、中东局势仍存不确定性、欧佩克＋具有较高剩余产能等因素的影响。

# 2. 2024 年回顾：地缘与基本面交替主导原油价格走势

　　2024 年，国际油价宽幅震荡，整体价格运行区间下移，全年布伦特均价 80 美元 / 桶，同比下跌 2.7%，主要由于 2024 年全球经济疲软，石油消费疲软导致油价上行动力不足。

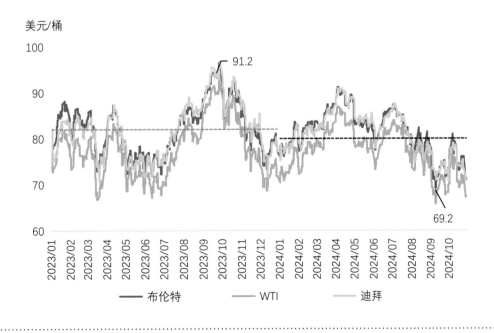

图 1 　2023—2024 年基准原油价格走势

◆ 数据来源：Thomson Reuters，中国石化经济技术研究院

地缘因素与供需基本面因素交替影响国际油价走势。2024 年 1—4 月国际油价主要受红海局势升级、乌克兰无人机袭击俄罗斯炼厂、以色列与伊朗冲突风险加剧等地缘因素支撑持续上涨；5 月地缘局势阶段性缓解，溢价回落，原油库存上涨；6 月初欧佩克+决定 10 月起逐步退出减产协议，油价大幅下跌；7 月以来，市场对夏季石油需求的乐观情绪支撑油价反弹；8 月中下旬起，美国、中国经济和石油需求均不及预期，市场对美国经济衰退预期引发金融市场动荡，油价震荡下跌；10 月，伊朗与以色列第二轮冲突推动油价短暂冲高，由于以色列未袭击伊朗能源设施，油价再次回落；11 月，欧佩克+称将 220 万桶 / 日的自愿减产措施再延长一个月至 12 月底。

## 2.1 世界经济增长平稳但动力不足，拖累石油需求

降息举措与各类政策在下半年陆续出台，但 2024 年经济整体增长乏力。国际货币基金组织（IMF）最新预测称，2024 年全球经济增速 3.2%，低于 2023 年的 3.3%，彰显整体经济上行动力不足。从制造业水平来看，全球制造业采购经理人指数（PMI）连续三年处于荣枯线以下，且 2024 年同比下降 0.3 个百分点，制造业的疲软也抑制了全球石油需求。分经济体看，IMF 预测美国 2024 年经济增速略低于 2023 年，达到 2.8%，9 月美联储两年来首次超预期降息 50 个基点，11 月 7 日再宣布降息 25 个基点；欧元区经济逐步摆脱低谷，2024 年 GDP 增速为 0.8%，同比增加 0.4 个百分点，主要依赖于欧洲央行早在 6 月抢先进入降息周期以提振欧洲经济整体水平，截至 11 月已降息 3 次共 75 个基点；中国经济增长略有放缓，2024 年 GDP 增速为 5.0%，但投资内部结构分化、地产调整、制造业投资回落等问题亟需解决，而经济的放缓以及国内能源替代的加速导致了中国石油需求远低于市场预期，为提振市场信心，中国多部门在 9 月至 10 月下旬发布一揽子增量政策、货币政策。

主要机构因经济动力不足屡屡下调全球石油需求预期，节能与替代的加速同样冲击石油需求。2024 年全球石油需求为 1.028 亿桶 / 日，较 2023 年仅增长约 90 万桶 / 日。2024 年 1 月国际能源署（IEA）预期 2024 年全球石油需求增长 130 万桶 / 日，其中中国增长约 70 万桶 / 日。10 月 IEA 发布的数据显示，2024 年全球石油需求增长约 90 万桶 / 日，较 1 月的预测下调 40 万桶 / 日，其中中国石油表观需求仅增长约 15 万桶 / 日，远低于年初预期。中国石油需求明显低于预期主要体现在原油加工量、进口需求以及终端消费等方面，2023 年中国成品油需求已基本达峰，2024 年中国原油加工量同比下降 2.6%，原油进口量同比下降 2.4%，全年成品油终端消费量下降 1.9%。中国消费偏弱不仅受经济增速下行的影响，还因新能源汽车替代超预期发展和 LNG 重卡销量保持高位等因素挤占石油需求。另外，主要地区炼油毛利大幅回落，1—10 月新加坡、鹿特丹和美湾炼油毛利均值分别下跌至 4.7 美元 / 桶、8.1 美元 / 桶和 16.5 美元 / 桶，较 2023 年均值分别下跌 31%、39% 和 33%，9 月 4 日新加坡炼油毛利降至 -0.3 美元 / 桶，鹿特丹和美湾分别创 2022 年 7 月和 2022 年 2 月以来的新低。

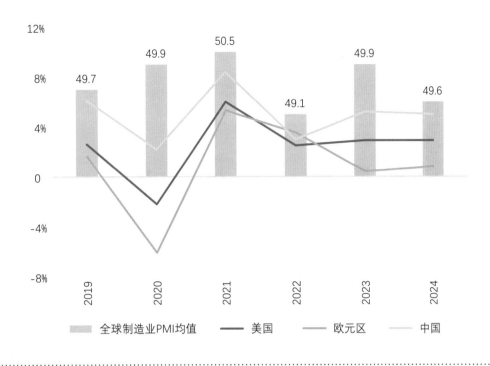

图 2 全球制造业 PMI 均值与主要国家 GDP 增速

◆ 数据来源：国家信息中心，国际货币基金组织（IMF）

## 2.2 全球石油供应充足，非欧佩克供应扩张挤占欧佩克+增产空间

2024 年全球石油供应 1.029 亿桶／日，较 2023 年增长约 60 万桶／日，其中非欧佩克石油增长 90 万桶／日，基本覆盖了全球石油供应增量。

非欧佩克国家产量大幅提升，挤占欧佩克+增产空间。2024 年非欧佩克国家石油产量为 7020 万桶／日。美洲地区国家基本占了所有非欧佩国家石油供应的增量，美洲全年增长近 100 万桶／日，其中，美国、加拿大、圭亚那分别增长 60 万桶／日、20 万桶／日和 20 万桶／日。美国原油产量在 2024 年 10 月达到 1350 万桶／日的历史新高，超过 2023 年 12 月创下的 1331 万桶／日的纪录。2024 年加拿大跨山原油管道扩建项目（TMX）将达到约 70 万桶／日运输能力，西海岸海运原油出口量显著增长，其中增量原油主要流向亚洲地区。2024 年三季度加拿大通过 TMX 管道的原油出口量升至 65.6 万桶／日，环比二季度增加 53%。

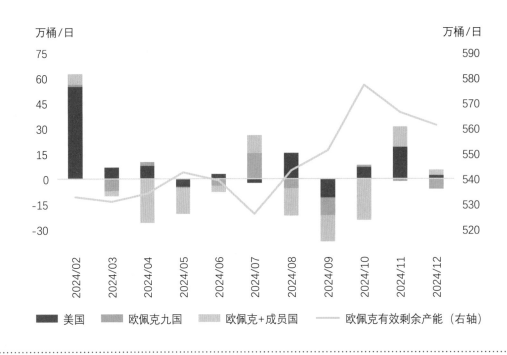

图 3　美国与欧佩克＋产量月度变化及欧佩克剩余产能走势

◆ 数据来源：FGE，中国石化经济技术研究院

　　欧佩克＋增产空间有限，为平衡市场保障其自身利益不得不多次推迟增产计划。2024 年欧佩克石油供应为 3270 万桶／日，叠加非欧佩克石油供应，全球石油总供应略高于总需求。2022 年底开始欧佩克＋数次实施减产计划：2022 年 11 月集体减产 200 万桶／日，2023 年 5 月自愿减产 166 万桶／日，2024 年 1 月进一步自愿减产 220 万桶／日，一系列减产措施导致欧佩克剩余产能达到近 600 万桶／日高位。2024 年 6 月，欧佩克＋决定将 220 万桶／日的自愿减产措施延长至 2024 年 9 月底，之后将视市场情况逐步回撤这部分减产力度，但由于市场供应过剩，欧佩克＋在 9 月和 11 月被迫推迟增产计划。

## ▨ 2.3 俄乌冲突常态化，中东紧张局势的反复导致油价大幅波动

　　俄乌冲突持续，但整体对俄石油出口总量和收入的影响减弱。从石油产品出口量看，俄罗斯石油出口总体高位运行，2024 年 1—9 月石油（原油＋成品油）出口约 760 万桶／日，小幅低于俄乌冲突爆发前（2021 年）780 万桶／日的水平。受制裁后的海运原油与石油产品流向从欧

洲地区转向到亚洲，在折扣的吸引下，大量海运原油涌入中国与印度。截至 2024 年 9 月，中国进口俄罗斯原油 240 万桶 / 日，较 2021 年上涨 50%，印度进口约 190 万桶 / 日，较 2021 年进口水平增长约 19 倍。从俄油价格看，俄油与布油价差逐年收窄，2024 年 1—10 月，布伦特与 ESPO 平均价差为 2.8 美元 / 桶（同比收窄 5.1 美元 / 桶），布伦特与 Urals 平均价差为 11.5 美元 / 桶（同比收窄 9.6 美元 / 桶）。从石油产品出口收益看，尽管七国集团（G7）对俄海运原油出口设定了 60 美元 / 桶的价格上限，但对整体出口收益影响较弱，2024 年 1—9 月俄罗斯石油平均出口收益 167 亿美元 / 月，与冲突前 165 亿美元 / 月基本持平。然而，乌克兰多次使用无人机对俄罗斯炼厂、能源设施进行侵扰，乌克兰无人机袭击范围覆盖俄罗斯约 410 万桶 / 日的炼能，约占全部炼能的 60% 左右，3 月实际影响了至少 110 万桶 / 日的炼油产能，短线推涨油价。

中东紧张局势的反复导致油价大幅波动。巴以冲突逐步由以色列与哈马斯的冲突外溢至黎巴嫩、伊朗等国家。红海危机作为巴以冲突的外溢，使本应过境红海的油轮数量大幅下降并绕行，造成运费的大幅上涨，形势持续支撑油价。以色列与伊朗罕现两次 "本土互袭"：4 月 1 日，以色列空袭伊朗驻叙利亚大使馆，伊朗宣称将 "报复" 以色列，油价应声飙升 4 美元 / 桶至年内高点的 91 美元 / 桶，伴随伊朗提前向各方传达且仅针对以色列本土军事设施进行了打击，靴子落地后溢价迅速全部回吐；10 月 1 日，伊朗从本土发射约 200 枚弹道导弹，打击以色列军事设施，伊方称此举是对以色列刺杀哈尼亚（哈马斯领导人）、纳斯鲁拉（黎巴嫩真主党领导人）等盟友的报复行动，油价再次由 72 美元 / 桶上涨至 80 美元 / 桶；10 月 26 日以色列袭击了伊朗的军事设施，未对其核设施或石油设施进行打击，且消息称伊朗通过第三方告知以色列不会对此次袭击作出回应，第二次互袭结束，地缘溢价再次全部回吐。目前，市场关注伊朗的下一步动向，若事态无进一步扩大迹象，则对油价的影响仅限短期震荡，对长期价格走势的指引相对较弱。

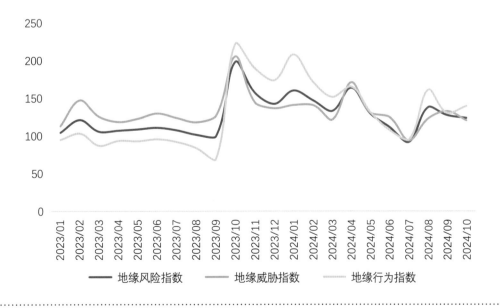

图 4　2023—2024 年地缘风险指数

◆ 数据来源：Dario Caldara, Matteo Iacoviello. Measuring Geopolitical Risk [J]. American Economic Review, 2022, 112(4):1194-1225.

# 3. 2025 年展望：石油供应趋于宽松，布伦特油价下行压力增加

预计 2025 年世界经济增长略低于 2024 年，全球石油需求增量仍较低，全球经济贸易面临着美国再度开启贸易战的下行风险。受非欧佩克国家继续大幅增产导致供应过剩，在此环境下欧佩克＋的产量政策将对油市基本面产生较大影响。同时考虑特朗普上任后中美关系的方向、金融环境的波动、地缘局势的变化，若 2025 年无重大事件冲击，预计全年布伦特均价为 65~75 美元／桶，年内布伦特原油价格将在 60~85 美元／桶范围内宽幅震荡。

## 3.1 需求侧：全球经济低速增长和替代加快抑制石油需求增长，增量主要贡献自非OECD国家

2025 年全球经济低增长抑制石油需求增量。由于经济增长较为缓慢，叠加电动汽车、LNG 替代加快，2025 年预计全球石油需求增长 90 万~100 万桶／日至 1.04 亿桶／日，低于疫情前 120 万~130 万桶／日的年均增量。特朗普政策出台后，贸易战的冲击可能加重对经济增速的拖累，最终导致全球石油需求增量进一步疲软。

发达国家需求面临达峰，中国、印度、中东地区为增量主体。美国引领的经济合作与发展组织（OECD）国家石油消费增长动力不足，预计 2025 年下降 10 万桶／日至 4550 万桶／日。印度现为全球经济增长最快的国家，但由于其石油需求总量在 550 万~600 万桶／日，20 万桶／日左右的增量对全球石油需求增长的支撑有限。中东地区新能源替代降速，发电用油需求保持较好增长，一定程度利好全球石油增长。由于新炼厂投产和经济刺激政策，预计 2025 年中国石油表观需求增长 20 万桶／日左右。整体看，中国、印度、中东地区占 2025 年全球石油需求增量的 70% 以上。

从需求结构看，全球化工原料需求引领增长，成品油需求疲软。乙烷／LPG 和石脑油为主的化工原料需求在未来将支撑石油需求增长，2025 年，LPG/ 乙烷和石脑油增量占石油需求增量的 62%。全球成品油需求增长动力略显乏力，汽油、柴油、航煤分别同比增长 0.2%、0.6% 和 2.5%。从汽油端看，2024 年整体汽油消费好于年初预期，尤其是美国驾驶季的汽油需求提振了全球汽油消费，随着全球经济活动的动力不足，叠加高基数的影响，全球汽油需求涨幅较低，预计 2025 年全球汽油需求或将达峰；从柴油端看，2024 年全球制造业活动疲软拖累柴油需求增长，但随着各大经济体政策出台的加持，有望对柴油需求产生提振并达到 2025 年小幅增长；从航煤端看，全球客运航线仍在恢复期，但整体步伐放慢，2025 年较 2024 年同比增速下降了 2 个百分点。

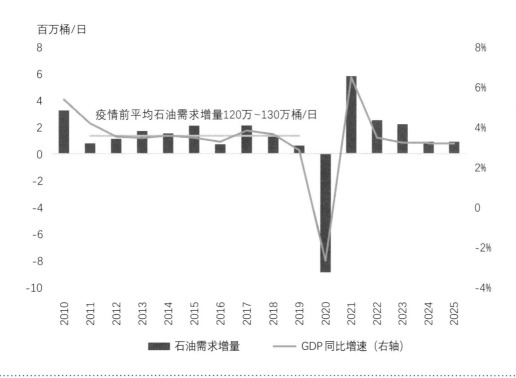

图 5　全球经济增长与石油需求增量

◆ 数据来源：IEA，中国石化经济技术研究院

## 3.2 投资侧：石油上游投资增长有限，投资率仍处低位

受石油需求增长动力不足的影响，预计 2025 年全球上游投资总额为 6360 亿美元，同比仅增长 1.1%。分地区看，中东、南美为投资增幅主体，北美地区投资于 2023 年达到高点后逐步下降，2025 年减少约 110 亿美元的投资。然而，根据特朗普上一任期退出《巴黎协定》的情况看，他担任总统第一年里很可能将降低税收、鼓励钻探和生产更多能源，对北美能源上游投资有一定提振作用。

全球能源转型持续，运营商在上游的投资率继续走低。由于 2021—2022 年油气价格的回升，2023 年勘探开发上市公司的投资率增至约 48%，但仍大幅低于疫情前水平，叠加能源转型对传统能源的冲击和全球石油需求不及预期，2025 年投资率或将下降至 47% 左右。

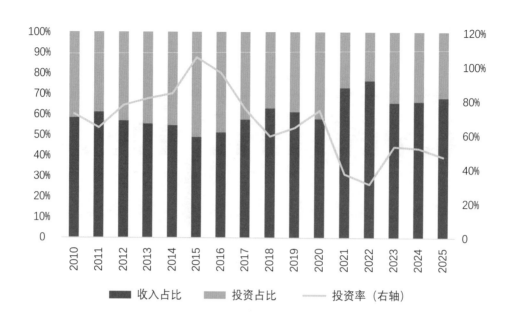

图 6    全球勘探和生产 (E&P) 上市公司投资率与收入、投资占比

◆ 数据来源：Rystad Energy，中国石化经济技术研究院

## 3.3 供应侧：全球石油供应增长完全满足需求增长

全球石油供应增长超过需求增长。在欧佩克＋不增产或少增产的情景下，预计 2025 年全球石油产量增加约 190 万桶／日至 1.048 亿桶／日，超过全球石油需求量。非欧佩克石油供应增量强势，供应占比继续增加。预计 2025 年非欧佩克石油供应增加约 160 万桶／日至 7180万桶／日，供应增量挤占欧佩克＋产量空间。从历年供应占比情况看，非欧佩克产量占比持续增加，已从 2010 年的 64% 增长至 2025 年的 69%。分地区看，石油供应增长主要来自美洲地区，其中美国、巴西、加拿大和圭亚那分别占总增长的 25%、16%、7% 和 7%。

美国和巴西引领非欧佩克石油供应增长。美国石油产量增量将由 2024 年的 60 万桶／日降至 40 万~50 万桶／日，特朗普上任将通过降低税收等政策支持油气生产，但考虑到油价下行，能源转型下大中型公司仍将遵守资本纪律和提高股东回报放在首位，美国页岩油气业务大规模并购整合减缓了产量大幅波动，总体看对 2025 年产量增量支撑有限。巴西各大石油公司建设的海上浮式生产储油轮（FPSO）产能在 2024 年上线接近 30 万桶／日，产量增加约 10 万桶／日，预计 2025 年再建设产能 80 万桶／日。扣除少量的陆上油田产量下降后，预计巴西石油供应将增加 20 万~30 万桶／日。

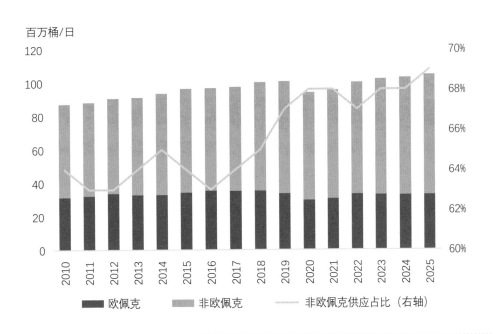

图 7　分组织全球石油供应变化

　　特朗普将恢复对伊朗的"极限施压"政策,收紧对其石油出口制裁,但具体影响程度有待观察。根据美国反核伊朗联盟(UANI)油轮跟踪数据显示,伊朗原油和凝析油 2024 年出口约 160 万桶 / 日,而 2019 年春季制裁豁免到期后的 12 个月内,平均每天仅出口约 66 万桶。近几年,"影子船队"的显著扩张使得实施制裁的效果大打折扣。为解决该问题,特朗普可能不仅仅是延续上一任期对伊制裁的方式,上任后可能加强针对与伊有关的港口与贸易商制裁。特朗普的高级顾问表示,特朗普就任后将迅速采取行动以切断伊朗的石油出口,并将目标对准处理伊朗石油的外国港口和贸易商。由于过去六年伊朗已建立起复杂的营销代理网络和支付机制,费氏全球能源咨询公司(FGE)预计美国收紧制裁下伊朗石油贸易量大幅减少的可能性较小,减量估计为 50 万桶 / 日左右。

　　欧佩克+剩余产能高位抑制油价上涨,产量政策对油价指引力度仍强。特朗普赢得大选后,沙特王储第一时间向其祝贺并表示有兴趣加强华盛顿和利雅得之间的关系,这为原油市场带来了诸多可能。2024 年 12 月,欧佩克+决定将 200 万桶 / 日的集体减产和 166 万桶 / 日的自愿减产延长至 2026 年底,另将 220 万桶 / 日的增产计划进一步推迟至 2025 年 3 月底。从当前供需趋势看,在欧佩克+不增产的情况下,2025 年全球油市已经面临供应过剩风险,但从国际形势看,若美国对伊朗和委内瑞拉制裁,则为欧佩克+八个减产国的增产提供了空间。因此,欧佩克+将根据美国对伊制裁力度及市场供需情况调整产量政策,其不确定性仍存。

## 3.4 地缘侧：特朗普各项政策使全球地缘风险不确定性仍存

　　特朗普就任美国总统后的一系列政策将提高全球风险，从贸易侧看，关税提高造成中美直接贸易进一步脱钩的可能性大，欧洲经济进一步受到负面影响；从地缘侧看，特朗普将视野重回亚太，尽管中东与俄乌冲突有望趋于缓和，但将对亚太地区的稳定产生扰动。

　　贸易战重启将对全球经济稳定增加压力。特朗普曾表示，他上任后将对所有美国进口的商品增加 10%~20% 的关税，对中国商品加征关税幅度可达 60%。根据美国 2023 年进口数据计算，若关税政策落地，则美国进口商品平均关税税率将升至 27%，远超其第一任期 2018 年关税税率的 3%。高额的税率不仅造成全球贸易结构的破坏，对全球经济也将造成巨大影响。对欧洲地区来说，10% 关税的增幅将使整个欧元区 GDP 下降 1 个百分点，使整体低位企稳的欧盟经济雪上加霜。对中美贸易来说，特朗普对中国可能的加税方案是取消中国的最惠国待遇并加上全球普征的 10%，正好实现对中国加征 60% 关税，关税政策落地后将造成中美直接贸易进一步脱钩，第三国转口贸易有望缓冲。目前分析上述关税政策难以全面落地，但对全球经济增长也将造成负面影响，从而进一步对疲软的石油消费增量起到抑制作用。

　　美国的态度对于中东政策和俄乌政策起到决定性作用，共和党立场有利于地缘局势趋于缓和，但不确定性仍存。俄乌冲突方面，特朗普提出初步"和平方案"，核心是乌克兰承诺至少 20 年内不加入北约，作为交换，美国将继续向乌方提供大量武器，俄乌双方将设立一个非军事区等，但停火谈判难以一蹴而就，预计对俄罗斯石油制裁也不会解除；中东方面，特朗普全面支持以色列，鼓励以色列与沙特等国开展对话，预计白宫会通过舆论支持、军火支持等方式进一步加大对以色列的支持，中东局势也将更为复杂动荡；伊朗方面，美国必定会重启对伊朗制裁，切断其在中东地区的金融渠道和影响力，对伊朗的经济贸易、国际合作、石油出口等各方面造成较大影响。

## 3.5 金融侧：美联储进入降息周期，美元指数走低利好油价

　　2025 年美联储基准利率将延续 2024 年的降息步伐，但降息幅度与节奏仍有不确定性。特朗普上台后，市场对未来降息幅度预计大幅收缩。相比 10 月初，当前市场对美联储到 2025 年 10 月的降息幅度预期已下降了 75 个基点。美联储降息预期放缓，未来经济及商品需求的改善预期弱化，本轮美联储降息周期对市场情绪的利好也将大打折扣。从美元购买力看，长期以来美元

强弱与能源价格呈负相关性，伴随美国经济走出"非常态化繁荣期"，2025 年美元指数可能因降息走弱而向 2015—2019 年均值 96 点的基线靠拢，金融市场风险偏好回升，利好油价。

特朗普上台后加剧了金融市场的风险。"特朗普经济学"由高关税、低税收、低利率三者构成，其中低利率利好美国股市、债市进一步得到提振，但加剧了背后的金融风险。随着特朗普金融政策的落地，叠加高关税、弱美元、禁移民等一系列推涨通胀的政策，中期内不排除美国通胀压力会有所反弹，其结果是美联储不但无法持续降息，甚至不得不考虑重新加息，这将导致美国经济和美股下行风险大增。从金融市场历次波动看，波动率指数（VIX 指数，即恐慌指数）的飙涨会瞬间引发大宗商品交易资金流出并下挫原油价格。因此，2025 年美元有望走弱的趋势尽管利好油价，但整体金融风险的扰动会造成油价宽幅震荡。

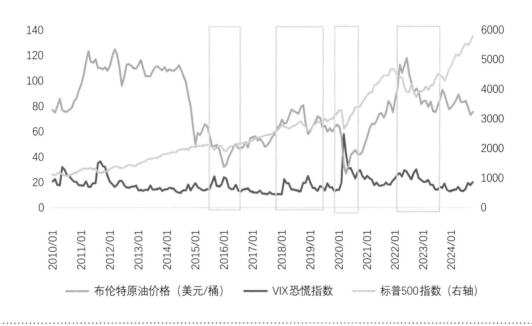

图 8　VIX 恐慌指数与标普 500 指数历史走势

◆ 数据来源：Thomson Reuters，中国石化经济技术研究院

## 3.6 价格展望：预测2025年布伦特原油均价在65~75美元/桶

2025 年，全球经济增长动力不足，拖累整体石油需求的增长，油市供应过剩形势严峻，基

本面脱离连续三年的供需紧平衡时代。全球货币与财政政策进入宽松周期，但整体金融市场的波动性仍增加大宗商品价格的不确定性。2025 年中美关系、中国经济、地缘冲突、金融风险、产量政策、气候变化等均为影响国际油市的主要因素。若无重大事件冲击，布伦特油价均价预测为65~75 美元 / 桶，低于 2024 年均价。

从不同情景看：

高情景：地缘紧张情绪加剧、区域冲突爆发影响石油供应，大国政策刺激经济增长促进全球石油需求超预期增加。预计该情景下，布伦特均价将在 75 美元 / 桶以上。

基准情景：地缘形势趋于缓和或处于常态化状态，美国引发的贸易战及对伊朗制裁影响有限，欧佩克＋较好的平衡市场供应，全球经济增长较为稳定。该情境下，布伦特均价将在 65~75 美元 / 桶左右波动。

低情景：俄乌冲突 / 巴以冲突达成停火协议且无区域冲突出现，欧佩克＋大幅增产造成供应进一步过剩，大国政策引发贸易战使全球经济大幅下行。预计该情景下，布伦特均价将在65 美元 / 桶以下。

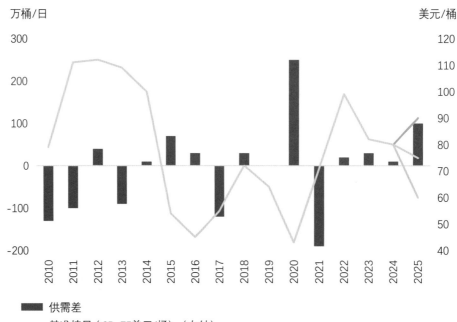

图 9　全球石油供需平衡与布伦特油价预测

附表　全球石油供需平衡表

百万桶 / 日

| 类别 | 2023 年 | 2024 年 | 2025 年 |
|---|---|---|---|
| OECD | 45.7 | 45.6 | 45.5 |
| 　美国 | 20.3 | 20.4 | 20.4 |
| 　欧洲 | 13.4 | 13.4 | 13.3 |
| 非 OECD | 56.3 | 57.2 | 58.3 |
| 　中国 | 16.6 | 16.6 | 16.8 |
| 　印度 | 5.4 | 5.6 | 5.9 |
| 　中东 | 9.1 | 9.2 | 9.4 |
| 需求合计 | 102.0 | 102.8 | 103.8 |
| 非 OPEC | 69.3 | 70.2 | 71.8 |
| 　美国 | 19.4 | 20.2 | 20.6 |
| 　俄罗斯 | 11.0 | 10.7 | 10.7 |
| 　加拿大 | 5.8 | 6.0 | 6.1 |
| 　巴西 | 3.5 | 3.5 | 3.8 |
| 　圭亚那 | 0.4 | 0.6 | 0.7 |
| OPEC | 33.0 | 32.7 | 33.0 |
| 　原油 | 27.5 | 27.1 | 27.3 |
| 　凝析油 | 5.5 | 5.6 | 5.7 |
| 供应合计 | 102.3 | 102.9 | 104.8 |
| 供需差 | 0.3 | 0.1 | 1.0 |

# 04

## 天然气市场

# 1. 2024 年全球天然气市场供需同比改善

2024 年，全球天然气供需情况同比改善，天然气消费呈区域分化，亚洲显著增长而欧洲持续下降。供应方面稳定增长，主要由美国、俄罗斯等国家引领。液化天然气（LNG）贸易区域化显著，亚洲为核心进口市场，欧洲进口减少。价格受多重因素波动，主要市场价格较去年同期有所下降。

## 1.1 全球天然气消费平稳增长，地区间分化明显

2024 年，全球天然气消费格局呈现出明显的地区差异。在全球范围内，天然气消费量达到 41292 亿立方米，较上一年增加约 892 亿立方米，增幅约 2.2%。

2024 年欧洲天然气需求趋于稳定，降幅较去年收窄，仍然受到经济疲软、替代能源发电增加以及削减消费行动影响，总消费量约为 4618 亿立方米，同比下降 25 亿立方米，降幅约为 0.5%，为近 20 年最低值。德国、英国、法国等主要消费国的天然气消费量均出现不同程度的降低。

亚洲地区则呈现出显著的增长态势。总需求量高达 10876 亿立方米，同比增长 402 亿立方米，增幅达 3.8%。中国和印度在其中的增长表现尤为突出。在中国，工业与交通领域用气需求的增长有力地推动了天然气消费的快速上升。日韩在夏季高温以及可再生能源持续发展影响下，消费量同比小幅变化；印度工业扩张以及居民和交通电力需求上升带动天然气需求增长；东南亚地区国家天然气消费也因经济回升和炎热天气支撑实现了一定程度的增长。

北美地区的天然气市场总体保持相对稳定。其中，美国天然气需求同比小幅增长，这主要归因于 2024 年初冬季寒潮导致的气温偏低。

表 1　全球主要地区天然气消费量

十亿立方米、%

| 地区 | 2023 年 | 2024 年 | 同比 |
|---|---|---|---|
| 欧洲 | 464.4 | 461.8 | -0.5 |
| 北美洲 | 1142.3 | 1164.4 | 1.9 |
| 亚太 | 1047.5 | 1087.6 | 3.8 |
| 南美洲 | 146.9 | 143.3 | -2.4 |

续表

| 地区 | 2023 年 | 2024 年 | 同比 |
|------|---------|---------|------|
| 中东 | 606.5 | 627.6 | 3.5 |
| 俄罗斯 | 462.9 | 474.4 | 2.5 |
| 非洲 | 169.6 | 170.1 | 0.3 |
| 全球 | 4040.0 | 4129.2 | 2.2 |

◆ 数据来源：Rystad Energy

## 1.2 全球天然气供应稳定上升，俄罗斯产量恢复增长

2024 年，全球天然气供应态势总体保持稳定且呈上升趋势。全年总生产量达到 41060 亿立方米，同比增长 947 亿立方米，增幅为 2.4%。

美国产量约 10599 亿立方米，同比下降 0.4%，仍维持其全球最大天然气生产国的地位。俄罗斯作为全球第二大天然气生产国，在 2024 年实现了产量的显著增长，总产量高达 6201 亿立方米，同比增长 5.9%，主要是由 LNG 和管道气出口增长所带动。加拿大产量同比增长 7.8%，总产量达到 1998 亿立方米。卡塔尔在全球天然气市场中持续彰显其强大影响力，产量稳步增长。挪威作为欧洲重要的天然气供应国，2024 年气田检修频率较 2023 年有所降低，预计 2024 年产量增至 1321 亿立方米，同比增长 5.2%，为欧洲能源市场提供了坚实稳定的支持。

表 2　全球十大主要国家天然气生产量

十亿立方米、%

| 国家 | 2023 年 | 2024 年 | 同比 |
|------|---------|---------|------|
| 美国 | 1064.3 | 1059.9 | -0.4 |
| 俄罗斯 | 585.6 | 620.1 | 5.9 |
| 伊朗 | 251.7 | 258.8 | 2.8 |
| 中国 | 232.4 | 249.3 | 7.3 |
| 加拿大 | 185.4 | 199.8 | 7.8 |
| 卡塔尔 | 167.4 | 168.2 | 0.5 |
| 澳大利亚 | 143.4 | 144.7 | 0.9 |

续表

| 国家 | 2023 年 | 2024 年 | 同比 |
|------|---------|---------|------|
| 挪威 | 125.6 | 132.1 | 5.2 |
| 阿尔及利亚 | 105.5 | 106.5 | 0.9 |
| 沙特阿拉伯 | 81.8 | 91.6 | 11.9 |

◆ 数据来源：Rystad Energy

# 1.3 亚洲和欧洲LNG进口涨跌不一，全球LNG需求中心再东移

2024 年全球 LNG 贸易规模持续扩大。LNG 出口量整体实现平稳增长，达到 4.1 亿吨，同比增长 1002 万吨，增幅为 2.5%。亚洲进口需求的增长弥补了欧洲市场进口的减量。

亚洲作为 LNG 进口的核心区域，继续发挥着重要的拉动作用，预估亚洲地区 2024 年进口量为 2.8 亿吨，同比增长 2127 万吨，增加 8.2%。中国、日本和韩国占据亚洲市场主导地位。日本和韩国的 LNG 进口量略有下降，需求整体稳定。印度进口量快速增长，增幅达 21.0%，主要由夏季高温、工业用气增长以及政策驱动下的 LNG 设施改善推动。在东南亚地区，泰国和印度尼西亚的 LNG 进口量因本土产量增加而下降，但马来西亚的进口量大幅增长 39.6%，增长主要归因于清洁能源政策推动及基础设施的改善。

受需求疲软影响，欧洲 LNG 市场进口量大幅减少，预估 2024 年总进口量为 9622 万吨，同比减少 1517 万吨，降幅 13.6%。法国、荷兰、西班牙等主要进口国进口量均有所下滑。

美国稳居全球最大 LNG 出口国地位。美国出口量同比增长 60 万吨至 9015 万吨，增加 0.7%。澳大利亚出口量为 8018 万吨，同比增长 572 万吨，增加 0.7%。卡塔尔出口量为 7949 万吨，同比下降 50 万吨，降低 0.6%。此外，其他主要出口国中，俄罗斯、马来西亚和印度尼西亚的出口量均较 2023 年有所增加。

2024 年全球 LNG 液化产能达到 5.0 亿吨，同比增长 1449 万吨。墨西哥 Fast LNG Altamira、美国 Plaquemines LNG、刚果 Congo FLNG 和毛里塔尼亚 Tortue FLNG 项目液化出口终端投产，为全球 LNG 供应提供了新的动力。然而，2024 年全球共有 3 个 LNG 出口项目共 4 条生产线做出最终投资决定（FID），总液化能力 1360 万吨 / 年，为近三年 FID 规模的最低水平。这反映出在当前复杂的能源市场环境下，投资者对于新的 LNG 项目建设持更加谨慎的态度。

表3  2024 年液化天然气出口项目 FID 情况

百万吨／年

| 液化项目生产线 | 所在地区 | 产能 | 预计投产时间 |
| --- | --- | --- | --- |
| Ruwais LNG T1-2 | 阿联酋 | 9.60 | 2028 |
| Marsa LNG Train 1 | 阿曼 | 1.00 | 2028 |
| Cedar FLNG 1 | 加拿大 | 3.00 | 2029 |

◆ 数据来源：Rystad Energy

## 1.4 全球天然气价格波动幅度降低，价格水平整体下降

进入 2024 年二季度，市场形势发生转变。供需基本面开始收紧，这一方面是由于前期价格下跌刺激了部分需求的提前释放，另一方面是液化设施故障叠加地缘政治的不确定因素导致供应中断风险增加，为现货价格增添了上行推力。

步入夏季，天然气价格继续上扬。气温的攀升使得制冷需求大幅增加，尤其是在一些高温地区，天然气作为发电的重要能源，需求增长明显，LNG 出口需求的持续扩张也为价格的上涨提供了额外动力。临近供暖季前，北半球买家库存普遍偏高，消费持续偏弱，价格上行动力不足，天然气价格保持平稳波动。

截至 11 月 28 日，亚太东北亚现货基准价格（JKM）均价为 11.70 美元／百万英热单位，欧洲荷兰天然气期货（TTF）均价为 10.61 美元／百万英热单位，美国亨利枢纽（Henry Hub）均价为 2.32 美元／百万英热单位。较 2023 年同期均同比下降，降幅分别为 15.4%、19.1% 和 13.1%。

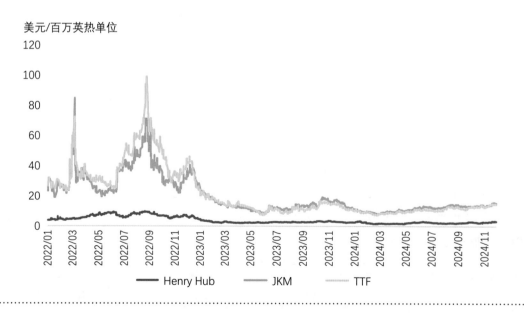

图 1  2022 年 1 月—2024 年 11 月全球三大市场天然气价格

◆ 数据来源：ICIS

# 2. 2024 年国内天然气市场持续积极向好

随着稳经济政策以及接续措施的加快推进并落地生效，国内经济持续呈现出复苏向好的发展态势。各个领域的用气需求皆展现出积极向好的趋势，有力地带动了天然气需求的稳定增长。外部扰动因素减少，天然气供应保持稳定上升态势。整体而言，国内天然气供需总体宽松，天然气价格水平同比有所下降。

## 2.1 国内天然气消费延续中高速增长态势

2024 年前三季度中国经济运行稳中有进，清洁低碳能源替代加速推进，天然气应用范围不断扩大。预估全年天然气表观消费量 4351 亿立方米，同比增长 9.3%；实际消费量 4300 亿立方米，同比增长 9.0%。分季度看，一季度天然气消费 1192 亿立方米，同比增长 11.3%。其增长主要源自两个方面：一是国内经济良好开局，为天然气消费增长奠定了坚实基础；二是供暖季期间，北方冷空气活动频繁，气温整体偏低，供暖用气需求维持高位。二季度，天然气消费 937 亿立方米，同比增长 7.9%。其增长主要源自 LNG 重卡"爆发式"增长和工业生产活跃度提升，但水电出力改善，西电送出量增长导致发电用气下滑，整体消费增速不及去年同期。三季度，天然气消费 987 亿立方米，同比增长 7.3%。西南、华东、华中区域高温拉动城乡居民生活用电量快速增长，新机组投产、机组顶峰出力等推动发电用气加快增长，车用 LNG 在 30 亿立方米 / 月的消费水平波动。四季度，预计全国天然气消费 1184 亿立方米，同比增长 9.1%，主要源自采暖和车用 LNG 需求增长。目前气象部门总体预测全国大部地区气温较常年同期偏高，但季内气温冷暖起伏显著，发生过程性强降温的可能性大。预计城镇供热和自采暖用气需求稳步增长。临近供暖季，国内 LNG 市场价格掉头向下，虽不排除后市走高可能，但预计难给重卡市场带来颠覆性冲击，车用 LNG 大概率保持当前消费水平。

城市燃气需求持续增长，车用 LNG 是最亮眼要素。燃气管线铺设范围持续拓展，全年新增约 2000 万用气人口，带来 20 亿立方米以上的城乡居民生活用气量增长。年初国内部分地区冷空气活跃，部分时段气温较常年同期偏低，采暖用气量增长。LNG 与柴油比价关系大部分时段在经济临界点之下，预计全年 LNG 重卡新车销售量可达 17 万辆，LNG 加气量同比增加超 100 亿立方米。2024 年城市燃气用气量约 1420 亿立方米，同比增长 9.0%。

燃气机组利用率持续偏低，新机组投运是发电用气量增长的主要原因。2024 年以来，肇庆鼎湖天然气热电联产项目、川投集团资阳燃气电站等多个燃气发电项目并网投产，预计全年新增燃气发电装机容量约1500万千瓦。二季度西电送出量增长，气电利用情况不佳。三季度华东、华南等气电密集区域遭遇高温热浪，气电利用小时数回升至近5年均值附近，全年利用小时数与2022年、2023年水平相近。2024年发电用气量约691亿立方米，同比增长9.2%。

工业生产增长及替代作用增强，推动工业用气需求多点释放。前10个月，工业生产总体增长，对宏观经济增长发挥了"压舱石"作用。房地产行业目前仍处于调整阶段，受利润偏低、库存高企等因素影响，与房地产密切相关的钢铁、建陶等建材行业用气需求较为疲软。但工业向"新"向"绿"转型明显，玻璃、纺织、石化等传统行业积极探索和挖掘天然气消费的潜力空间，电动汽车、锂电池、光伏产品等"新三样"相关需求快速增长。同时，设备更新和以旧换新政策的实施加快了机械设备制造行业用气需求的释放。预计2024年工业用气约1852亿立方米，同比增长10.9%。

化工用气需求基本平稳，气源供应整体充足。重点行业来看，气头尿素利润波动水平同比趋稳，供应整体稳定，下游工业需求同比改善，气头装置产量较2023年增长。气头甲醇装置开工率仍受成本因素制约，同比变化不大。预计2024年化工用气约337亿立方米，同比下降0.6%。

## 2.2 天然气供应整体充足，LNG现货进口量大幅回升

2024年，国内天然气供应整体充足，天然气对外依存度约41.1%，同比增长1.1个百分点。

全年生产天然气2493亿立方米，同比增加169亿立方米，增长7.3%。其中，常规气产量2044亿立方米，同比增长5.6%；页岩气产量270亿立方米，同比增长8.0%；煤层气产量179亿立方米，同比增长28.4%。此外，煤制气产量69亿立方米，同比增长6.6%。

全年进口管道气总量达763亿立方米，相较于去年增加了92亿立方米，实现了13.6%的显著增长。增速加快主要受两大因素驱动：一方面，2023年由于中亚管线的短暂供应不足导致基数相对较低，而2024年中亚管线运行平稳，供应量随之实现了同比增长；另一方面，中俄东线在既定购销合同的框架下，供应量稳步增长。

全年进口LNG总量达1087亿立方米，同比增加103亿立方米，实现了10.4%的增长。其中，LNG长协进口量约855亿立方米，同比增长2.4%，这部分进口主要由三大石油公司主导；而LNG现货进口量约232亿立方米，同比增长高达55.7%，同比增幅明显主要归因于国际气价水平的下降以及国内天然气市场日益激烈的竞争态势。澳大利亚、卡塔尔、俄罗斯、马来西亚、印度尼西亚、美国和巴布亚新几内亚是主要的LNG进口来源国，与2023年相比，美国LNG进口量明显增长，前10个月进口增幅在64.2%左右，俄罗斯LNG进口量小幅下滑，前10个月进口量同比下降2.3%。

## 2.3 国内LNG市场供应充足，气价长时间贴近成本线

2024 年国内 LNG 市场整体延续 2023 年态势，LNG 供应呈"海陆双增"趋势。全国 LNG 供应约 4150 万吨，其中国产 LNG 项目开工率在 50%~62% 之间小幅变化，平均开工率同比持平；进口 LNG 接收站负荷率大致在 16%~33% 之间波动，平均负荷率同比下降 2 个百分点。国产 LNG 与进口 LNG 槽批量份额在 9：5 上下。

国内 LNG 供应成本和供需变化是国内 LNG 出厂价格波动的主要影响因素。从成本方面来看，2024 年进口 LNG 平均价格约为 2.9 元 / 立方米（含税，下同），折合约 4034 元 / 吨，同比下降 9.1%。中国石油直供西北原料气液厂竞拍价格折合成本多数时间与 LNG 市场价格接近。上半年，国内 LNG 价格支撑整体偏弱，加之国际气价整体回落，供暖季期间 LNG 价格下行，整体水平不及 2023 年同期。下半年，供应短时下降叠加国际气价上行短时推涨 LNG 价格，后续受成本下降、供应充足等因素影响，LNG 价格掉头向下。供暖季来临后 LNG 价格呈季节性波动。2024 年估计国内 LNG 出厂价格整体处于中高位水平，平均价格水平同比小幅下降，价格季节性规律尚未恢复，全国 LNG 出厂价格指数平均约为 4700 元 / 吨，同比下降 5.8%。

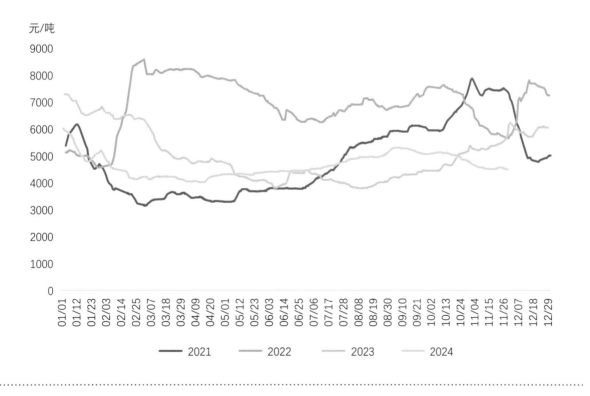

图 2　中国 LNG 出厂价格指数

◆ 数据来源：上海石油天然气交易中心

## 2.4 织网扩网步伐不断加速，接收站产能开始集中释放

2024 年中国油气管网基础设施建设持续加速，不断扩大油气能源的供给量和覆盖面，加快构建布局优化、覆盖广泛、功能完备的"全国一张网"，预计全国长输天然气管道总里程同比增加超 4000 公里，达 12.8 万公里。西气东输四线（吐鲁番—中卫）新疆段建成投产，川气东送二线、虎林到长春天然气管道、广西 LNG 外输管道复线（百色—文山）等管道工程稳步推进。

表 4　2024 年投产天然气长输管线情况

亿立方米 / 年、公里

| 管线名称 | 输气能力 | 长度 |
|---|---|---|
| 西气东输四线（吐鲁番—中卫） | 150 | 583 |
| 漳州 LNG 接收站外输管道 | 123 | 42 |
| 惠州 LNG 接收站外输管道 | 140 | 116 |
| 潮州华瀛 LNG 接收站外输管道 | 80 | 60 |
| 粤东天然气主干管网（惠州—海丰干线） | 36.5 | 140 |
| 海西天然气管网（长乐—福鼎） | 13 | 250 |

储气库方面，2024 年将有两座储气库陆续投产，黄草峡储气库已于 10 月中旬投运，铜锣峡储气库于 9 月完成注气，预计年底前可投产。伴随两座储气库相继投产，以及其他原有储气库如大港储气库群的扩容工程不断推进，预计供暖季前全国储气库有效工作气量可达 242 亿立方米。

接收站方面，2024 年新投运的接收站有漳州一期（300 万吨 / 年）、惠州（400 万吨 / 年）、潮州华瀛（600 万吨 / 年）及天津二期（600 万吨 / 年），进口资源供应增加明显，至年末全国 LNG 接收能力增长至约 15314 万吨 / 年，平均利用率降至约 55%。随着国内 LNG 接收站新项目密集投产，后续 LNG 接收站平均利用率有降至 50% 以下的可能，预期将在"十五五"期间小幅回升。

表 5　2024 年国内部分 LNG 接收站项目进展

万吨 / 年

| 项目 | 运营企业 | 投产时间 | 接收能力 |
|---|---|---|---|
| 漳州 LNG 接收站一期 | 国家管网 | 2024 年 5 月 | 300 |
| 惠州 LNG 接收站 | 国家管网 | 2024 年 8 月 | 400 |

续表

| 项目 | 运营企业 | 投产时间 | 接收能力 |
|---|---|---|---|
| 天津 LNG 接收站二期 | 国家管网 | 2024 年 9 月 | 600 |
| 潮州华瀛 LNG 接收站 | 中国石化华瀛投资控股 | 2024 年 9 月 | 600 |

## 2.5 新签署LNG合同主要为长协和中短约

2024 年，中国买家共签署了 4 份 LNG 合同，总规模为 425 万吨 / 年，其中，中国海油与道达尔所签署的合同为续签为期 5 年的购销协议。价格指数方面，4 份 LNG 合同中 2 份与原油挂钩，1 份与美国 HH 指数挂钩，1 份未知。从协议执行年限来看，2024 年新签署协议主要为长协和中短约。从新签署协议交付日期及当前价格预测情况来看，预计新签署协议成本较当前水平偏低。

表 6　2024 国内 LNG 合同签约情况

万吨 / 年

| 签约时间 | 公司名称 | 来源国 | 合同交付开始 | 合同交付结束 | 合同类型 | 价格指数 | 合同量 |
|---|---|---|---|---|---|---|---|
| 2024—11—5 | 中国石化 | 资源池 | 2028 年 | 2042 年 | 未知 | 未知 | 200 |
| 2024—9—20 | 中国海油 | 资源池 | 2030 年 | 2034 年 | DES | 布伦特指数 | 125 |
| 2024—8—23 | 港华燃气 | 资源池 | 2027 年 | 2036 年 | DES | 布伦特指数 | 50 |
| 2023—7—2 | 深圳能源 | 资源池 | 2027 年 | 2031 年 | DES | HH 指数 | 50 |

注：DES—目的港船上交货；HH—北美天然气价格指数。

◆ 数据来源：Rystad Energy

## 2.6 多部门协同施策，力促天然气行业高质量发展

2024 年，国务院、国家发展改革委、国家能源局等多部门协同发力，出台一系列重要政策文件，不仅彰显了国家对于天然气行业未来发展的高度重视，也为天然气在新型能源体系中的角色定位与功能发挥指明了方向。

天然气在新型能源体系建设中将发挥更大作用，调峰气电被重点提及。国家能源局印发《2024 年能源工作指导意见》，对天然气行业发展的着墨明显增多，涉及天然气增储上产、

储气设施建设、基础设施公平开放、重点工程推进、与新能源耦合发展、体制改革深化、调峰气电发展和国际合作等诸多方面，旨在支持天然气行业的高质量发展，推动天然气在新型能源体系建设中发挥更大作用。国务院发布《关于加快经济社会发展全面绿色转型的意见》，要求稳妥推进能源绿色低碳转型，强调天然气在新型能源体系建设中的作用，提出了"加大油气资源勘探开发和增储上产力度""加快油气勘探开发与新能源融合发展""鼓励在气源可落实、气价可承受地区布局天然气调峰电站"等具体措施。

优化天然气消费结构，提升利用品质。国务院印发《2024—2025 年节能降碳行动方案》，"化石能源消费减量替代行动"是重点任务之一，要求优化油气消费结构，有序引导天然气消费，优先保障居民生活和北方地区清洁取暖。国家发展改革委印发《天然气利用管理办法》，是对 2012 年《天然气利用政策》的正式修订版。此次修订，调整或者细化了对一些用气方向的管理要求，整体上不再突出对天然气发展"量"的意见，而是更加注重"质"，即优化天然气消费结构，提高利用效率，促进天然气与新能源的融合发展。

强监管与促投资并举，推动天然气行业健康发展。国家能源局印发《2024 年能源监管工作要点》，重点提出修订出台《油气管网设施公平开放监管办法》，开展油气管网设施公平开放专项监管，进一步推动油气管网设施公平开放，提高利用效率，规范市场行为，建立公平、公正、有序的市场秩序。国家发展改革委、财政部等六部门联合发布《基础设施和公用事业特许经营管理办法》，将燃气特许经营权最长期限延长到 40 年，鼓励民营企业通过直接投资、独资、控股、参与联合体等多种方式参与特许经营项目。

# 3.2025 年国际市场延续整体偏紧态势

2025 年国际天然气市场供需形势较 2024 年略有收紧，欧亚竞争的贸易格局或将加剧，任何供应中断或需求增长的消息都可能引发价格波动，国际气价仍将处于相对高位。

## 3.1 全球天然气供应和需求持续增长

经济回暖支撑工业、居民和发电用气保持增长，预计 2025 年全球天然气消费量 42229 亿立方米，同比增长 2.3%。其中，中东、亚洲和北美地区将成为 2025 年天然气消费增长的主要贡献者，三地的消费增量分别占据全球消费增量的 31%、30% 和 19%。预计 2025 年全球天然气产量为 42095 亿立方米，同比增长 2.5%，美国、俄罗斯和加拿大将是 2025 年产量增量最大来源地，三地的产量增量分别占据全球产量增量的 34%、21% 和 11%。

## 3.2 全球LNG新增需求多于新增供应，基本面收紧

北美地区的供应增长和欧洲的需求引领将重塑全球天然气贸易格局。供应侧，从 2025 年开始，全球新投产液化项目逐渐增多，给天然气市场带来的变化逐步显现。预计 2025 年全球 LNG 液化能力达到 5.32 亿吨 / 年，新增 2956 万吨 / 年，主要来自美国和加拿大。预计全球 LNG 产量达到 4.32 亿吨，增量 1879 万吨，增幅 4.5%。

美国作为全球能源大国，其在 LNG 领域的持续扩张具有重要战略意义。新增的 1435 万吨 LNG 供应量将进一步巩固美国在全球 LNG 出口市场的领先地位。加拿大的 730 万吨增量也进一步巩固北美地区整体在天然气资源开发和液化能力建设方面日益重要的国际地位。预计 2025 年全球 LNG 需求为 4.39 亿吨，同比增长 6.7%，增加 2752 万吨，增量较 2024 年增加。受消费回升，替代乌克兰过境管道气等因素影响，欧洲在 2025 年全球 LNG 需求增长中将起到引领作用，形势较 2024 年出现反转。

## 3.3 欧洲引领全球LNG需求增长

亚洲 LNG 进口平稳增长。预计 2025 年亚洲 LNG 需求为 2.87 亿吨，同比增加 2.5%，增幅 707 万吨，中国和印度等国需求的增加弥补了日韩等国需求的减少。日本方面，因煤电和核电持续增长，经济增长缓慢，预计 2025 年日本 LNG 消费下降 6% 至 6199 万吨（长协合同量 5775 万吨）。韩国方面，经济增长将带动工业用气需求增长，但经济增速或较 2024 年放缓。同时核电和可再生能源发电增加使气电需求下降，预计 2025 年韩国 LNG 进口量同比下降 5% 至 4533 万吨（长协合同量 3470 万吨）。印度方面，预计 2025 年经济增长放缓，同时本土产量在年初将增加，LNG 需求保持增长但增速低于 2024 年，预计 2025 年 LNG 进口量 3100 吨（长协合同量 2624 万吨），同比增长 13%。

欧洲 LNG 进口将止跌回升。2025 年，挪威新增产量不会完全抵消已有气田自然递减的影响，欧洲本土天然气产量将持续下降。俄罗斯与乌克兰之间关于向欧洲转运天然气的合同将于 2024 年底到期，2025 年俄罗斯出口欧洲管道气量将下降，当前大约 4500 万立方米 / 日的规模不会造成欧洲用气短缺，但会带来 LNG 进口需求的回升。预计 2025 年欧洲 LNG 进口量将达 1.07 亿吨，同比增加约 1072 万吨，而欧洲可执行的 LNG SPA 合同量仅为 4773 万吨，仍需进口大量现货 LNG 来弥补缺口。

## 3.4 国际天然气整体价格中枢可能上移

供应方面，新投产项目增加供应，供应中断风险仍存。从 2025 年开始，全球新投产液化项目逐渐增多，将增加天然气的市场供应，有助于缓解当前市场的供应偏紧局面，对价格产生一定的下行压力。但是，地缘政治因素、天气灾害等仍可能影响天然气的生产和运输，造成供应中断或减少。美国天然气产量较 2024 年有所增加，消费量基本持平，LNG 出口量的提升将使得美国天然气供需格局较 2024 年略微收紧，带动 Henry Hub 价格较 2024 年有小幅提升。

需求方面，LNG 新增需求高于新增供应，供需基本面趋紧。全球经济的持续增长和能源转型将推动天然气需求的增加。亚洲作为全球经济增长的重要引擎，对天然气的需求持续增长。俄罗斯输往欧洲的乌克兰过境流量或通过其他方式进行输送，但如出现大幅减量，叠加欧洲冬季气温降低，仍可能导致天然气需求大幅上升，对短时价格产生较大影响。

综合分析，预测 2025 年东北亚现货全年平均价格 10.0~13.0 美元 / 百万英热单位，欧洲 TTF 平均价格 9.5~12.5 美元 / 百万英热单位，美国 HH 平均价格 2.7~3.2 美元 / 百万英热单位。

## 4.2025 年国内天然气需求稳定增长，供应总体充足

2025 年随着经济进一步恢复，国内天然气需求持续增长，但受多因素影响，微观层面经营压力仍存，天然气需求增长的节奏和结构或仍将受影响。供应方面，国产气、进口管道气以及进口 LNG 均保持增长，加之储气设施建设推进，供应保障能力稳步提升。

## 4.1 多用气部门共同发力，稳定天然气需求中高速增长态势

2025 年正处于"十四五"规划的收官之年，在政策层面，预计将继续加大力度扩大内需，为经济的持续回升提供有力支撑。财政支出有望持续增加，推动基建投资进一步提速，将对制造业需求起到积极的刺激作用。然而，当前国际地缘政治环境趋于紧张，贸易保护主义持续抬头，出口端面临较大压力，房地产市场仍处于深度调整期，可能会对制造业投资产生一定的拖累。经初步测算，预计消费量有望增至 4580 亿立方米以上，同比增长约 6.6%，延续 2024 年的中高增长态势。

在城市燃气方面，需求增长主要得益于燃气管线建设带来的城乡居民用气人口增长和公共商服、小型工业用户的增加，以及 LNG 重卡热度的延续。工业用气增量主要源自制造业"压舱石"作用的进一步增强，装备制造、新能源汽车产业链等也将保持较快增长，但与房地产、传统基建强相关的行业用气需求将延续疲弱态势。发电领域，用气增长仍主要归因于新增燃气发电机组投产。化工用气需求预计将保持相对稳定。

## 4.2 三大气源呈现中速或高速增长态势，最大增量可能来自国产气

供应方面，预计 2025 年全年供应量在 4626 亿~4649 亿立方米左右，同比增速近 7%。

国产气方面，预计国内油气企业将保持勘探开发的投资力度持续增储上产，同时，进口气的高成本也将对国内生产积极性起到激励作用。综合来看，2025 年国产气量有望达到 2606 亿立方米，同比增长 4.5%。此外，煤制气产量预计约为 70 亿立方米，同比增长 1.0%。

进口管道气方面，初步预计 2025 年进口量约为 833 亿立方米，同比增长 9.2%。其中，中俄东线工程建设持续稳步推进，按照计划在 2025 年将新增供气量 80 亿立方米。中亚管线方面，俄罗斯与乌兹别克斯坦签署了为期两年供应 28 亿立方米/年天然气的合同，这可能在一定程度上减轻乌国供气压力。中缅管道预计整体保持稳定。

进口 LNG 方面，国内已执行的 LNG 进口合同将稳定供应，LNG Canada 项目相关进口合同将在 2024 年底或 2025 年开始供应，执行延期的美国 Calcasieu Pass LNG 项目相关的 150 万吨/年合同有望在 2025 年开始供应，美国 Plaquemines LNG 项目相关的 400 万吨/年合同由于设施延期投产尚未有确定时间，而与俄罗斯北极 LNG 2 号项目相关的 580 万吨/年进口合同走向不明。初步测算，LNG 合同执行量约 918 亿立方米，为了满足市场需求，仍需进口大约 261 亿~284 亿立方米 LNG 现货作为补充。

## 4.3 国内LNG供需趋于宽松，价格维持中高位行情

需求方面，由于管道气供应的增长以及基础设施建设的不断完善，2025 年国内管道气资源将更加丰富，辐射范围也会更广。在当前管道气较 LNG 更具经济优势的大环境下，工业端对 LNG 的需求增量预计较为有限。LNG 重卡增长空间与气柴比价关系、重卡市场规模扩大以及车辆更新换代需求有关。根据目前国际油气市场展望结果，2025 年大部分时间 LNG 相对柴油具备经济性，而测算重卡销量空间可达 100 万辆水平，预计车用需求的增加将继续推动 LNG 消费的增长。城市燃气调峰需求也将进一步扩张。

供应方面，中交营口 LNG 接收站、宁波 LNG 接收站三期、烟台港西港区 LNG、北海 LNG 接收站三期、协鑫如东 LNG 接收站、茂名 LNG 接收站等多座 LNG 接收站有望在 2025 年投产，陆上液化工厂产能也将持续提升。LNG 市场供应趋于宽松，国产气、海气价格博弈情况将会延续。

成本方面，现货 LNG 均价预期将持平至小幅上涨，而长约 LNG 价格将随油价下跌而下降。综合 LNG 市场供需基本面，预计 2025 年国内出厂价格在当前中高位水平波动。

# 05

## 炼油与成品油市场

# 1. 概述

随着 2024 年全球成品油需求增长降速，国内成品油需求转入下行，炼油与成品油全产业链逐步迎来"后增长"时代，主要表现为规模性增长结束和结构化调整压力提升。

国际市场方面，在政策、技术进步与其他能源替代和人口增长趋势放缓因素共同影响下，预计全球成品油需求即将进入增长尾声；而由于炼油项目存在建设周期，2030 年全球炼油产能仍有约 1.7 亿吨 / 年的净增长，或成为全球最后一个炼油产能大规模扩张的周期。而在供需增减分化、过剩压力增加的大背景下，炼油毛利总体下探，预计将维持到 2025 年产能投放结束后。

国内市场方面，2023 年中国成品油消费基本达峰，2024 年成品油消费开启下降周期（同比减少 1.9%），2025 年综合来看，整体汽车销量维持低速增长，燃油车保有量受电动车冲击增长乏力；传统动能领域难寻恢复动力，仅民航市场稳健增长态势相对确定，预计 2025 年成品油需求降幅继续扩大，同比下降 2.8% 至 3.92 亿吨；炼油产业在需求萎缩、政策力度增大的前提下基本完成扩张，预计 2025 年国内炼油产能将达到 9.6 亿 ~9.7 亿吨 / 年，基本达到峰值水平。

# 2. 全球成品油行业回顾与展望

## 2.1 全球成品油需求转入低速增长，部分产品增长即将结束

### 2.1.1 2024 年成品油消费低速增长

2024 年全球成品油需求估算为 29.5 亿吨，同比增长 2.0%。剔除疫情影响年份，2019—2024 年五年年均增长 0.2%，较 2014—2019 年年均增长率下降 1.5 个百分点。全球成品油需求转入低速增长，其中汽油五年年均增速由 2.0% 降低至 0.1%，柴油五年年均增速由 0.9% 下降至 0.4%，煤油在疫情期间受冲击最大，疫后虽然保持了较快恢复性增速，但仍未回归到 2019 年水平，五年年均增速由 3.6% 降低至 -0.9%。同时，不同国家和地区对油品需求的变化呈分化趋势。其中北美和欧洲地区由增长转向下降，非洲和亚太地区由高增速转向低增速，中东、拉美和前苏联地区成品油需求增速有所加快。

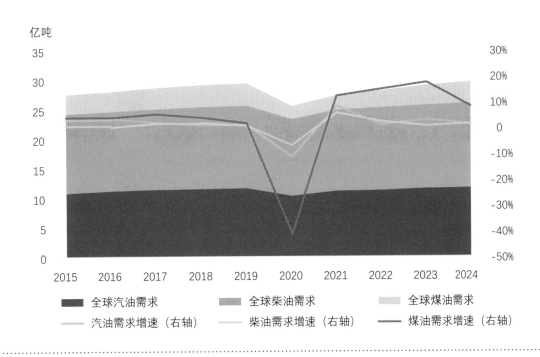

图 1 　全球汽柴煤需求总量及增速变化

◆ 数据来源：S&P Global

全球成品油需求增速放缓甚至出现区域性下降，受到多方面因素影响：①气候变化等环境因素推动世界各国政策性推进能源转型，减少石油、煤炭等化石能源消耗。②技术和能源效率提升抵消部分需求增量。根据国际能源署（IEA）数据，全球 2023 年在能源效率方面的投资为 3900 亿美元，较 2020 年增长 900 亿美元，在燃油效率提高以及可再生能源、电力和其他高效能源对化石能源的替代作用下，2023 年全球能源消费强度下降 1%。③全球人口增速逐渐放缓，对能源消耗影响逐渐显现。根据联合国统计，自 1963 年全球人口增长高峰以来，人口自然增长速率持续下降，2021 年全球跌破 1%。

## 2.1.2 2025—2030 年全球成品油消费进入增长尾声

在政策、技术进步与其他能源替代和人口增长趋势放缓因素共同影响下，全球成品油需求达峰在即。其中汽油主要用于交通运输，受燃油经济性和电动车发展冲击最为明显，预计 2025 年消费增速下降至 0.4%，2026—2028 年间达峰；柴油除交通运输用油外，在工业、农业和建筑业等领域有所应用，预计随发展中国家和地区经济增长仍有一定增量，2025 年将增长 0.8%，达峰时间晚于汽油，于 2029 年前后达峰；煤油由于自身独有特性被用于航空燃料，现有技术条件下比汽柴油更难以被替代，截至 2024 年仍处于疫后恢复期，预计 2025 年增速回落至 5.4%，达峰时间最晚，或在 2050 年前后。

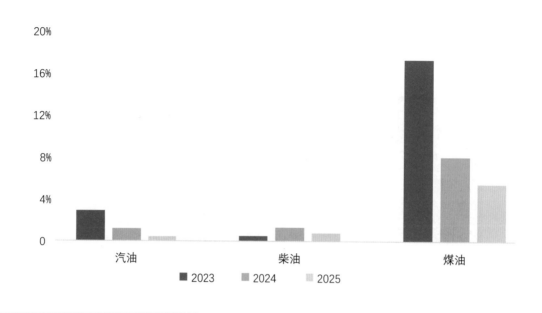

图 2　全球汽柴煤需求增速预测

◆ 数据来源：S&P Global

## 2.2 全球炼油产业或将面临最后一轮扩能周期

2024 年，以尼日利亚丹格特炼厂、墨西哥奥尔梅卡炼厂和中国裕龙石化为主的石化企业宣布完成建设并投产，贡献的新增炼油能力扣减淘汰产能后，全年合计约增长 5200 万吨/年。根据当前在建和有计划的项目数据，预计到 2030 年仍有约 1.7 亿吨/年产能将要投放。在本轮产能投放浪潮中，78% 产能增量来自亚太地区，剩余来自非洲、拉美、中东和前苏联地区产能增量分别占 17.6%、9.9%、3.4% 和 2.2%。其中亚太地区新增产能以炼化一体化为主，在需求即将达峰背景下力求减少对成品油市场的冲击；非洲和拉美地区则大量提高成品油供应以抵消区内缺口；中东和前苏联地区以出口为主。欧洲和北美地区在区内成品油需求下降和减碳政策双重推动下原油加工量出现下降，其中欧洲在转型政策上最为激进，削减加工能力最多。在各国制定的碳中和政策框架下，2030 年前的产能扩张极有可能成为最后一轮增长高峰。

2025 年有数个产能超过 500 万吨/年的项目可能投产，包括印度拉贾斯坦邦炼厂（900 万吨/年），中国石化镇海炼化（新增 1100 万吨/年）、中国海油大榭石化（600 万吨/年）、泰国斯里拉查炼厂（600 万吨/年）以及伊朗波斯湾明星炼厂（2000 万吨/年），项目包括新建以及扩能改造，产能投放情况值得关注。

## 2.3 产能投放冲击持续，炼油毛利恢复仍需时间

2022 年受俄乌冲突影响，欧洲能源供应趋紧，炼油毛利水涨船高。随着之后石油贸易流向重组，供应链重新完善，炼油毛利冲高回落。叠加新一轮的产能投放以及全球成品油需求预期的低迷，炼油毛利持续下探，预计将维持到 2025 年产能投放结束后。分地区看，美湾得益于低廉原油成本，2025 年后将保持较高毛利水平，预计 10~15 美元 / 桶，而西北欧和亚太毛利水平保持 5~10 美元 / 桶水平。

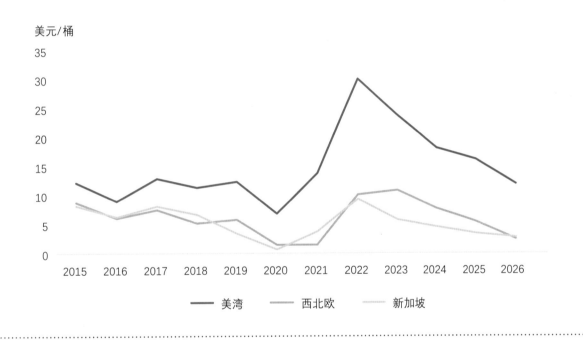

图 3　三地炼油毛利变化及预测

◆ 数据来源：S&P Global

## 2.4 新形势下能源转型困难尤在，企业乃至国家战略或将反复

根据世界气象组织发布数据，2023 年为有史以来最热一年。尽管在现有政策框架体系下，各国，尤其是发达国家和中国,在推进减少化石能源消耗和减少二氧化碳排放方面做出诸多贡献，但气候公约提出的目标尚难以实现。除技术难度外，能源转型在政策和政治层面面临的挑战或许更加难以克服。

俄乌冲突，新一轮巴以、黎以冲突以及中美贸易摩擦等事件显示新一轮国际形势以逆全球化为主旋律。新形势下贸易保护主义抬头，国家之间贸易摩擦和冲突加剧，全球供应链碎片化，在能源化工领域表现为各国能源危机意识增强，大宗商品贸易面临政治性壁垒。可再生能源产业发展需要大量且持续的资金投入和国际间企业与政府层面均保持通力合作，新形势下变得难以为继。

企业层面来看，近两年来，多家石油公司重新加大对传统化石能源的重视程度，BP 公司放弃"2030 年削减油气产量"的目标，重启对油气资源投资，并削减可再生能源领域投资，以获取短期内利润和抬高股价。埃克森美孚和雪佛龙斥巨资买入页岩油气公司，以寻求更稳定低价的油气资源保障自身未来发展空间。大众集团放弃全力以赴发展电动汽车的计划，并搁置和取消了部分新建电动车工厂的投资。国家层面有以特朗普为首的美国保守政党高举抵制电气化补贴，并加大对油气产业支持力度的大旗。尽管全球石油需求增速放缓已经显现，但在替代能源开发方面的战略仍存在反复风险。

## 3.2024 年国内成品油产业链供需出现双降

### 3.1 成品油消费迎来下降拐点，需求不足、替代加速成为主因

随着宏观经济回暖、疫后用油行业逐步恢复和出行活动回归正常，2023 年成为成品油消费修复之年，整体消费量超出疫情前水平。但进入 2024 年，宏观经济恢复动力不足、"回补性"出行拉动力减弱，叠加经济性优势下天然气、电力分别在物流运输及交通出行领域的加速扩张，汽柴油需求转头下行，整体成品油需求出现萎缩，中国石化经济技术研究院统计全年终端消费 4.04 亿吨，同比下降 1.9%，2015—2019 年均增长 3.8%，2019—2024 年均下降 0.2%。

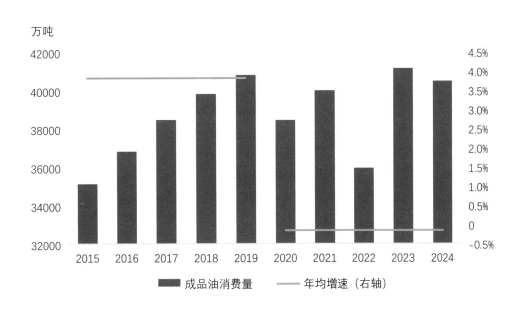

图 4　2015—2024 年国内成品油消费量

### 3.1.1 出行拉动边际削弱，电动快速挤占存量，汽油消费出现下降

2024 年汽油终端消费 1.77 亿吨，同比下降 1.1%。一是短期补偿性出行基本结束，出行恢复正轨，难以再次出现台阶式跃升，跨区域流动人口增加对汽油需求的拉动大幅削弱。二是宏观因素如经济、消费信心、天气等因素抑制出行需求，1—9 月社会消费品零售总额同比增长 3.3%，较 2023 年同期回落 3.9 个百分点。三是新能源汽车快速发展，短期强度冲击和长期结构性变迁挤占汽油消费空间，1—9 月全国公共基础设施充电量 393 亿度，同比增长 55%。

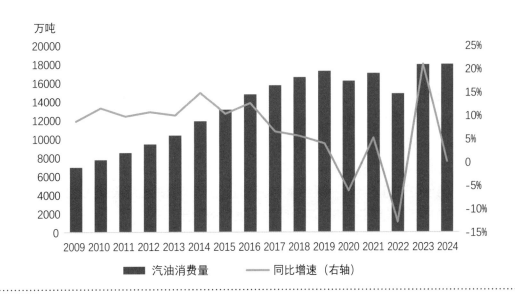

图 5　汽油消费量变化

### 3.1.2 航煤消费逐步回归潜在增长，国际航班恢复到八成以上

2024 年航煤消费量达到 3940 万吨，同比增长 13.6%，较 2019 年增长 8.0%。出行完全恢复正常，旅游、公务等需求显著复苏，国际航线扩展加速。上半年中国航空客运量接近 3.5 亿人，同比增长 23.5%，比 2019 年同期增长 9.0%；航煤消费持续且快速增长，尤其是假期出游拉动旺季更旺，国际航线则受到出入境的免签政策推动，下半年仍将延续较好的增长趋势，预计 2024 年底国际客运市场将恢复至 2019 年的 80%。

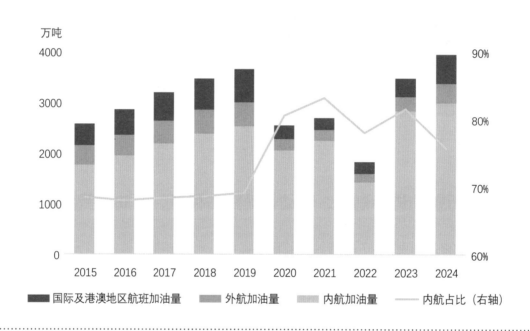

图 6　国内航空煤油消费量

### 3.1.3 主要用油行业恢复动力不足，LNG 助推下柴油深度萎缩

2024 年柴油终端消费 1.84 亿吨，同比下降 5.4%。一方面，货物运输行业恢复远不及预期，难以支撑柴油消费。G7 易流全国公路货运指数显示，2024 年春节以来全国整车发车趟次低于 2023 年同期水平，且处于近年来的底部水平。另一方面，地产、传统基建、建筑施工等传统动能领域的景气程度回落或负增长。基建项目实际开工不佳，挖掘机开工小时数同比长期为负，上半年减少 2.5%，持续位于近六年以来底部水平。同时，近两年以来国际天然气在经历"俄乌冲突"影响带来的暴力推升后回落常规价格区间，国内 LNG 价格相应走低，2024 年 1—7 月国内车用 LNG 均价 4455 元 / 吨，与 0 号柴油（7616 元 / 吨）比价在 58% 左右，持续位于 75% 左右的盈亏平衡点之下，使物流企业使用 LNG 重卡相较于燃油重卡成本降低 20% 以上。

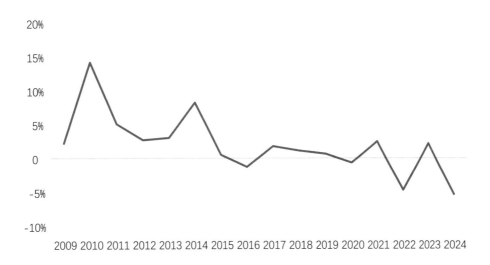

图 7　国内柴油消费量增速变化

## 3.2 新增项目推动产能增长，但需求萎缩、效益低迷抑制企业生产

### 3.2.1 新建一体化项目投产，国内产能继续增长

自 2019 年以来，以民营炼化为代表的大型炼化一体化项目承担了国内炼油产业扩能的主要角色。恒力石化、浙江石化（一、二期）、盛虹石化、裕龙岛项目等民营企业先后投产，2024 年末累计产能达到 9600 万吨 / 年，占据全国炼油产能规模的 10% 左右；中科炼化、广东石化等国有集团新建项目也在"十四五"阶段陆续实现运行；已建炼油企业如洛阳炼化、镇海炼化、华北石化等也完成扩能改造。截至 2024 年末，国内炼油产能达到 9.54 亿吨 / 年。

### 3.2.2 原油加工量、石油消费双双萎缩

加工能力提升的同时，成品油内需萎缩，炼油效益低迷叠加化工装置迎来投产小年，化工原料需求增长乏力，国内石油消费出现 2022 年后的再度下降，估计 2024 年全年原油加工量 7.17 亿吨，同比下降 2.6%。原油进口量 5.5 亿吨，同比下降 2.4%；原油产量 2.12 亿吨，同比增长 1.5%。

图 8　原油进口量变化

◆ 数据来源：中国海关总署

图 9　原油加工量变化

◆ 数据来源：国家统计局

# 4. 2025 年仍是国内成品油产业链规模调整与结构转型之年

## 4.1 成品油消费加速下行，明确中长期"汽降柴减煤增"变化趋势

### 4.1.1 外部环境与行业阶段特征叠加，汽柴油消费拉动力持续转弱

从宏观经济环境看，成品油消费，特别是与宏观经济密切相关的生产性用油变化，取决于宏观经济与行业的增长趋势。2025 年中国经济仍处于调整期，整体来看增速放缓的大趋势并未改变。特别是在房地产、传统基建、建筑施工、采矿、大宗生产加工等"旧动能"领域，产能过剩矛盾凸显，政策传导仍待观察，2024 年产业景气程度处于近五年低位（剔除 2022 年特殊情况），产业同比增速出现不同程度回落，难以形成有效增量，带动相关的运输需求和行业用油随之萎缩。

从行业变化趋势看，车用油需求分别占汽油消费结构中的 95% 以上和柴油消费中的 75%~80%，传统燃油车保有规模的变化基本决定了汽柴油消费的天花板。从增量数据来看，预计 2025 年国内汽车销量 3125 万辆，同比增长 1.2%（增速较 2024 年下降 1.2 个百分点）；

但从燃料结构来看，乘用车领域新能源较汽油的优势已全面确立，特别是混合动力是分流燃油车的主力，预计燃油乘用车销量同比下降约 14%；商用车领域则存在"新能源攻占短途，LNG 挤占长途"的"两头"替代效应，预计整体商用车销量保持 1.5%~2% 增长，其中新能源商用车渗透率稳步提升，LNG 商用车渗透率到达高位，使燃油商用车销量同比下降约 5%。而在电、气冲击下，传统燃油车（汽油＋柴油）保有量规模已接近增长尾声。

## 4.1.2 交通用油"双轮替代"持续提速，增量效应继续放大

在总体消费萎靡的大背景下，替代总量和占比快速提速。2024 年替代资源总量 5600 万吨，同比增长 19%，占成品油终端消费 13.8% 。新能源汽车超过天然气成为最大的替代品种。预计 2025 年替代资源总量 6440 万吨，同比增长 15%，占成品油终端消费的 16.2%，主要增量依旧来自电动汽车及天然气汽车。

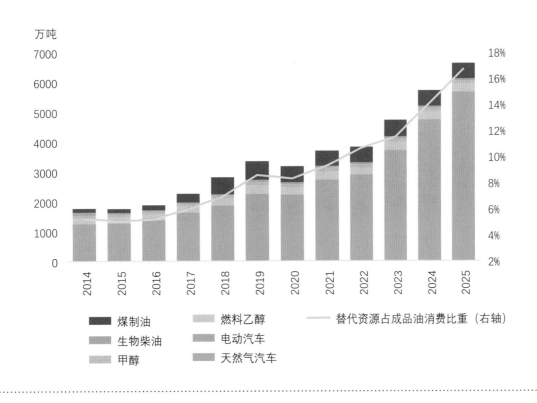

图 10　替代资源总量及规模变化

新能源汽车方面，估计 2024 年全年销量 1220 万辆，渗透率达 40%。预计 2025 年销量达 1470 万辆，同比增速 20%，渗透率达 47%。2024 年保有量达 3070 万辆，2025 年进一步提高至 4220 万辆，占汽车比重 12%，造成燃油车保有量达峰后下降，全年替代汽柴油 3440 万吨。

天然气汽车方面，估计 2024 年全年销量 20 万辆，保有量达 78 万辆。预计 2025 年保有量增至 92 万辆，占重卡保有量上升至 10% 左右，替代柴油 1320 万吨。

### 4.1.3 航煤增长难抵汽柴油减少，整体需求减少 3% 左右

综合来看，整体汽车销量维持低速增长，燃油车保有量受电动车冲击增长乏力；传统动能领域难寻恢复动力，仅民航市场稳健增长态势相对确定。预计 2025 年成品油终端需求同比下降 2.8% 至 3.93 亿吨（减少 1150 万吨），其中汽柴油需求合计下降 1448 万吨。

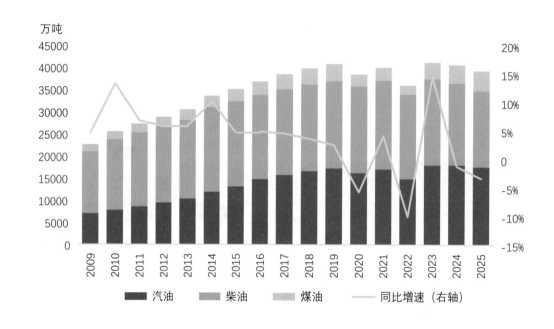

图 11　国内成品油需求变化

● **汽油车保有量仍有增长，但用油需求加速萎缩**

2024 年汽油车保有量 2.69 亿辆，汽油消费 1.77 亿吨；预计 2025 年汽油车保有量 2.74 亿辆，同比增长约 2%，汽油消费 1.73 亿吨，同比下降 2.4%。

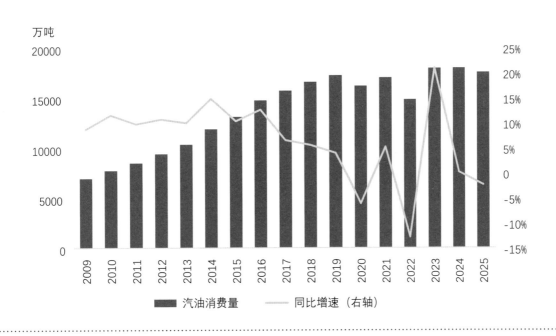

图 12　国内汽油需求变化

## ● 航煤重回潜在增长周期，但 2025 年仍处恢复阶段

2025 年航空货运周转量和客运周转量都将恢复到 2019 年水平。由于航煤消费与民航客货运周转量相关性很高，2025 年民航周转量较 2019 年均恢复至正增长，推动消费量增长，但单耗水平将继续延续 2019 年前的递减趋势。预计 2025 年航煤消费 4210 万吨，同比增长 6.9%，2019—2025 年年均增长 2.4%，仍然低于 2015—2019 年年均增长 9.3% 的水平。

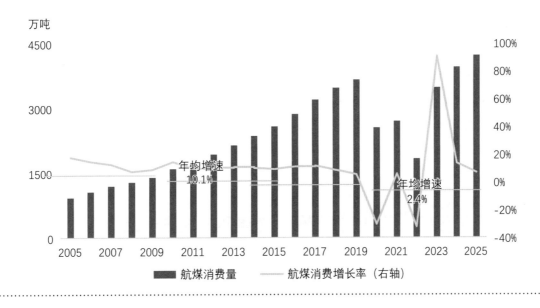

图 13　国内航煤需求变化

● **产业转型和替代发展使柴油突破平台期后快速下降**

从整体柴油消费看，柴油消费部门主要是工业生产和运输领域，柴油消费与工业增加值走势基本一致，但拉动力持续减弱；特别是随着燃料替代差异持续拉大。结合以上用油行业分析，预计 2025 年柴油终端消费 1.73 亿吨，同比下降 5.5%。

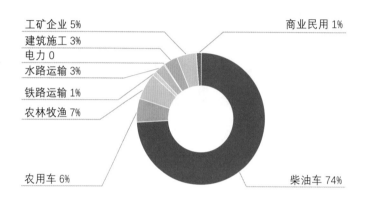

工矿企业 5%
建筑施工 3%
电力 0
水路运输 3%
铁路运输 1%
农林牧渔 7%
商业民用 1%
农用车 6%
柴油车 74%

图 14　柴油需求结构变化

## 4.2 炼油规模增长接近尾声，产业结构、产品结构"双调整"压力持续增大

### 4.2.1 国内炼油产能继续扩张，但后续项目存在不确定性

2024—2025 年，裕龙岛、镇海炼化扩建及大榭石化扩建按照计划先后投产，"十四五"产能扩张基本完成；同时，2020—2022 年在传统地炼完成集中产能置换及 100 万吨 / 年以下小规模炼厂关停后，全国目前仍存在 3000 万吨左右、200 万吨 / 年以下产能（含主营炼厂），2025 年集中关停可能性较小，考虑到目前地炼企业经营情况，预计存在关停可能性的产能在600 万 ~1000 万吨 / 年。预计 2025 年国内炼油产能将达到 9.6 亿 ~9.7 亿吨 / 年，基本达到峰值水平。

### 4.2.2 内需萎缩，出口受限配额，过剩压力加剧产品结构调整力度

从供需平衡角度看，2025 年国内成品油消费减少约 1150 万吨，在考虑成品油出口配额较2023 年水平小幅增加的基础上，炼厂产品结构调整压力增加，国内成品油收率需在 2024 年小幅

下降的基础上继续收窄 1~2 个百分点（2023 年成品油收率 62%，2024 年成品油收率 61%，预计 2025 年成品油收率 59% 左右）。

表 1　国内成品油供需平衡变化

万吨

| 项目 | 2019 年 | 2020 年 | 2021 年 | 2022 年 | 2023 年 | 2024 年 | 2025 年 |
|---|---|---|---|---|---|---|---|
| 原油加工量 | 65198 | 67441 | 70355 | 67590 | 73478 | 71732 | 74090 |
| 成品油产量 | 46535 | 43383 | 43624 | 39948 | 45335 | 44436 | 43375 |
| 成品油进口 | 510 | 433 | 249 | 133 | 61 | 59 | 130 |
| 成品油出口 | 5536 | 4574 | 4032 | 3441 | 4191 | 4148 | 4250 |
| 成品油消费 | 40785 | 38435 | 39982 | 35939 | 41130 | 40467 | 39317 |

注：产量及消费数据中除官方数据外，还包括表外隐性资源。

### 4.2.3 成品油市场整治持续推进，非合规经营行为难度不断提升

2022 年开展的市场整治行动，是近年来最大规模的成品油行业排查与监管行动。新的报税系统和发票体系自 2018 年启用，进口调和油原料在 2021 年受到限制，部分地区也开始推广加油站税控系统，但当国际油价出现大幅波动及相关政策变化时，市场仍表现出了局部性、暂时性的波动。这意味着在流通体系中仍然存在着相当规模的低效产能及非合规资源，占据下游行业需求，影响市场稳定性；也说明这一顽疾单靠税务部门已无法根治，需发改委、海关、安检等部门协同配合，共同发力。

从政策执行效果看，国内成品油市场非合规运营压力持续增长。一方面，需求低迷叠加俄油低价红利消失使传统地炼企业开工负荷持续下降，2024 年 6 月开工率一度跌至 50% 左右，较 2023 年同期收窄近 15 个百分点，近期随着集中检修结束和汽油需求活跃有所恢复。1—8 月全国非国有炼厂（含一体化企业）开工负荷同比 2023 年下降 3.2 个百分点。另一方面，烷基化等原料消费税口径的不断明确影响调油厂商生产和盈利，政策收紧下调油市场持续萎缩。2024 年 6 月，山东、东北、华东、西北等地区开展税务稽查，多地调油商进行停工避险，部分顺应政策趋势退出调油市场，原料市场资源流向进一步往炼厂端倾斜。预计，2025 年市场整治行动将继续延续当前方向，在支撑体系完善与管理手段健全的基础上继续巩固和深化前期行动成果。

# 06

## 乙烯产业链

2024 年，我国乙烯扩能节奏有所放缓，新增装置产能 490 万吨 / 年，总产能规模达 5605 万吨 / 年。受国内有效需求不足等因素影响，乙烯消费增长动力不足，"内冷外热"特征明显。2024 年，乙烯当量消费预计为 6355 万吨，同比增长 3.1%，增速较上年下降 5 个百分点。利润方面，整体来看产业链亏损较上一年有所扩大。尤其上半年受成本端挤压和需求端走弱影响，产业链陷入较深亏损区间。下半年，随着各类政策发力，下游需求有望反弹，同时随着油价进一步回调，产业链深度亏损状态有所缓解，但仍难摆脱低迷状态。

展望 2025 年，我国乙烯产业再次迎来新一轮投产高峰，乙烯新增产能规模近 800 万吨 / 年，总产能规模增至 6400 万吨 / 年，产业链将面临前所未有的供应压力。需求方面，随着国内经济刺激政策密集出台，终端需求有望企稳回暖，乙烯当量消费有望增至 6605 万吨，同比增长 3.9%。随着油价回落，成本端将对产业链盈利形成一定利好，但考虑到供应端增量较大，预计产业链亏损状态短期内难以根本扭转。同时，地缘政治冲突以及国际贸易摩擦也将继续对下游石化产品贸易和需求产生深刻影响，未来乙烯产业链将继续在挑战和机遇中艰难前行。

# 1. 2024 年全球乙烯产业链情况回顾

## 1.1 全球经济增长平稳，西欧乙烯消费增速由负转正

2024 年，全球经济增长总体保持了韧性。年初以来，主要经济体物价指数持续下行，通胀压力明显缓解，货币政策进入降息周期，全球经济正趋于实现"软着陆"，全年经济增速有望达到 3.2%，略高于 2023 年的 3.1%。但从乙烯产业来看，乙烯需求和经济增长之间的需求弹性系数减弱，2024 年全球乙烯消费增速仅为 2.8%，略低于 2023 年 2.6% 的增速。

分地区来看，全球各区域市场表现有所不同。其中，美国经济在长期高利率政策影响下一直处于降温区间，制造业 PMI、就业率数据创新低均显示美国经济走势趋于下行，下游市场需求表现疲弱，即使美联储降息后，美国出口与居民消费支出表现有所恢复，但全年下游消费仍疲软，北美地区乙烯消费增速由上年的 6.6% 回落至 4.3%；东北亚地区经历了疫情放开市场的短暂反弹后，需求不足的问题逐渐暴露，市场整体表现弱势，乙烯消费增速回落至 3.2%；西欧地区随着通胀的改善及政策利率的降低，居民及企业信心持续改善，下游需求将逐步回暖，乙烯消费自俄乌战争以来首次恢复正增长，达 1.2% 左右。

表 1　2024 年全球各地区乙烯消费量及增速

万吨 / 年、%

| 地区 | 2022 年 | | 2023 年 | | 2024 年 | |
|---|---|---|---|---|---|---|
| | 消费 | 同比 | 消费 | 同比 | 消费 | 同比 |
| 非洲 | 125 | −7.3 | 129 | 3.7 | 129 | −0.1 |
| 中欧 | 191 | −5.7 | 177 | −7.0 | 192 | 8.5 |
| 独联体 | 499 | −8.8 | 444 | −11.1 | 449 | 1.0 |
| 印巴 | 665 | −6.4 | 703 | 5.8 | 772 | 9.8 |
| 中东 | 2976 | 0.2 | 2893 | −2.8 | 2893 | 0 |
| 北美 | 4032 | 3.6 | 4300 | 6.6 | 4485 | 4.3 |
| 东北亚 | 5918 | 2.4 | 6395 | 8.1 | 6601 | 3.2 |
| 东南亚 | 1132 | −8.7 | 1086 | −4.0 | 1102 | 1.5 |
| 西欧 | 1730 | −9.4 | 1643 | −5.1 | 1662 | 1.2 |
| 其他 | 412 | −6.0 | 372 | −9.8 | 363 | −2.2 |
| 全球 | 17679 | −0.5 | 18142 | 2.6 | 18649 | 2.8 |

◆ 数据来源：Dow Jones，中国石化经济技术研究院

## 1.2 产业进入深刻调整期，老旧产能加速出清

近两年，在中国庞大新增产能规模的冲击下，海外化工装置的老旧产能退出力度逐渐加大。当前，欧洲、亚洲区域内，包括日本三井、日本 Taiyo、韩国 LG 等多家企业的化工装置相继关停，涉及产品包括乙烯、苯乙烯、PTA、聚丙烯等，总产能超 400 万吨 / 年。尤其是欧洲受全球化工行业竞争加剧和不可抗力事件频发影响，天然气等能源成本高企，当地生产商盈利大幅下行，经营压力进一步加速了欧洲本地老旧化工产能的退出。2024 年 4 月，埃克森美孚、沙比克相继决定永久关闭其位于法国（42.5 万吨 / 年）和荷兰（53 万吨 / 年）的乙烯裂解装置。此外，巴斯夫、利安德巴赛尔等多家化工生产企业已经通过裁员、重组、出售等措施对其欧洲区域业务进行调整，以应对当前经营危机。未来随着全球石化行业规模和成本竞争继续加剧，预计这些地区将有更多低效产能走向关停。

表 2　近年全球关停化工产能情况

万吨 / 年

| 企业 | 装置地区 | 产品 | 产能 | 关停时间 |
|---|---|---|---|---|
| Taiyo Oil | 日本 | SM | 37 | 2022Q4 |
| Eneos | 日本 | PX | 38 | 2023Q3 |
| Mitsui Chemicals | 日本 | PTA | 40 | 2023Q3 |
| LG Chemical | 韩国 | SM | 20 | 2023Q2 |
| LG Chemical | 韩国 | SM | 30 | 2024Q1 |
| LG Chemical | 韩国 | MEG | 18 | 2024Q2 |
| INEOS | 比利时 | PTA | 44.2 | 2022Q4 |
| Trinseo | 德国 | SM | 30 | 2022Q4 |
| Trinseo | 荷兰 | SM | 50 | 2023Q4 |
| Basell | 意大利 | PP | 23.5 | 2024Q1 |
| Sabic | 荷兰 | 乙烯 | 55 | 2024Q1 |
| ExxonMobil | 法国 | 乙烯 | 42.5 | 2024Q2 |

◆ 数据来源：根据公开资料整理

# 1.3 东北亚石脑油裂解价差再度跌破200美元/吨水平

2024 年，国际原油价格在强地缘、弱供应、低需求影响下维持中高位震荡。受烯烃下游产品需求持续疲软、上游成本传导不畅影响，东北亚地区乙烯－石脑油裂解价差再度跌破 200 美元 / 吨左右，已连续三年低于盈亏平衡点。在此价差水平下，大量石脑油裂解装置难以维持正常运行，区域内裂解装置开工负荷跌至 83% 左右；西欧方面，石化行业尚未走出寒冬，上游产能整合难抵下游需求疲软所累，生产商只能通过拉高乙烯价格以保证裂解装置的正常运行；北美方面，由于美国油气开采量增加，市场乙烷供应量迅速增长，供应面的宽松使得北美乙烷现货价格回落至 20 美分 / 加仑左右，区域内乙烯－乙烷裂解价差上升至 350~400 美元 / 吨。

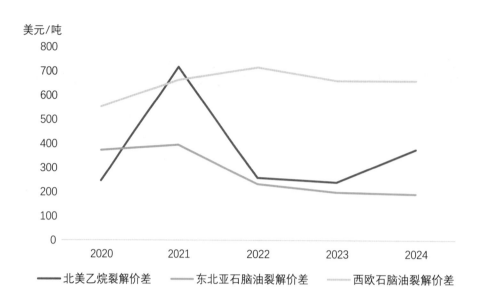

图 1　全球各地区乙烯裂解价差

◆ 数据来源：Dow Jones

# 2. 2024 年国内乙烯产业链情况回顾

## 2.1 扩能节奏放缓，新增产能规模处于近年低位

2024 年，国内乙烯新增产能规模为 490 万吨 / 年，较往年有所减少。新增产能包括天津南港 120 万吨 / 年石脑油裂解、裕龙石化 150 万吨 / 年石脑油裂解、宝丰 150 万吨 / 年煤制烯烃等装置。考虑到多数装置均为年底投产，供应增量将在明年年初释放，实际新增产量相对有限。2024 年，我国乙烯产量为 4765 万吨，同比增长 6.6%。全年来看，在当前亏损压力下，国内石脑油裂解开工率为 85% 左右，同比下滑 2 个百分点。

表 3　2024 年国内主要新增乙烯产能

万吨 / 年

| 企业 | 装置地区 | 新增规模 |
|---|---|---|
| 天津南港 | 石脑油 | 120 |
| 裕龙石化（1# 装置） | 石脑油 | 150 |
| 宁夏宝丰煤基新材料 | CTO | 150 |
| 山东金诚石化 | 石脑油 +DCC | 70 |
| 合计 | | 490 |

## 2.2 乙烯消费呈现内冷外热特征，整体依然偏弱

内需方面，2024 年房地产投资深度萎缩、基建投资增速回落以及社会零售总额持续低位运行，反映出国内有效需求不足。下半年，随着国家"以旧换新"等多项增量政策的发布，家电、汽车市场的回暖对乙烯消费有一定刺激作用，但政策的实际利好相对有限，从全年来看，乙烯下游产品聚乙烯等产品需求偏弱。外需方面，随着欧美通胀回落以及"一带一路"国家市场需求增加，石化产品出口再创新高，对乙烯消费起到一定正向拉动作用。2024 年，我国乙烯当量消费为 6355 万吨，同比增长 3.1%，增速较上年下降 5 个百分点。

### 2.2.1 地产底部调整，继续拖累树脂、环氧乙烷等产品消费

房地产行业是乙烯下游重要的消费领域之一。自 2022 年来，我国房地产行业一直处于下行阶段。2024 年上半年，房地产投资增速延续 10% 的深度萎缩，新开工面积同比下降 20% 以上，各大城市房价持续加速探底。在疲软的投资增速与新开工面积的影响下，环氧乙烷下游最大消费领域聚羧酸减水剂单体需求大幅下挫，国内环氧乙烷消费连续负增长。聚氯乙烯下游型材、管材等地产相关材料消费同样受到严重影响，对乙烯消费形成严重拖累。9 月以来，多地多部门提出了"一揽子"配套政策提振房地产市场，对市场起到一定提振作用。但考虑到当下居民购房意愿不强、房价加速下行等特征依旧明显，房地产行业仍处于底部调整阶段，对乙烯下游产品消费仍将产生负面影响。

### 2.2.2 纺织终端回暖，乙二醇亏损局面有所好转

近年来，国内乙二醇产能高速扩张，总产能规模由 2019 年 1050 万吨 / 年提升到 2023 年底接近 3000 万吨 / 年，增长近一倍。而受下游聚酯增速放缓影响，乙二醇供需失衡情况加剧，乙烯法乙二醇亏损一度超过 1500 元 / 吨。2024 年，乙二醇行业处于扩产周期尾声，同时考虑到国内外装置检修较多，新增产能持续投放带来的供应增量压力得到明显缓解。需求方面，受下游聚酯瓶片新装置的集中投产影响，同时，随着海外制造业加速复苏，国内纺织企业订单回暖，国内聚酯生产保持高负荷运行，乙二醇需求进一步得到提振，开始进入去库周期。供需结构的改善使得乙二醇前期深度亏损局面有所好转。

### 2.2.3 家电更新需求和出口利好苯乙烯下游消费

自 2008 年家电下乡开始，第一批家电使用年限已超出十年，多数老旧家电面临更新换代的需求。2024 年 3 月国家推出《推动大规模设备更新和消费品以旧换新行动方案》鼓励家电等消耗品以旧换新，以对冲消费下行压力，我国家电行业景气度大幅回升。同时，2023 年下半年以来海外需求持续改善，补库需求强烈，我国家电出口数据再创新高，已实现连续 18 个月同比正增长。内需和出口形势的转好进一步提振家电需求，有效地拉动了苯乙烯下游聚苯乙烯、ABS、EPS 等产品消费的需求，对乙烯消费形成支撑。

## 2.3 常规乙烯裂解路线仍持续亏损，乙烷路线优势明显

2024 年，虽国内新增产能有限，但受宏观形势影响，需求动力严重不足，除进口乙烷裂解路线外，国内主要生产路线面临较大亏损压力。其中，石脑油裂解路线受上半年油价高位影响，成本持续走高，下半年随着油价回调，路线亏损压力将有所缓解。但全年来看，石脑油裂解路线较上年亏损程度有所扩大，平均每吨产品（LLDPE、PP）亏损 600 元左右；对于西部 CTO 路线，近年来得益于国家管控，坑口煤价稳中有降，西部 CTO 亏损幅度较上年继续收窄；对于 MTO 路线，2024 年进口甲醇价格回升，国内 MTO 装置再度面临亏损压力；乙烷裂解路线由于 2024 年在供应面充足影响下，北美乙烷价格回落，装置竞争力较石脑油路线更加凸显。

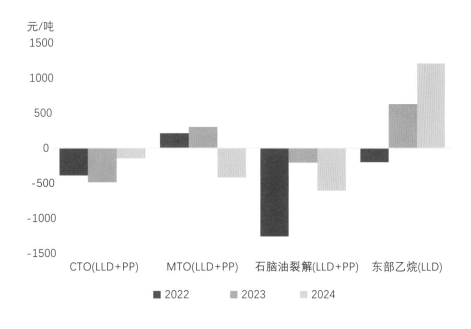

图2 各一体化路线装置理论利润水平（不含税及收益）

# 3. 2025 年世界乙烯产业链发展展望

## 3.1 东北亚庞大产能规模继续压制全球乙烯产业

　　全球乙烯产业在经历了 2024 年扩能的短暂喘息后，再度迎来新一轮投产高峰。2025 年，预计全球新增乙烯产能规模高达 910 万吨 / 年，总产能规模增至 2.42 亿吨 / 年。

　　分区域来看，新增产能投产仍主要集中在东北亚地区。除东北亚地区外，全球仅印尼 PT Lotte Chemical 一套 100 万吨 / 年石脑油裂解装置投产。若再考虑到东北亚地区 2024 年底投产的产能，2025 年全球乙烯产业，特别是东北亚地区，将面临更严峻的挑战。随着新增产能的持续释放，预计全球乙烯开工率将继续下落至 81% 左右低位水平。同时，在东北亚大幅扩能的冲击下，预计欧洲等地乙烯产业将进一步调整，部分老旧产能退出节奏或将进一步加快。

## 3.2 区域经济表现分化明显，乙烯消费差异化复苏

　　随着通胀水平的回落，海外进入新一轮补库周期，全球制造业小幅回暖，带动全球乙烯消费逐渐走出低迷。但由于各国经济环境、政策节奏不一，不同区域呈现出不同的复苏节奏，乙烯消费呈现出差异化复苏的态势。其中，发达经济体逐步摆脱通胀，尤其美国在美联储降息后，伴随着货币政策调整和通胀压力缓解，经济有望迎来平稳增长。但考虑到乙烯需求和经济增长线性关系减弱，以及特朗普上台后或重启贸易战，预计 2025 年北美地区乙烯消费将较上年有所回落；欧洲地区通胀的快速改善和提前降息为欧元区的经济复苏奠定了基础，但由于俄乌战争阴影期未过，以及欧洲地区长期以来经济和人口增长低迷，欧洲地区乙烯消费将继续保持弱势复苏；东南亚等新兴经济体随着外部压力减弱和自身经济结构持续调整，经济增长和贸易潜力或得以进一步释放，区域内乙烯消费有望维持中高速增长。

# 4. 2025 年国内乙烯产业链发展展望

## 4.1 产能规模迅速增长，国内供需失衡风险加剧

　　2025 年，我国乙烯新增产能规模达 795 万吨 / 年，总产能增至 6400 万吨 / 年。考虑到 2024 年底投产的天津南港、裕龙石化、宝丰等 400 余万吨 / 年产能，2025 年乙烯市场供应压力将居历史之最，预计消化这些产能需要 3~5 年时间。在庞大新增供应压力的冲击下，国内乙烯装置开工将进一步下挫。全年乙烯开工率将下滑至 83% 左右。预计 2025 年，我国乙烯产量增至 5330 万吨，同比增长 11.9%。

表 4　2025 年国内主要新增及关停乙烯产能

万吨 / 年

| 公司 | 原料 | 新增 / 关停 |
|---|---|---|
| 广东埃克森美孚 | 石脑油 | 160 |
| 万华化学 | 石脑油 | 120 |

续表

| 公司 | 原料 | 新增 / 关停 |
|---|---|---|
| 华泰盛富 | 轻烃 | 40 |
| 裕龙石化（2# 装置） | 石脑油 | 150 |
| 吉林石化 | 石脑油 | 120 |
| 广西石化 | 石脑油 | 120 |
| 巴斯夫湛江一体化 | 石脑油 | 100 |
| 吉林石化 | 石脑油 | -15 |
| 合计 | | 795 |

## 4.2 传统领域难有起色，新兴消费值得期待

2025 年，随着国内政策有望继续发力，终端领域逐渐复苏，乙烯下游消费将继续修复。具体来看，包装行业仍是拉动乙烯下游消费的最大增长动力；家电、汽车等行业表现是否延续仍需期待进一步刺激政策落地；而在国内一揽子增量政策支持下，房地产投资跌幅有望进一步收窄，但行业高库存问题依然存在，对于乙烯消费的负向作用短期内难以消除；出口方面，近些年随着国内产能快速扩张，市场供需矛盾加剧，产品出口已成为我国石化企业的新选择，而地缘政治冲突以及国际贸易摩擦将进一步影响国内乙烯下游石化产品出口形势。预计 2025 年，我国乙烯当量消费为 6605 万吨，同比增长 3.9%，增速较上年回升 0.8 个百分点。

### 4.2.1 包装等领域增速回落，乙烯下游传统消费面临挑战

近年来，随着国内经济增速放缓，居民收入增速也进入缓慢增长区间，收入的不确定性以及疫情带来的居民消费习惯转变使得居民在消费上更趋保守，此外，当前纸质化包装的加速取代，进一步影响了聚乙烯下游包装领域消费。2024 年，聚乙烯下游包装需求仅维持 5% 左右增长。2025 年，预计在食品、烟酒、日用品等领域，包装行业增速将继续放缓，对聚烯烃消费支撑力度将有所下降。地产方面，在国家出台的"积极支持收购存量商品房用作保障性住房""进一步做好保交房工作"等一揽子增量政策下，2025 年房地产投资跌幅有望进一步收窄，市场有望止跌回稳，但行业去库存压力未减，新开工数据未见好转，对聚乙烯、环氧乙烷、聚氯乙烯等产品拖累效果依然存在。整体来看，乙烯下游消费仍面临较大挑战。

## 4.2.2 政策透支情况或将显现，家电、汽车消费仍需进一步刺激

2024 年，国家"以旧换新""报废更新"等刺激政策效果显著，汽车、家电等商品消费大幅回暖，多数更新需求及新增需求基本完成兑现。2025 年，"以旧换新"政策仍有发力空间，但考虑在地产销售没有企稳前，家电销售难以实现持续反弹，汽车市场内需回升同样缺乏有力支撑。若无进一步政策刺激，后期消费延续难度较大。出口方面，2024 年 10 月，欧盟委员会发布消息称结束了反补贴调查，决定对从中国进口的电动汽车（BEV）征收为期五年的最终反补贴税，对不同企业分别征收 17.0%~35.3% 的反补贴税，对于我国汽车出口将造成不利影响。预计 2025 年，家电、汽车消费对聚乙烯、苯乙烯等产品需求拉动作用将有所下降。

## 4.2.3 下游制品出口窗口期仍存，仍需警惕外部环境的不确定性

随着海外通胀的持续回落，全球制造业将维持复苏态势。同时，疫情后海外补库需求强烈，随着全球市场不断扩容，预计 2025 年我国纺服、家电等行业出口仍有增长潜力，但仍需警惕地缘政治冲突以及国际贸易摩擦的影响。尤其在大选期间，特朗普提出上台后将立即取消中国"永久性正常贸易伙伴关系"，对中国进口商品征收 60% 的贸易关税等一系列新的关税措施，后续中美贸易关税壁垒将进一步增强，我国对美出口市场将面临更大的压力，更多的产品将进一步转向中亚、中东、东南亚、非洲等新兴经济体国家。

## 4.2.4 下游新兴消费逐渐涌现，POE 等产品未来仍有较强增长潜力

随着国内光伏领域的快速发展，POE 作为光伏胶膜的重要材料，其需求量逐渐提升。2023 年，我国 POE 消费量 78 万吨，几乎全部依赖进口。近几年，随着国内技术的突破，国内 POE 产能建设进程不断加快。目前，万华化学 20 万吨 / 年 POE 装置已正式投产。2025 年，扬子石化 5 万吨 / 年、辽宁鼎际得 20 万吨 / 年、盛景新材料 30 万吨 / 年等项目也将陆续达产，届时国内 POE 产能将增至 90 万吨 / 年左右，消费在光伏胶膜和汽车增韧改性需求增加的支撑下有望增至 95 万吨。未来随着规划产能的陆续达产，POE 有望逐渐在乙烯下游消费占有一席之地。

附表　2023—2025 年乙烯及下游衍生物供需

万吨 / 年、万吨

| 产品 | | 2023 年 | 2024 年 | 2025 年 |
|---|---|---|---|---|
| 乙烯 | 产能 | 5135 | 5605 | 6400 |
| | 产量 | 4468 | 4765 | 5330 |
| | 消费 | 6165 | 6355 | 6605 |
| PE | 产能 | 3254 | 3474 | 4289 |
| | 产量 | 2735 | 2824 | 3013 |
| | 消费 | 3996 | 4121 | 4256 |
| PVC | 产能 | 2930 | 3030 | 3200 |
| | 产量 | 2237 | 2288 | 2320 |
| | 消费 | 2014 | 2060 | 2080 |
| EO | 产能 | 874 | 897 | 961 |
| | 产量 | 485 | 499 | 530 |
| | 消费 | 485 | 499 | 530 |
| EG | 产能 | 2815 | 2968 | 3038 |
| | 产量 | 1650 | 1870 | 1980 |
| | 消费 | 2355 | 2530 | 2640 |
| SM | 产能 | 2067 | 2234 | 2380 |
| | 产量 | 1406 | 1515 | 1607 |
| | 消费 | 1448 | 1490 | 1550 |
| POE | 产能 | 3 | 23 | 89 |
| | 产量 | 0 | 5 | 30 |
| | 消费 | 78 | 85 | 95 |

注：乙烯消费为当量消费。

# 07

## 丙烯产业链

# 1. 概述

2024 年，东北亚引领世界丙烯产能增长再加速，新增产能创历史新高，新增消费处历史较高水平。2025 年世界丙烯产能将持续扩张，东北亚仍为主动力，由于前期乙烯原料轻质化等因素导致北美、中东等区域丙烯产能一直增长乏力，中东、欧洲开启新产能增长；产业发展区域分化持续导致世界丙烯及下游衍生物贸易量继续扩大，而东北亚贸易量则大幅下滑。

2024 年，中国丙烯产能扩张再加速，新增创历史新高，而受汽车、外卖、家电等传统行业拉动作用有限制约，丙烯全年消费增速回落。2025 年丙烯产业链扩张放缓，新增产能大幅减少，主要来自石脑油和丙烷脱氢（PDH）装置；受传统行业发展增速下滑、冷链运输业快速发展等正负面因素影响共同作用，丙烯消费增速较上年有所提升。但国内丙烯产能超过丙烯消费的态势进一步扩大，市场竞争将异常激烈。

# 2.2024 年世界丙烯产业链扩展再次加快

## 2.1 东北亚丙烯产能大幅扩建，其他区域新增寥寥

近几年，世界丙烯产能经历快速扩张，2017 年短暂放缓后再次启动快速增长，新增产能规模接连创历史新高，期间经历了炼化一体化、煤化工、PDH 路线装置建设高潮，2024 年新增规模超千万吨，特别是东北亚地区新增能力仍居世界首位，占比超过 98%；东南亚的新增来自越南，占比为 2%。北美地区受乙烯原料轻质化、炼化项目减少影响，丙烯能力增长速度落后于乙烯，2024 年无新增产能。中东 2019 年以来丙烯产能增长几乎停滞。西欧地区以裂解丙烯为主，炼厂丙烯处于维持状态，2024 年无新增产能，却出现产能下降的情况，沙比克和埃克森美孚两家公司相继宣布，由于其位于欧洲的装置规模相对较小、运营成本高昂、缺乏竞争力等原因关闭，所涉及的丙烯产能超过 60 万吨 / 年。

## 2.2 世界丙烯消费呈低速增长态势，亚洲为拉动消费的主动力

2024 年随着全球经济缓慢复苏，世界丙烯消费提升至 3.1%。全球丙烯主要用于生产聚丙烯、环氧丙烷、丙烯腈、丙烯酸、丁辛醇、异丙苯等产品。从下游产品结构占比看，聚丙烯是丙烯最大的下游衍生物，2024 年全球丙烯消费量的 58.0% 用于生产聚丙烯，较上年增加 0.6 个百分点，丙烯酸下降 0.2 个百分点，正丁醇、异辛醇下降 0.1 个百分点，环氧丙烷下降 0.2 个百分点，丙烯腈则上升 0.1 个百分点。

东北亚成为丙烯需求增长的主要引擎。从丙烯下游的消费来看，增长规模最大的是聚丙烯，2024 年东北亚聚丙烯新增 758 万吨 / 年，亚洲其他国家 45 万吨 / 年，北美 25 万吨 / 年。由于中国和印度等亚洲地区大量的人口以及持续城市化，塑料的使用量普遍增加。而中东地区聚丙烯产业发展依赖塑料出口带动，北美地区受内需和出口同时拉动，但增长缓慢。西欧等成熟经济体的聚丙烯消费增速相对较慢，但继续稳步增长。

## 2.3 世界各区域供需错配，导致丙烯价格区域分化

丙烯市场价格主要受原油价格、供应和下游消费等影响。原油市场与丙烯市场紧密相连，且原油价格走势对丙烯影响较为明显。2024 年，原油价格回落，各地区产能新增和下游需求恢复情况有别。

从各区域的价格涨跌来看，2022—2023 年美国和加拿大新增的 PDH 项目投产及产能恢复平抑丙烯区域价格，2024 年该地区无新增产能，受需求稳步增长带动，北美地区价格回升，且价格明显高于亚洲地区。此外，西欧受运输及无新增产能等影响，2022 年区域价格处于高位，2023 年受波兰 PDH 装置投产及供应逐渐恢复影响，丙烯价格出现回落，2024 年由于西欧产能不增反降，区域价格仍然是全球高地。受供应激增、需求增速放缓拖累，东北亚、东南亚丙烯价格于 2024 年略有下降，成为全球价格最低区域。

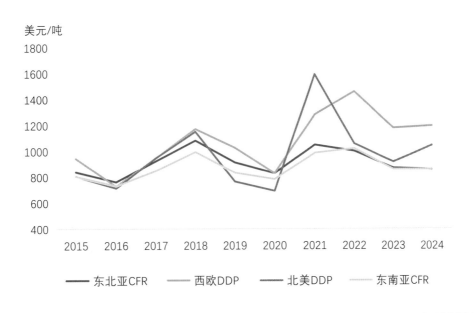

图 1    2015 年以来世界丙烯价格走势

注：CFR—到岸价；DDP—完税后交货价。

◆ 数据来源：Dow Jones

# 3. 2024 年国内丙烯产业链供应激增，竞争异常激烈

## 3.1 丙烯投产规模超千万吨，新兴路线冲击市场

近几年，我国丙烯生产路线呈多元化发展，炼厂催化裂化（FCC）制丙烯、石脑油裂解制丙烯、PDH、甲醇制烯烃（MTO）、煤制烯烃（CTO）等路线纷纷投产。2024 年再次迎来丙烯投产高峰年，全年新增产能超 1100 万吨 / 年，再创历史新高，产能分别来自裕龙石化、台塑宁波等大型炼化项目以及 PDH 路线项目等。值得一提的是 PDH 路线表现尤为突出，总计 701 万吨 / 年产能投产，由此再次掀起 PDH 装置的投产热潮。此外，由于前两年煤炭价格大幅上升，煤化工装置利润稀薄，甚至亏损，一些新建装置一再推迟投产时间，随着煤化工利润好转，2024 年四季度宁夏宝丰内蒙古项目投产。从工艺路线结构占比来看，PDH 大幅提高至 33.1%，MTO、CTO 制丙烯占比分别下降至 4.6%、10.5% 左右，而炼油和石脑油传统路线占比下降到 49.6%。2024 年国内丙烯产量达 5555 万吨，同比增加 12.9%。

此外，2024 年山东京博石化催化裂解制烯烃（K-COT）技术路线的丙烯装置将于年底投产。该路线可用于加工从 $C_4$ 到 $C_{10}$ 的不同物料来生产丙烯，能够有效升级各种富含烯烃的物料，如：来自炼厂和传统蒸汽裂解的混合碳四，传统蒸汽裂解的戊烯、甲基叔戊基醚抽余液及混合碳五，催化裂化、蒸汽裂解、焦化以及减黏装置的裂化石脑油，甲醇和乙醇等含氧化合物。K-COT 还可以替代蒸汽裂解来处理石脑油。

表 1　2024 年国内主要新增丙烯产能

万吨 / 年

| 公司 | 原料路线 | 新增 |
| --- | --- | --- |
| 台塑宁波 | PDH | 60 |
| 福建美得 | PDH | 90 |
| 泉州国亨化学 | PDH | 66 |
| 宁波金发（二期） | PDH | 60 |
| 金能科技新材料 | PDH | 90 |
| 振华石油化工 | PDH | 100 |
| 裕龙石化 | FCC | 116.1 |
| 浙江圆锦新材料 | PDH | 75 |
| 天津南港 | 石脑油 | 50 |
| 东华能源茂名（二期） | PDH | 60 |
| 裕龙石化（1# 装置） | 石脑油 | 64.5 |
| 山东金诚石化 | 石脑油 + 催化裂解（DCC） | 36 |
| 山东中海精细化工 | PDH | 40 |
| 中国石化镇海炼化 | PDH | 60 |
| 宁夏宝丰煤基新材料 | CTO | 150 |
| 山东京博石油化工 | K-COT | 39 |
| 合计 | | 1156.6 |

## 3.2 供应激增和价格洼地，致使进口依存度再创新低

2019 年以前，中国丙烯进口体量整体呈现增长趋势，并且在 2019 年达到 313.0 万吨的历史最高点。2020—2022 年，年度进口量呈现逐年缩减的趋势。从进口依存度来看，2014 年最高值为 15.9%；此后将近 10 年的时间，虽然进口量有所震荡，但进口依存度持续下降，2022—2023 年进口依存度步入 5% 的平台，2024 年预计降至 3% 以下，创近十几年来新低。

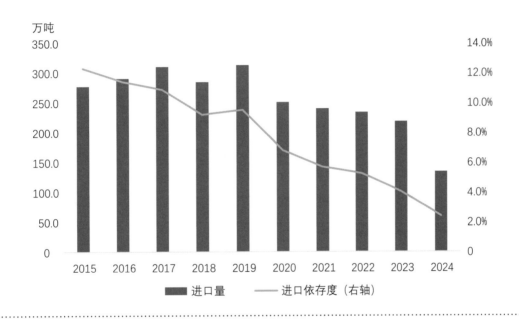

图 2　国内丙烯进口量及依存度走势

◆ 数据来源：国家统计局，中国石化经济技术研究院

## 3.3 丙烯消费增速放缓，聚丙烯消费占比继续下降

2024 年受汽车、外卖、家电等传统行业拉动作用不强制约，丙烯全年消费 5601 万吨，增速回落至 3.6%。从下游产品拉动丙烯增长贡献度来看，聚丙烯（PP）、环氧丙烷（PO）起主要支撑作用。影响丙烯消费的因素为：一是汽车行业发展增速下移；二是虽然外卖行业增速下行，但仍处于两位数高速增长水平；三是家电以旧换新等政策托举，带动家电增长有

所回升；四是随着居民对食品安全和品质的要求不断提高，食品冷链、生鲜电商等领域的需求快速增长，中商产业研究院预测，2024 年中国冷链物流市场规模将增至 5745 亿元，同比增长 11%；五是聚丙烯价格低位替代需求增加。

丙烯下游需求以聚丙烯为主，近两年聚丙烯对丙烯原料需求占比呈下降之势，由 2020 年的 72% 降至 2024 年的 68%。2024 年环氧丙烷、丙酮、丙烯腈消费增速表现良好，消费增速分别为 22.4%、36.9%、9.4%；丁辛醇、丙烯酸消费增速低位，分别为 2.7%、5.0%。

## 4. 2025 年世界丙烯产业链扩张放缓

### 4.1 世界丙烯扩能速度放缓，中东、欧洲开启新增长

2025 年世界新增产能 815 万吨 / 年，中国新增产能占 69%。除中国外，炼化一体化新建项目较少，2025 年印尼有 52 万吨 / 年的石脑油裂解制丙烯装置，而俄罗斯、印度将分别有一套炼油丙烯装置投产。中东丙烯新增项目近几年处于停滞状态，2025 年开启了新增长，充分利用地区丰富的丙烷资源，新增一套 PDH 装置，预计该装置终端产品目标市场为区域外。欧洲因炼化装置关停，比利时新增的 PDH 装置将有效补充丙烯资源。

表 2　2025 年除中国外主要新增丙烯产能

万吨 / 年

| 公司 | 国家或地区 | 原料路线 | 丙烯 |
| --- | --- | --- | --- |
| PT Lotte Chemical Indonesia | 印尼 | 石脑油 | 52 |
| LLC LUKOIL-Nizhegorodnefteorgsintez | 俄罗斯 | FCC | 20 |
| Indian Oil Corporation Limited | 印度 | FCC | 20 |
| Advanced Polyolefins Company | 沙特 | PDH | 84.3 |
| Borealis Kallo N.V. | 比利时 | PDH | 75 |
| 合计 | | | 251.3 |

◆ 数据来源：Dow Jones

2025 年世界丙烯消费将维持 2024 年增速水平，约为 3.0%，下游产品贡献度最大的依然是聚丙烯，中东新增聚丙烯产能 80 万吨 / 年，东南亚 25 万吨 / 年，东北亚 446 万吨 / 年，欧洲 35 万吨 / 年。

随着丙烯产能的不断扩张，而消费增长缓慢，世界丙烯开工率呈逐年下行态势。

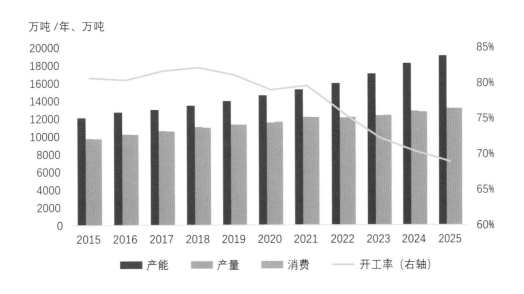

图 3　世界丙烯供需及开工率

◆ 数据来源：Dow Jones，中国石化经济技术研究院

## 4.2 世界丙烯产业链贸易量继续扩大，主贡献区域为印巴和西欧

丙烯及衍生物净出口地区主要有：中东、北美、独联体、东北亚、东南亚等；净进口地区为印巴、中欧、西欧、南美等。预计 2025 年全球丙烯及衍生物贸易量将进一步放大，主要贡献区域为印巴、西欧和北美。分区域来看，近几年 C₃ 产业链产能扩展分化导致各区域贸易流向变化较大，如东北亚地区由 2021 年开始成为净出口区域后逐年放大，2025 年开始减少；印巴受需求的带动，净进口贸易量呈逐年扩大之势；而西欧从 2021 年成为净进口地区后，区域新增产能较少，2023—2024 年炼化产能关停影响丙烯供应，预计 2025 年净进口量大幅增长。

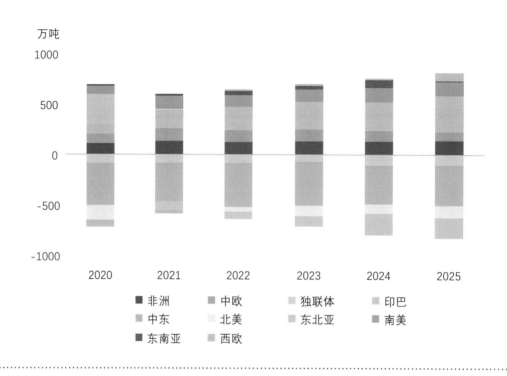

图 4　2016—2024 年世界丙烯贸易平衡

注：坐标轴以上是净进口；坐标轴以下是净出口。
◆ 数据来源：Dow Jones

## 5.2025 年国内丙烯产业链过剩加剧，消费结构调整

### 5.1 新增产能大幅放缓，供应压力空前

　　预计 2025 年中国丙烯新增产能将大幅减少，为 563.5 万吨 / 年，但 2024 年新增产能超过 1100 万吨 / 年，市场供应压力前所未有。随着前期规划的大型炼化一体化项目建设陆续投产，2025 年传统丙烯路线投放规模再次放大，广东埃克森美孚、山东裕龙石化等大型炼化一体化的石脑油路线丙烯共计 336 万吨 / 年产能将投产。此外，PDH 路线丙烯新增装置大幅减少，但仍有 4 套共计 212 万吨 / 年规模投产。从 2025 年的丙烯新增产能路线结构看，石脑油丙烯传统路线与 PDH 路线分别占 60%、38%，为当年的主要丙烯扩能来源。预计，2025 年丙烯产量达 5860 万吨，同比增长 5.5%。

表 3　2025 年国内主要新增乙烯产能

万吨 / 年

| 公司 | 国家或地区 | 丙烯 |
|---|---|---|
| 广东埃克森美孚 | 石脑油 | 60 |
| 万华化学 | 石脑油 | 17 |
| 华泰盛富 | 轻烃 | 15 |
| 裕龙石化（2# 装置） | 石脑油 | 64.5 |
| 吉林石化 | 石脑油 | 85 |
| 广西石化 | 石脑油 | 60 |
| 巴斯夫湛江一体化 | 石脑油 | 50 |
| 武汉联科能源 | PDH | 17 |
| 江苏丰海高新材料 | PDH | 60 |
| 黑龙江中飞石化 | PDH | 60 |
| 浙江圆锦新材料 | PDH | 75 |
| 合计 | | 563.5 |

## 5.2 国内丙烯消费增速略有回升，产能超当量消费进一步扩大

　　丙烯的产能增速远超消费增速，丙烯自给率逐年提升。2025 年，受环氧丙烷下游消费强势拉动，叠加聚丙烯稳步增长等影响，丙烯消费增速有望回升至 4.8%，全年丙烯当量消费达 5869 万吨。届时，丙烯生产能力将达 7977 万吨 / 年。随着丙烯供应大幅增加，供应侧压力进一步加大，市场竞争将异常激烈。

万吨/年、万吨

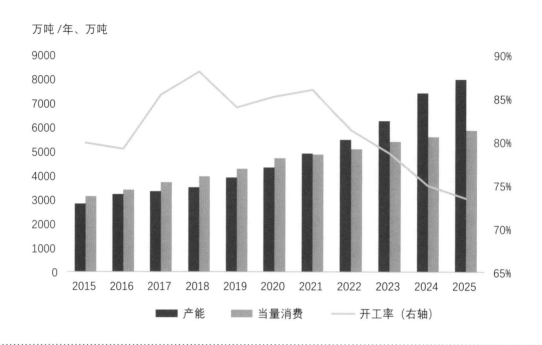

图 5    2011—2024 年国内丙烯供需情况

## 5.3 传统领域拉动作用减弱，消费结构发生变化

前期以旧换新等政策透支效果或将显现，叠加年底消费节等活动或将提前透支 2025 年国内市场的潜在需求，尤其对于汽车、家电市场，将对聚丙烯等产品消费的拉动作用减弱，聚丙烯在丙烯消费的结构占比有所回落。丙烯腈在 ABS 树脂新增产能大增的拉动下，2025 年消费增速达 14.3%，消费占比有所提升。

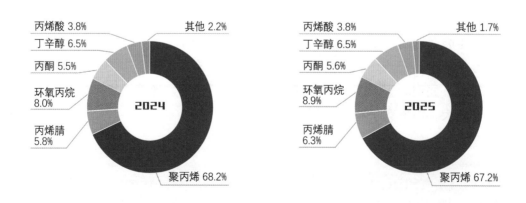

图 6    国内丙烯消费结构变化

地产仍处于底部调整期，但基建和出口对聚氯乙烯（PVC）产量起到正向作用，异辛醇类增塑剂将承压。同时建筑用的涂料用量难以较大提升，拖累丙烯酸、正丁醇等消费，2025 年丁辛醇、丙烯酸消费增长缓慢，增速在 4% 左右。

## 5.4 新消费模式兴起，下游消费场景不断扩展

随着人们消费习惯的改变，网上购物规模逐年增长。外卖行业虽然增速放缓，但仍以两位数增速快速增长，推动外卖聚丙烯餐盒的稳步增长。网上购物的增加也刺激了胶黏剂和双向拉伸聚丙烯薄膜（BOPP）胶带的使用量，对丙烯酸、正丁醇消费提到了提振作用。

近年来，人们日益增长的生活需求以及进口冷链产品、生鲜电商、社区团购、直播电商、预制菜等新业态的发展推动我国冷链物流市场规模不断增长。我国及部分省市发布了多项行业政策，旨在鼓励鲜活农产品冷链物流的建设。预计 2025 年，受冷链运输行业的蓬勃发展影响，环氧丙烷消费占比持续上升，达到 8.9%，环氧丙烷消费增速约 16.5%，成为丙烯下游增速较快的产品之一。

此外，聚丙烯价格多年来低位，也为聚丙烯新增了一些替代需求，如对聚乙烯包装膜和容器的替代。聚丙烯改性技术的提升，在许多领域的应用越来越广泛。近年来，越来越多的企业开始采用改性聚丙烯替代 ABS 树脂，以降低生产成本。

附表　2023—2025 年乙烯及下游衍生物供需

万吨 / 年、万吨、%

| 产品 | | 2023 年 | 2024 年 | 2025 年 |
|------|------|------|------|------|
| 丙烯 | 产能 | 6257 | 7413 | 7977 |
| | 产量 | 4921 | 5555 | 5860 |
| | 消费 * | 5404 | 5601 | 5869 |
| 聚丙烯 | 产能 | 4217 | 4955 | 5401 |
| | 产量 | 3423 | 3711 | 3988 |
| | 消费 | 3703 | 3802 | 3923 |
| 丙烯腈 | 产能 | 37 | 476 | 594 |
| | 产量 | 286 | 328 | 380 |
| | 消费 | 288 | 315 | 360 |

| 产品 | | 2023 年 | 2024 年 | 2025 年 |
|---|---|---|---|---|
| 环氧丙烷 | 产能 | 589 | 699 | 818 |
| | 产量 | 425 | 525 | 620 |
| | 消费 | 449 | 550 | 640 |
| 丙酮 | 产能 | 397 | 409 | 462 |
| | 产量 | 243 | 338 | 345 |
| | 消费 | 282 | 386 | 411 |
| 丁醇 | 产能 | 312 | 353 | 536 |
| | 产量 | 228 | 231 | 240 |
| | 消费 | 247 | 252 | 260 |
| 辛醇 | 产能 | 257 | 316 | 501 |
| | 产量 | 243 | 262 | 275 |
| | 消费 | 272 | 281 | 296 |
| 丙烯酸 | 产能 | 390 | 432 | 514 |
| | 产量 | 300 | 313 | 324 |
| | 消费 | 291 | 305 | 315 |

注：丙烯消费为当量消费。

# 08

## 芳烃产业链

# 1. 概述

2024 年全球对二甲苯（PX）产业复苏加快，中国 PX 产业链整体扩能速度放缓，但仍是全球的生产、消费和贸易中心，中国 PX 产业在世界的地位进一步上升，短期供需矛盾缓解、盈利收窄。

2025 年，PX 暂无明确的产能增长，全行业处于调整缓和阶段。国内 PX 供应将偏紧，企业开工率上升，但自给率仍有所下滑，需进口货源补充。产业下游精对苯二甲酸 – 聚酯（PTA-PET）过剩趋势仍在，产业链利润集中到原料端，下游产品出口仍是化解产能过剩的重要途径。

# 2. 2024 年全球 PX 产业链情况回顾

2024 年因需求回暖，产能释放减少，全球 PX 产业链触底回升，装置开工率有所反弹，世界生产重心进一步向中国转移，全球竞争日趋激烈，新建大型一体化装置成本优势明显。

## 2.1 全球PX生产中心加速向中国转移

近几年，全球 PX 新增产能主要集中在亚洲，尤其是中国。随着新建大炼化项目的相继上马，中国 PX 产能规模骤增，近些年全球新增 PX 项目中 9 成以上分布在中国。2024 年，全球仅中国有 20 万吨 / 年的新增 PX 产能，而全球陆续有装置关停，PX 新增产能进入"扩张暂缓期"。与此同时，中国在世界 PX 工业的话语权不断提升，产能已占世界的 54% 左右，是全球名副其实的 PX 生产中心。

从地区产能分布来看，2024 年全球 PX 生产继续向以中国为首的亚洲集中，其中东北亚产能占总产能的 69.3%，东南亚占 9.2%。印巴、中东和北美占 4%～7%，欧洲占 3% 左右。与 2023 年相比，东北亚产能占比继续提高 6.6 个百分点。

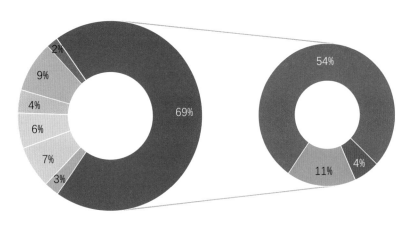

图 1　2024 年全球各地区 PX 产能比重

◆ 数据来源：Dow Jones，中国石化经济技术研究院

## 2.2 中国仍为全球PX的贸易中心

2024年全球PX的贸易量在1600万吨左右，贸易仍较活跃。其中进口贸易主要集中在中国、美国、中国台湾、印度、墨西哥、印尼、马来西亚、西欧等地。尤其是中国，由于下游PTA产能的快速扩张及前期民众的误解造成PX产能建设受阻，导致其在全球的贸易份额在一段时间内不断攀升，逐渐成为全球PX的贸易中心。2019年后由于中国PX产能扩张，自给率持续提升，逐渐降低了进口需求，进口依存度持续下降。但由于中国PX的供应缺口过大，在一定时期仍是全球的贸易中心，而且中国PX-PTA新增产能长期存在错配，PX进口量仍有可能阶段性走高。

全球PX的出口贸易仍主要集中在韩国、日本、中国台湾、沙特等地。其中韩国2024年占全球总出口比例达30.7%；其次为日本，约占14.5%。

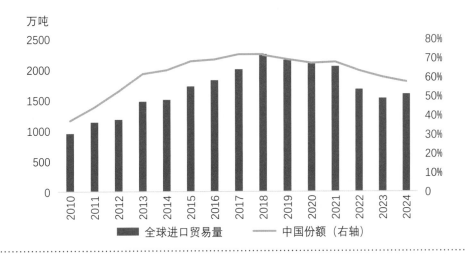

图 2　全球进口贸易量及中国占比

◆ 数据来源：Dow Jones，中国石化经济技术研究院

## 2.3 全球经济稳步复苏，PX产业链需求稳定增长

2024 年，全球经济稳健恢复，居民消费活动进一步增加，受下游合纤市场带动，全球 PX 产业链需求复苏进程加快，其中 PX 需求增长 4.4%，PTA 需求增长 4.4%，PET 需求增长 4.4%。

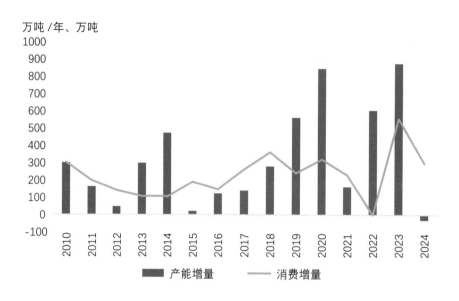

图 3　全球 PX 供需增量情况

◆ 数据来源：Dow Jones，中国石化经济技术研究院

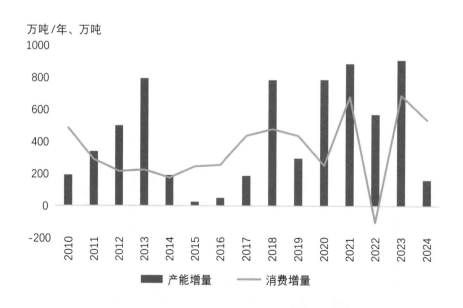

图 4　全球 PTA 供需增量情况

◆ 数据来源：Dow Jones，中国石化经济技术研究院

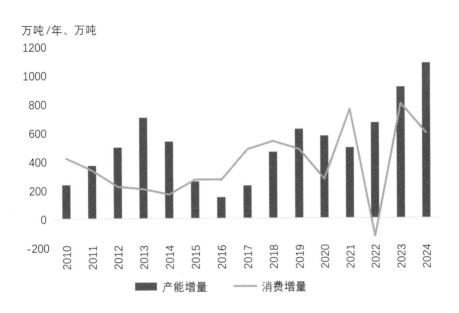

图 5　全球 PET 供需增量情况

◆ 数据来源：Dow Jones，中国石化经济技术研究院

## 2.4 石脑油走势偏强、调油需求偏弱，PX盈利大幅收窄

　　2024 年，PX 价格较上年显著下降。而受油价影响，石脑油走势相对偏强。调油需求方面，2023 年四季度开始日韩的调油料就提前运往美国，导致美调油料库存处于较高水平，对调油料的旺季补货需求下降；2024 年原料间二甲苯（MX）价格缺乏向上驱动，导致 PX 价格随之上涨乏力。歧化经济性上升也导致 PX 开工率处于高位，供应相对充足。上半年 PX- 石脑油价差（PXN）在 300~400 美元 / 吨区间窄幅波动，远低于 2023 年同期价差水平。在相关企业集中检修过后，亚洲 PX 负荷逐步提升，PX 市场供应充足，而需求端 PTA 装置存在计划外减停产事件，加重供需基本面矛盾，导致 PXN 下半年在上半年基础上进一步持续走低，PX 盈利较 2023 年大幅收窄。

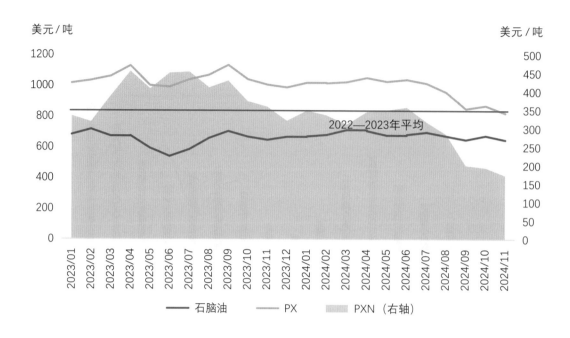

图 6　东北亚石脑油、PX 价格走势及价差

◆ 数据来源：Dow Jones，中国石化经济技术研究院

# 3.2024 年中国 PX 产业链情况回顾

　　2024 年行业新增产能投放对于市场供应端的冲击减轻，国内 PX 供应增量放缓，但过去几年产能的大幅扩张叠加年内高开工，PX 供应仍强劲，同时下游国内市场消费带动需求，预计全年国内消费同比增速约 8%。

## 3.1 中国PX供需矛盾不大，价格下跌

　　2024 年，中国仅恒力大连有 20 万吨 / 年的 PX 产能扩增，但过去几年产能大幅扩张叠加年内高开工，PX 月产量屡创新高，全年 PX 产量 3750 万吨，同比增长 14.5%，PX 的供应瓶颈被解除。近几年国产 PX 逐步替代进口，国内 PX 进口依存度持续下降，1—9 月累计进口 670 万吨，同比减少 2.4%。但随着国内 PX 扩产周期结束，而 PTA 产能扩张仍在进行中，PX 进口降幅有所趋缓。

与此同时，2024年下游PTA净新增产能582万吨/年，较上年略有下降。但其高开工率利好PX消费的同时，全年PX需求4660万吨，同比增长10.9%，PTA市场仍处于累库状态。随着国内PTA产能扩张，PTA内外价差持续处于倒挂状态，PTA出口量持续攀升。由于印度BIS认证影响，今年中国出口到印度的PTA大幅减少，但到土耳其、越南、埃及的出口量弥补了其减量。

由于地缘因素导致石脑油走势相对偏强，原材料成本对PX价格影响较大。此外，由于调油需求表现偏弱以及下游需求不及预期，PX价格缺乏向上驱动。集中检修过后，PX负荷的逐步提升，导致PX市场供应充足，PXN较2023年明显走低。

## 3.2 PTA出口同比增速提高，供应过剩态势进一步改善

台化宁波150万吨/年和仪征化纤300万吨/年PTA装置分别于2024年3月底和4月顺利投产，虹港石化240万吨/年新装置推迟至2025年投产，国内PTA产能增速较2023年略有下降，缓解了供应过剩态势。与此同时，过去五年国内PTA行业由净进口转变为净出口，且PTA出口量逐年显著提升。2024年国内PTA出口量预估达460万吨，同比增长31.1%。

## 3.3 中国PET及下游市场快速增长，"走出去"步伐加快

中国PET出口在全球经济复苏的带动下逐渐向好，尤其是东南亚与欧美的出口市场。国内PET消费也在饮料包装、纺织品及塑料制品等领域的带动下不断增长。

2024年1—9月，聚酯切片出口量为79.6万吨，同比增长36.5%；瓶片出口量为420.3万吨，同比增长27.6%；薄膜出口量为51.9万吨，同比增长25.7%；短纤出口量为95.1万吨，同比增长5.2%。然而由于2023年10月开始，印度对中国实施全新的BIS认证，导致中国出口至印度的涤纶长丝总量显著缩减。此外，主要贸易伙伴集中投产聚酯、欧美经济体消费不及预期、海运成本以及高基数等负面因素依旧影响中国涤纶长丝出口，在短期内可能难以显著改善，但后期高基数效应减弱，涤纶长丝出口同比将逐步恢复。

近年来聚酯进入扩产高峰期，尤其是涤纶长丝、聚酯瓶片产能增速居于首位，而终端需求增长相对滞后，导致国内供应过剩愈发明显，预计未来一段时期，聚酯出口仍将是化解产能过剩压力的重要一环，"走出去"步伐将进一步加快。

# 4.2025 年全球 PX 产业链发展展望

## 4.1 全球产业链需求增加，装置负荷明显提升

　　全球经济复苏以及下游行业需求好转促使 PX 市场需求持续增加。2025 年世界 PX 产业链扩能步伐放缓，以及主产地中国的 PX 产能扩增进度较前期出现明显放缓，而在产业配套完善下，PX 存量装置有效开工负荷将稳步提升。其中 PX 装置平均开工率将较 2024 年提高 1.9个百分点，PTA 下降 1.4 个百分点，PET 下降 0.6 个百分点。平均来看，PX 产业链开工率不足 8 成，约 7 成左右，产业链低开工率的情况仍将持续较长时间。

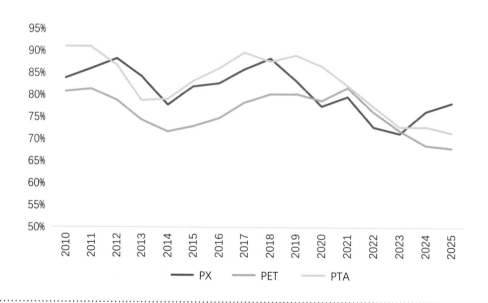

图 7　全球 PX 产业链开工率变化趋势

◆ 数据来源：Dow Jones，中国石化经济技术研究院

## 4.2 全球PX生产中心向中国转移趋势持续

　　2019 年，借势于国家"十三五"建设及大炼化产业布局，致使中国 PX 产能迅速扩张。

近五年中国 PX 产能翻了近 3 倍。随着 PTA 企业纷纷向上游产业链延伸布局，发展"炼油 – 芳烃 – 聚酯"全产业链条，中国 PX 产业链占世界比例不断提升，全球龙头 PX 生产商前 4 名均为中国企业。目前，中国已成为世界上最大的 PX 生产国和消费国，其 PX 总产能已占全球总产能的 50% 以上，而 PTA 和 PET 的产能占比高达 70%。2025 年，中国作为全球 PX 生产中心的地位稳固，在完善的产业配套下，中国 PX 存量装置将维持高位运行，开工负荷提升，生产中心地位更加稳固。

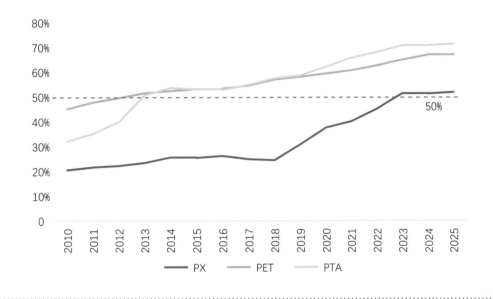

图 8　中国 PX 产业链产能在全球的比例

◆ 数据来源：Dow Jones，中国石化经济技术研究院

## 4.3 全球PX生产进入"扩张暂缓期"，新建装置成本优势明显

2025 年，全球 PX 新增产能扩张步伐放缓，但是企业对市场份额的竞争愈加激烈。同时，技术进步推动了 PX 产业的迭代升级，PX 产业不断向技术密集型和产业升级型发展，新一代装置的投产将进一步挤占老旧产能的市场份额。中国的"PX-PTA-PET"全链条配套生产企业大幅提高，具备完善上下游配套的企业市场适应性更强，竞争优势更明显。同时，新建装置多为炼化一体化装置，其盈利能力较非一体化装置明显增强。

从各装置的生产成本比较来看，2025 年文莱恒逸、中国恒力石化、中国浙江石化、中国盛虹炼化的大规模装置平均成本比中国、日本、韩国、中国台湾和印度等地的小规模老旧装置低 200~400 美元 / 吨，竞争优势十分明显。

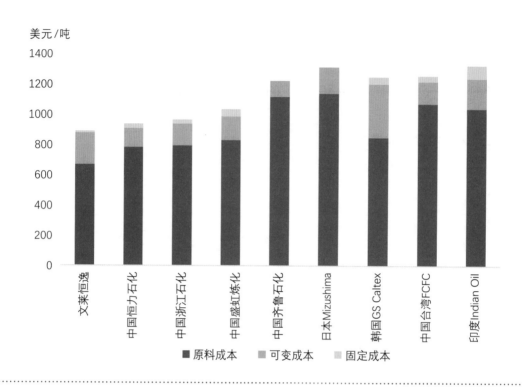

图 9　2025 年全球主要地区 PX 装置现金成本对比

◆ 数据来源：Wood Mackenzie

近年来，中国超过一半的 PX 进口来自韩国和日本。但日本的 PX 装置 80% 左右为 2000 年以前建设的老旧装置，规模全部在 60 万吨 / 年以下，平均规模仅为 26 万吨 / 年，成本压力较大。韩国虽然有几套大规模装置在 2010 年以后建成投产，但仍有 300 万吨 / 年左右的产能属于 2000 年以前的小规模装置。日本和韩国的小规模装置在未来的竞争中必将处于不利地位，关停降负的可能性大。

## 5.2025 年中国 PX 产业链发展展望

2025 年中国 PX 无新增产能，下游需求增速有所放缓，全行业处于调整缓和阶段，因上下游供需错配继续存在，上游缺口再度放大，下游仍过剩严重，且伴随终端纺织服装南移加快，加大了国内聚酯原料的出口。

# 5.1 扩能缓和，需求强劲，PX供应趋紧

　　2025 年，随着中国 PX 装置大扩能周期的结束，以及部分落后产能的退出，国内 PX 供应将结构性收紧，进口依存度将有所上升。美国调油市场的回落使其对 PX 原料的竞争有所缓解，下游 PTA 扩能速度依然较快，PX 需求仍强劲。2025 年，虹港石化、独山能源等 PTA 装置预计投产，新增产能达 540 万吨 / 年，聚酯将有近 300 万吨 / 年的产能释放。产业链扩能的规模及速度相较前两年将明显放缓，过剩压力略有缓和，产业链处于重新调整平衡状态。预计 2025 年国内 PX 产量 3902 万吨，同比增长 4.1%。

表 1　近两年中国 PX 产业链新增产能情况

万吨 / 年

| 产品 | 企业名称 | 新增 / 关停产能 | 投产时间 | 企业名称 | 新增 / 关停产能 | 投产时间 |
|---|---|---|---|---|---|---|
| PX | 恒力大连 | 20 | 2024 年 | 关停装置 | -30 | 2025 年 |
| | 2024 年合计 | 20 | | 2025 年合计 | -30 | |
| PTA | 台化宁波（二期） | 150 | 2024 年 | 虹港石化（三期） | 240 | 2025 年 |
| | 仪征化纤（三期） | 300 | 2024 年 | 独山能源 | 300 | 2025 年 |
| | 三房巷（三期） | 320 | 2024 年 | | | |
| | 关停 / 退出产能 | -188 | 2024 年 | 关停 / 退出产能 | -265 | 2025 年 |
| | 2024 年合计 | 582 | | 2025 年合计 | 275 | |
| PET | 安徽昊源 | 60 | 2024 年 | 新凤鸣中鸿新材料 | 25 | 2025 年 |
| | 逸盛大化 | 175 | 2024 年 | 宿迁逸达新材料 | 30 | 2025 年 |
| | 新疆蓝山屯河 | 10 | 2024 年 | 四川能投 | 28 | 2025 年 |
| | 海南逸盛 | 120 | 2024 年 | 逸普新材料 | 30 | 2025 年 |
| | 仪征化纤 | 50 | 2024 年 | 裕兴股份 | 25 | 2025 年 |
| | 三房巷 | 150 | 2024 年 | 和顺科技 | 25 | 2025 年 |
| | 关停 / 退出产能 | -49 | 2024 年 | 逸锦化纤 | 12 | 2025 年 |
| | | | | 荣盛盛元 | 50 | 2025 年 |

续表

| 产品 | 企业名称 | 新增/关停产能 | 投产时间 | 企业名称 | 新增/关停产能 | 投产时间 |
|---|---|---|---|---|---|---|
| PET | | | | 四川吉兴新材料 | 30 | 2025年 |
| | | | | 新凤鸣新拓 | 40 | 2025年 |
| | | | | 扬州优聚新材料 | 5 | 2025年 |
| | 2024年合计 | 516 | | 2025年合计 | 300 | |

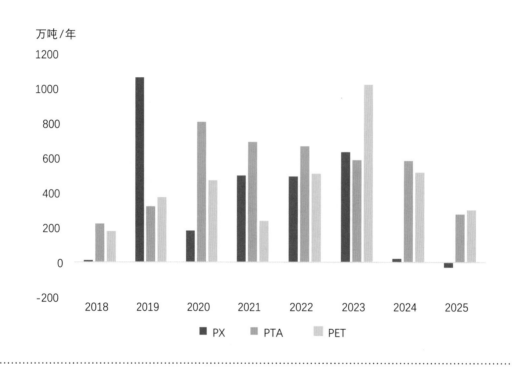

图 10　中国 PX 产业链新增产能情况

## 5.2 产业链利润绝大部分集中到原料端

前几年，由于新建大炼化项目都配备大 PX 装置，PX 产能增长规模远大于下游 PTA 和 PET，改变了之前多年的 PX 产业链发展上游慢、下游快的格局，改变了产业链供需平衡，PX

进口量有效降低，自给率不断提高。产业链的利润也开始向下游 PTA 以及 PET 倾斜，PX 加工区间大幅压缩。

近两年，由于 PX 装置扩能速度的放缓，下游 PTA 和 PET 扩能速度依然较快，因此国内 PX 供应将再度趋紧，效益较为可观，产业链利润将持续上移。此外，也应意识到由于美国调油需求的小幅下降，对 PX 价格将形成一定的压力。

# 5.3 产业平稳增长，供需格局持续优化

多年来，随着人民生活水平的提高以及纺织服装出口的不断增加，我国 PX 产业链内外需旺盛，需求增速均高于同期 GDP 的增速。2025 年随着国内经济恢复向好，纺织服装需求将平稳增长，带动原料 PX 产业链的消费。整体来看，2025 年 PX 产业链各产品需求增速在 4% 左右（其中 PX 需求 4800 万吨，PTA 需求 6685 万吨，PET 需求 6950 万吨），与 GDP 增速大体相当。

## 5.3.1 PX 供应趋紧，自给率再度下滑

2025 年中国 PX 仍无新增产能释放，且存在部分产能关停；而同期 PTA 仍有几套大型装置投产，产能增速为 3.3%，PX 供应将再度趋紧，进口量或再次攀升，可能重回千万吨级规模，国产与进口资源竞争加剧。

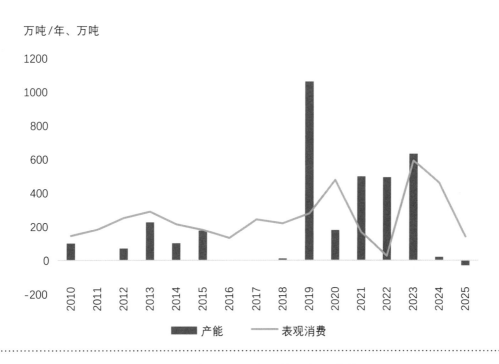

图 11　中国 PX 供需增量变化趋势

## 5.3.2 PTA 供过于求，行业过剩持续存在，出口进一步放大

2025 年中国 PTA 仍有 275 万吨 / 年左右的新增产能释放，同比增长 3.3%，与同期下游的 PET 扩能增速 3.5 个百分点大致相当，同期需求增速为 3.4%，行业长期处于供应过剩阶段，产能满足率 127%，开工率被迫下行，企业扩展国际市场压力进一步加大。

在产能过剩的压力下，行业竞争加剧，PTA 加工费屡创 10 年内新低。大型 PTA 企业注重"PX-PTA-PET"上下游一体化协调发展，通过全产业链的盈利来弥补 PTA 装置的亏损，加剧了行业的优胜劣汰，部分小装置可能长期关停，行业整合加快。2025 年国内 PTA 需求增长显著低于产能增长，为应对 PTA 供应压力，出口化解国内 PTA 产能过剩途径将进一步放大。

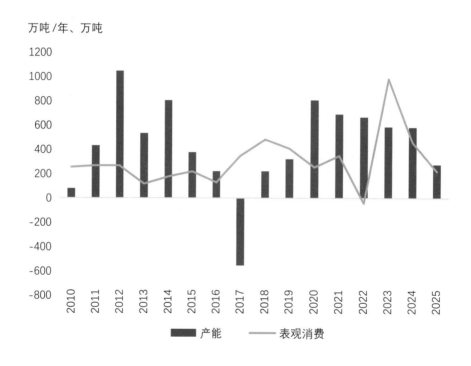

图 12　中国 PTA 供需增量变化趋势

## 5.3.3 PET 需求复苏，产业集中度提升，长丝投产放缓下景气度好转

2025 年中国经济稳定恢复，国内纺织服装消费总体平稳增长，直播带货、即时零售等电商新业态、新模式带动线上纺织服装消费平稳释放。新兴品牌、细分品类持续涌现，跨境电商、平台经济加速赋能纺织服装产业，对原料需求增长加快。

而从出口来看，越南、土耳其等东南亚及中东国家虽然承接了中国纺织服装工业的部分转移，但是配套的原料 PET 产能规划相对滞后，一定时期内大多数原料仍需从中国进口。因此，综合来看，未来中国 PET 需求将逐步进入平稳增长期。

从供应方面来看，受困于长期产能过剩，PET 行业去产能步伐将有所加快，同时投资增速将明显放缓，大型化、一体化及差别化的企业将在市场激烈竞争中优势明显，产业集中度将明显提升。

涤纶长丝作为一个持续增长的行业，历史周期性明显，2022—2023 年行业经历周期低谷，进入业绩修复通道。2025 年，伴随着涤纶长丝投产节奏的放缓，供需格局有所改善，行业景气度将不断复苏，经济运行稳步提升。

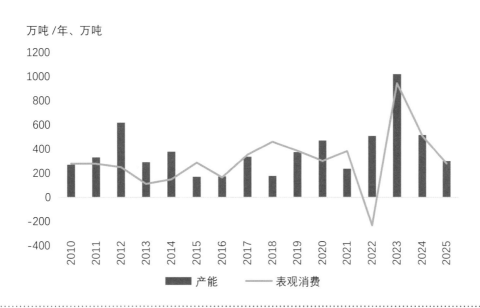

图 13    中国 PET 供需增量变化趋势

## 5.4 芳烃产业链化工产品的期现结合贸易模式不断焕发市场活力

中国 PX 产业链条完整成熟，且在全球占据着主导地位。近年来，随着商品交易量及套期保值需求的增加，产业链产品纷纷开通期货交易，是化工产品中金融交易品种最丰富的产业链。

2024 年 8 月 30 日，瓶片期货在郑州商品交易所上市交易，与现有的 PX、PTA、短纤等期货品种形成有效联动，进一步丰富产业链相关板块衍生品类型，为企业提供更加多元化的风险管理工具。在石化产品期货的吸引下，新的贸易主体和贸易模式出现，产业链产品市场将持续焕发出新活力。

期现结合贸易模式下，市场参与群体更加丰富，参与者积极探索新的贸易模式。实体贸易商选择期现结合的模式，以实现期货服务实体经济的功能，基差＋后点价的服务使公司在实货销售中更好地匹配下游工厂诉求。在点价模式下，下游工厂先以暂定价格提货，当价格达到预期后进行点价锁定采购成本。

贸易商调整采购节奏和选择采购价格将更加灵活，有效降低交易成本和风险。贸易商通过"期货＋基差"的新形式买卖可以有效缓解常用的"点对点＋常约"定价形式形成的贸易商参与门槛高的问题。基差模式致使贸易模式更加丰富，点价应用也将更加普遍。今后，将有越来越多的企业基于产业链产品期货尝试探索新的交易模式和交易策略，芳烃产业链化工产品贸易市场将不断焕发活力。

附表　中国 PX 产业链供需情况

万吨／年、万吨

| 产品 | | 2023 年 | 2024 年 | 2025 年 |
| --- | --- | --- | --- | --- |
| PX | 产能 | 4248 | 4268 | 4238 |
| | 产量 | 3275 | 3750 | 3902 |
| | 消费 | 4201 | 4660 | 4800 |
| PTA | 产能 | 7638 | 8220 | 8495 |
| | 产量 | 6360 | 6930 | 7120 |
| | 消费 | 6012 | 6467 | 6685 |
| PET | 产能 | 8084 | 8600 | 8900 |
| | 产量 | 6660 | 7320 | 7600 |
| | 消费 | 6161 | 6670 | 6950 |

# 09

## 合成树脂产业链

　　2024 年亚洲依然是全球合成树脂产能投放和消费中心，欧洲逐渐退出老旧产能，国际社会愈发重视治理白色污染。中国合成树脂产能依然大规模投放，消费方面新兴产业崛起抵消房地产拖累，树脂消费实现正增长，产能的大规模投放也导致树脂出口窗口逐渐打开。

　　2025 年全球树脂产能及消费稳步提升，经济好转使全球贸易规模提升。中国合成树脂消费亮点众多，但巨量产能投放仍使市场压力较大。中国资源循环集团的成立将有助于塑料回收规模突破 1900 万吨，利于环境健康发展。

# 1. 2024 年全球合成树脂市场回顾

　　2024 年全球合成树脂消费依然以亚洲为主，占比为 70%；产能增长主要集中在东北亚地区，欧洲则因成本原因逐渐退出老旧产能；国际社会愈加重视治理白色污染，但应采用正确的治理方式，限产或者向生产企业征税将会使炼化企业生存受到严重冲击。

## 1.1 亚洲依然是全球主要消费地区

　　2024 年全球合成树脂消费达到 2.9 亿吨，同比增长 2.6%，全球树脂主要消费地在亚洲，消费占比 70%，其中东北亚地区占比 46%、南亚占比 9%、东南亚占比 7%、中东占比 6%、中亚占比 2%。北美地区排名第二，占比 12%。西欧排名第三，占比 9%。北美虽然有大量产能，但其区域内表观消费较低，合成树脂大量出口。而欧洲经济低迷，进而导致欧洲合成树脂表观消费占比较低，各项成本较高，进口塑料制品较本地生产更具优势。

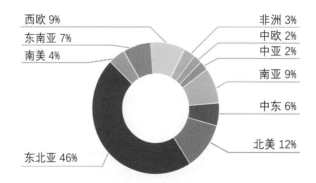

图 1　2024 年全球合成树脂消费占比

◆ 数据来源：Dow Jones，中国石化经济技术研究院

## 1.2 东北亚产能大增，西欧老旧产能渐退

2024 年全球合成树脂产能达到 3.8 亿吨 / 年，同比增长 5.0%，产量达到 2.9 亿吨，同比增长 2.6%。产能增量继续以东北亚为增长主体，产能增量占比 65%，东北亚除上马石脑油路线外，PDH、CTO 等各种路线大规模上马，成为名副其实的扩能中心。北美产能增量占比 8%，北美由于页岩气革命导致其拥有大量廉价的烯烃资源，生产聚烯烃是美国的较优选择，产能增量排名世界第二。而欧洲由于能源成本上升，老旧产能逐渐退出，如埃克森美孚和沙比克相继关闭法国和荷兰的近 100 万吨 / 年乙烯工厂。

## 1.3 联合国拟考虑对塑料污染征税

污染不是塑料生产造成的，而是不规范的处理造成的。联合国环境大会第五届会议通过决议——"终结塑料污染"，要求在 2024 年底前，制定一项关于塑料污染（包括海洋环境）的具有法律约束力的国际文书。其中，"原生塑料聚合物限产问题"和"向塑料生产企业征税，用于亚非拉等国建立治理体系"是各方争议的焦点议题。事实上，限制原生塑料生产和向塑料生产企业征税并非是解决塑料污染的正确方法，一是解决白色污染关键在于回收；二是相对于钢铁、玻璃、水泥等高排放行业，塑料仍是减碳产品。

如果本次会议或者以后类似会议再出现相似提议并成功通过决议，对塑料生产企业的打击将是深重的。一是因为我国合成树脂产能占全球 36%，是国民经济重要支柱产业，限产将阻碍经济发展。而且由于未来电动车冲击成品油市场，"油转化"需求迫切，如果达成限产协议将严重影响"油转化"市场空间，进而严重打击整个炼化产业。二是塑料生产企业利润微薄甚至近年来出现亏损，一旦加税更是雪上加霜，影响的不仅是企业效益，更是几十万从业人员的生计。

## 2. 2024 年中国树脂消费复苏，但产能扩张压力不减

2024 年中国合成树脂下游市场供应增速远超需求增速，年底树脂产能有望达 14010 万吨 / 年，同比增长 10.4%，产量预计为 10109 万吨，同比增长 3.3%，表观消费量 11366 万吨，同比增长 1.4%。虽然房地产拖累下游市场，但新兴产业崛起促进树脂消费实现正增长。产能的大规模投放导致企业利润低迷甚至出现亏损，但与此同时也为出口打开了机会窗口。

## 2.1 新兴产业崛起拉动树脂消费正增长

　　房地产相关树脂消费约占树脂总消费 20% 左右，房地产增速下滑会显著抑制管材、型材、线缆料、家电、编织袋等各类产品的消费。近年来，随着我国经济新旧动能转换以及人口逐步进入负增长阶段，房地产投资大幅下挫，2023 年房地产投资增速为 −10.2%，极大拖累了树脂消费增速。

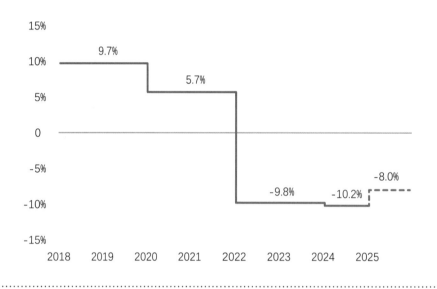

图 2　房地产投资同比增速

◆ 数据来源：国家信息中心

　　但同时也需看到，众多拉动树脂消费的新兴产业正在崛起，产业升级的要求使得制造业投资不断向头部行业集中，产业结构持续优化。2022 年以来，制造业投资规模排名前九的行业占比已突破 70%，特别是计算机、电气等新质生产力相关产业仍在加速升级。此外，低空经济、服务机器人、无人驾驶汽车等众多新兴领域，无不需要各类树脂材料，为合成树脂保持正增长奠定了坚实基础。

## 2.2 产能投放巨大且原油价格高企，压低企业利润

　　2024 年我国合成树脂产能投放量依然巨大，压低企业利润。裕龙石化、天津南港、中景

石化、国乔石化、宁波金发、振华石油等一大批企业新装置投产，仅聚烯烃投产规模就高达958 万吨 / 年，其中聚丙烯高达 738 万吨 / 年。2024 年树脂产量增量达 444 万吨，但需求增量仅 248 万吨。供强需弱，产量增量远超需求增量，成本并不能顺利向下游传导，导致树脂生产企业利润收窄，甚至很多企业出现亏损。

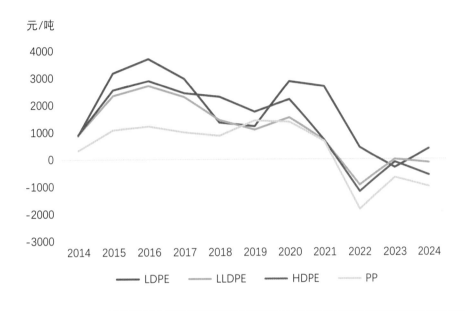

图 3　近十年中国聚烯烃利润变化情况

## 2.3 进口持续下降，出口稳步提高

合成树脂产能投放导致进口下降，出口增多。2024 年国内树脂进口规模大幅下降，以进口规模最大的聚烯烃举例，进口量同比减少 10.3 个百分点，其中聚丙烯进口下降 67.4%。进口下降原因有二：一是国内树脂产能大增 1584 万吨 / 年，顶替海外进口；二是国内需求相对低迷，对海外高端树脂需求下降。从发展趋势来看，近年来随着我国产能规模扩张迅速，塑料出口规模逐渐提升，2025 年有望实现净出口。

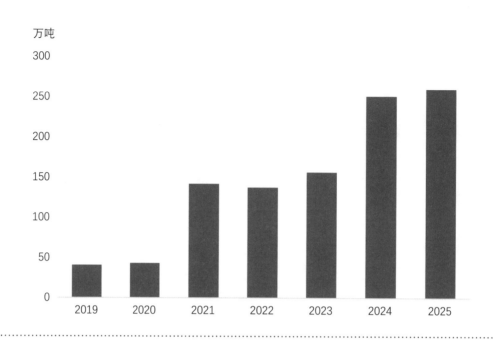

图 4　中国聚丙烯出口情况

◆ 数据来源：中国海关总署，中国石化经济技术研究院

# 3. 2025 年全球树脂市场供需持续稳步扩张

　　根据国际货币基金组织（IMF）最新预计，2025 年全球 GDP 增长预计为 3.2%，与 2024 年大体持平，显示经济活动总体稳定；与此同时，树脂价格有可能进一步下降，从而拉动树脂消费上涨。分区域看，2025 年欧洲经济将进一步修复，通胀的快速改善和提前降息为欧元区的经济复苏奠定了基础，但受制于俄乌战争的长期影响，欧元区经济恢复力度有限。预计，日本经济将温和修复，动力来自"工资－通胀"螺旋形成后，居民薪资的提升带动了内需的增长。预计，新兴经济体增速涨跌互现，其中与中国贸易联系紧密的东盟增速仍将提升。中美两国在低空经济、人形机器人、电动车、新能源产业等领域领先全球，新的消费领域崛起拉动了树脂消费。总体看，全球增长因素多于拖累因素，导致全球树脂消费稳步提升。预计，2025 年全球合成树脂消费约 3 亿吨，同比增长 2.7%，增幅比 2024 年提升 0.1 个百分点。

## 3.1 东北亚及印度市场树脂消费增量显著

　　东北亚及印度成为全球合成树脂消费引擎。东北亚、北美、西欧、南亚、东南亚地区是树脂消费主要地区，占比分别为 46%、12%、9%、9% 和 7%，2024—2025 年各地区消费占比并没有明显变化，东北亚仍是世界树脂主要消费市场。随着"区域全面经济伙伴关系（RCEP）"和"一带一路"等协定、倡议的不断推进，亚洲市场的活力将被大大激发。亚洲不仅是世界工厂，也将成为世界消费市场。从需求增量来看，排名前三的地区均来自亚洲，分别是东北亚、南亚和东南亚，合计达到 72%，增量占比分别为 43%、21% 和 8%。

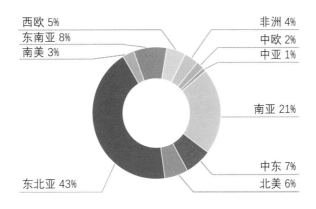

图 5　2025 年全球各地区树脂消费增量占比

◆ 数据来源：Dow Jones，中国石化经济技术研究院

　　近年来，印度经济保持较高增长，或将成为下一个全球经济增长引擎，合成树脂消费在快速增加，其消费增量占全球增量 21%。此外，亚洲地区人口众多，人均树脂消费量普遍较低，随着经济的增长人均消费增加，基建、包装、日用品等各种领域对树脂产品需求巨大。

## 3.2 东北亚树脂产能占比进一步提高

　　东北亚树脂产能头羊地位进一步巩固。2025 年全球树脂产能达 4 亿吨 / 年，同比增速 5.0%，与 2024 年比增速持平，产能投放主要集中在市场集聚的东北亚地区，占全球产能将由 2024 年的 46% 提升至 2025 年的 48%。产能排名前三的地区分别是东北亚、北美、中东，占比分别为 48%、15%、10%；而西欧排名降至第四，消费占比仅为 9%。

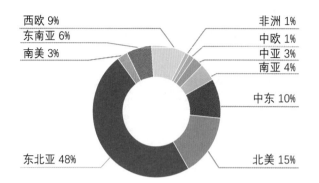

图 6　2025 年全球各地区树脂产能占比

◆ 数据来源：Dow Jones，中国石化经济技术研究院

从产能增量看，东北亚占据绝对主力，占比达到 88%，其次是东南亚及中东，其产能增量占比均为 4%。南亚、北美和中亚增量占比 2%、1% 和 1%。

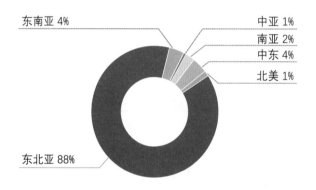

图 7　2025 年全球各地区树脂产能增量占比

◆ 数据来源：Dow Jones，中国石化经济技术研究院

从产能结构看，聚烯烃占比高达 73%，其中 PE 占比 42%、PP 占比 31%，PVC、PS 和 ABS 占比分别为 17%、6% 和 4%。

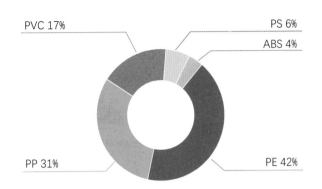

图 8　2025 年全球树脂结构

◆ 数据来源：Dow Jones，中国石化经济技术研究院

## 3.3 树脂贸易规模将继续攀升

　　基于基础和库存重置原因，2025 年全球树脂贸易增速有望提高至 3.8%，较上年提高 3.4 个百分点。首先，随着全球经济的好转，以及中国向东南亚及印度进行产业转移，东南亚及印度进口来自中国、北美和中东的树脂增多。其次是欧盟受低碳能源转型、油气短缺等问题影响，产能占比及市场份额正在逐年下降。欧洲石化产品长期供不足需，为美国、中东向欧洲出口创造了市场空间。

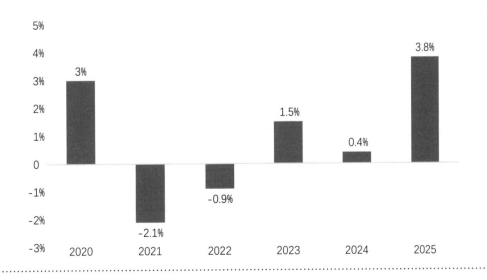

图 9　世界树脂贸易增速

◆ 数据来源：Dow Jones，中国石化经济技术研究院

# 4. 2025 年中国合成树脂市场供大于求态势难以好转

预计 2025 年中国树脂消费小幅增长，消费量 1.18 亿吨，同比增长 4%。预计产能达 1.58 亿吨/年，同比增长 12.4%；产量 1.09 亿吨，同比增长 7.5%。产能增速依然高于需求增速，市场继续承压。

## 4.1 汽车、家电、包装对树脂消费有提振作用

2025 年国内需求逐步回升，树脂消费增长领域包括汽车、家电、包装等领域。汽车方面，2025 年内需外需将共同发力，汽车总需求超过 3000 万辆。新能源销量在"政策利好 + 用户偏好 + 企业转型"的三重利好下，仍将保持较快增长，2025 年同比增长 16.6%，销量渗透率将历史性地突破 50%。新能源车最大特点是电池过重，因此以塑代钢的轻量化趋势明显，目前我国汽车塑料量较欧美日车企有较大差距，改性塑料需求与日俱增。出口方面，经历了 2~3 年的高速增长之后，中企的出口潜力已经实现了大幅释放，后期的增长空间较小。家电方面，疫情后海外补库需求强烈，我国家电出口已连续 17 个月同比正增长，上半年家电出口额占据我国家电行业营业收入的 35%。尽管北美市场份额持续缩减，但亚洲、欧洲、大洋洲出口规模占比相对稳定，拉丁美洲和非洲增长较快。随着全球市场不断扩容，家电持续出海或将成为提振我国家电行业的关键动力，支撑 2025 年国内家电需求增长 3%。包装方面：预计 2025 年食品、饮料、烟酒类消费增速依然会超过 GDP 增速，而且快递、外卖行业增速依然保持两位数增长，对包装需求量持续增加；总体来看，2025 年国内包装行业将保持 5% 以上的增速，依然是合成树脂等产品市场消费增长的主要驱动力之一。

分产品看，包装增长提升 PE 需求。2025 年 PE 消费稳步提升，达 4212 万吨，增速 4.2%，消费增速较上年基本持平。其中包装消费仍属主要领域，约占 PE 消费的 50%。同期，中国 PE 产能将达到 4289 万吨/年，增速 23.5%。净进口量约 1200 万吨，进口较上年有所下降，主要原因是国内产能的大幅提升，继续顶替部分进口。中国 PE 进口规模依然庞大，近几年虽有所下降，但依然超 1200 万吨，主要是由于国外产品质优价廉。首先，高端产品依赖引进，约占总进口量的 4 成左右。其次，中东资源禀赋强叠加美国页岩气革命，导致两地 PE 原料成本极低，约为我国的二分之一，其产品严重冲击中国市场。

改性 PP 大幅扩大其使用量。2025 年 PP 消费稳步增长，改性 PP 扩大了 PP 应用场景。预计，2025 年 PP 产能达到 5401 万吨/年，同比增长 9%；消费约 3920 万吨，同比增

长 3.6%。2025 年中国 PP 有望实现净出口。目前，国内改性 PP 规模已经突破 1000 万吨，占总消费 25%。随着我国以塑代钢、以塑代木、以塑代玻璃等趋势的发展，未来改性 PP 规模仍将快速增长，这也带动了 PP 的大规模使用。PP 改性料的多样化，如汽车、家电改性等，导致其对 PE、ABS、PC、PA 等多种树脂产品形成了替代，在家电领域甚至替换了很多金属材料。国内中高端产品比例呈提升态势，但仍有部分高端产品依赖进口，同时来进料加工及低成本进口产品仍将占据一部分市场，结构性过剩现象愈见凸显。

基建有望加速推进，提振 PVC 市场需求小幅增长。预计，2025 年我国 PVC 产能达到 3200 万吨 / 年，消费量达到 2071 万吨，同比增长 0.5%。近年来，我国 PVC 产能整体过剩，开工率维持在 75%~80%，出口数量逐年增加，尤其是印度对我国的 PVC 需求持续旺盛。PVC 主要用于制作管道、异型材等硬质产品和薄膜、铺地材料及人造革等软质产品，与房地产及市政给排水关系密切。随着国家经济刺激政策密集出台，房地产市场有所企稳，加之 2025 年为"十四五"收官之年，房产和基建有望提速，2025 年 PVC 市场仍有支撑；此外，具有特殊性能的高聚合度、低聚合度及消光等 PVC 特种树脂市场需求有增量预期。

扩能高峰期导致 ABS 供强需弱，利润下滑至历史低位。自 2022 年我国 ABS 行业进入扩产高峰期，供需缺口不断缩窄，自给率不断提升，ABS 行业正在从供不足需向供需平衡格局转变。预计 2025 年我国 ABS 仍有 200 万吨 / 年新增装置投产，届时产能将超过 1000 万吨 / 年，需求量为 690 万吨，供需缺口进一步缩窄至 60 万吨左右。ABS 主要应用于家用电器、办公机械、汽车、摩托车、日用品等领域，其中家用电器占比高达 60%。2025 年，尽管我国家电出口依然强劲，拉动 ABS 需求增长，但随着大量新增产能的投放，ABS 整体呈现供强需弱态势，盈利严重萎缩，近两年 ABS 价格及利润下行至历史低位；2025 年 ABS 价格重心将继续下行。

家电及包装行业将拉动 PS 需求快速增长，但产能过剩态势也愈加突出。我国 PS（GPPS、HIPS、EPS）供需两侧均呈现出增长态势。从供应侧来看，2024 我国 PS 扩能步伐加速，产能增速高达 12%，预计 2025 年扩能速度放缓至 7%，届时产能达到 1809 万吨 / 年，行业整体开工率不足 52%。从需求端来看，我国 GPPS/HIPS 通常用于制造电子电器外壳、日用玩具、建筑装饰及包装材料，EPS 则主要用于制造泡沫包装和保温板材。近两年尽管房地产行业低迷，但家电的持续出海、以旧换新政策的刺激、快递行业的快速发展，推高了家电（尤其是空调）及包装材料的市场需求，进而拉动了 PS 消费增长；预计 2025 年我国 PS 需求将继续保持增长态势，增速在 9% 左右，届时需求量达到 927 万吨。但由于行业处于产能过剩局面，叠加新投产项目多以普通料为主，导致市场竞争加剧。

## 4.2 产能投放规模近四年之最

　　2025 年合成树脂新增产能投放有望达到 1743 万吨 / 年，同比增长 12.4%，总产能达到 15753 万吨 / 年，投产较多主因是很多 2024 年未投产产能集中在 2025 年投产，仅聚烯烃新增产能投放超过 1200 万吨 / 年。投产企业包括埃克森美孚和巴斯夫在广东项目，吉林石化、广西石化等项目。

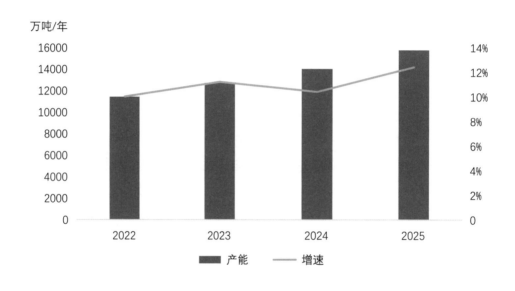

图 10　全国五大树脂产能规模及增速

　　预计 2025 年，五大合成树脂产能中，聚烯烃占比达 61%。其中，PE 产能为 4289 万吨 / 年，PP 产能为 5401 万吨 / 年，随着乙烷裂解、PDH 和煤化工的快速崛起，聚烯烃成本竞争力将更具优势，不可避免在适当领域对其他三大合成树脂形成替代。

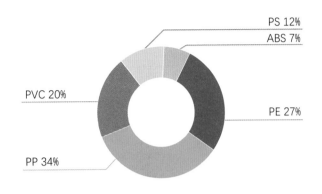

图 11    全国五大树脂产能结构

## 4.3 塑料循环受重视程度与日俱增

我国对塑料回收高度重视。2024 年 9 月 18 日，中国资源循环集团有限公司成立大会在天津举行。该公司成立意义有三：一是发挥"国家队"龙头作用，搭建全国性、高技术、高效率的资源回收再利用体系，解决目前回收体系"散、乱、污"的缺点；二是掌握国际环保话语权，给出中国方案；三是有力提升我国资源利用效率，实现变废为宝。目前我国废弃物循环回收利用率严重不足，废弃塑料循环利用率不足 30%，每年塑料回收规模一直维持在 1800 万吨上下。随着中国资源循环集团的成立，2025 年塑料回收量有望超过 1900 万吨，会对原生塑料生产形成一定抑制。

通过成立中国资源循环集团，中国有望成为全球废塑料资源利用率最高国家，为国家实现"双碳"目标以及扩大国际环保话语权做出巨大贡献。

附表　中国五大合成树脂供需

万吨/年、万吨

| 产品 | | 2023 年 | 2024 年 | 2025 年 |
|---|---|---|---|---|
| PE | 产能 | 3254 | 3474 | 4289 |
| | 产量 | 2735 | 2747 | 3031 |
| | 消费 | 3996 | 4044 | 4212 |
| PP | 产能 | 4217 | 4955 | 5401 |
| | 产量 | 3423 | 3667 | 3949 |
| | 消费 | 3703 | 3783 | 3920 |
| PVC | 产能 | 2930 | 3030 | 3200 |
| | 产量 | 2237 | 2288 | 2320 |
| | 消费 | 2014 | 2060 | 2071 |
| PS | 产能 | 1521 | 1697 | 1809 |
| | 产量 | 805 | 854 | 935 |
| | 消费 | 816 | 851 | 927 |
| ABS | 产能 | 771 | 854 | 1054 |
| | 产量 | 586 | 553 | 630 |
| | 消费 | 680 | 628 | 690 |
| 五大合成树脂 | 产能 | 12693 | 14010 | 15753 |
| | 产量 | 9786 | 10109 | 10865 |
| | 消费 | 11209 | 11366 | 11820 |

# 10

## 合纤合原产业链

2024 年世界合成纤维、合成原料（以下简称合纤、合原）产能及消费延续复苏态势，以 5% 左右的速度增长，但产能增速放缓。产业规模基数不断增大，行业正在深入推进结构调整和转型升级，从规模速度型逐渐向质量效益型转变。中国合纤行业发展进入成熟阶段，龙头企业扩能与落后产能退出并行，持续保持产业链优势。

2025 年，全球合纤产量将以 4% 左右的速度增长，稳定拉动合原需求。竞争力的提升及差异化发展仍将是行业的重中之重。随着经济、人口等要素的增长以及质量提升带来的应用拓展，全球纤维消费量仍有增长空间，企业盈利也将趋于稳定。国内产业将继续向高端化、智能化、低碳绿色化发展转型。

# 1. 2024 年行业需求复苏，扩产周期近尾声

## 1.1 全球合纤合原业需求稳定，供应放缓

2024 年，全球合纤需求进一步复苏，受中国扩能拉动，全球合纤产能达 12566 万吨/年，同比增加 5.3%。中国合纤产能 7600 万吨/年，同比增加 3.8%，产能增速较上年明显放缓。2024 年全球主要合原产能 19413 万吨/年，同比增长 3.6%，中国合原产能 12856 万吨/年，同比增长 4.3%，均较上年明显下降。2024 年中国新增合纤合原产能均占全球新增产能 9 成以上，全球地位举足轻重。

中国合纤行业市场规模和品种趋于稳定，变动幅度不大。同时，市场集中度不断提高，行业龙头企业的市场份额进一步增加，在产业链利润分配中更加强势。2024 年中国合纤产量为 6928 万吨，同比增长 8.4%，长期保持全球首位，在全球占比已达到 80% 以上。从国内外消费比例来看，中国合纤 90% 的份额用于国内市场，直接出口份额占比 10%。

2024 年中国合原扩能趋势放缓，主要因为目前整体投资回报率较低，特别是小企业不具备规模优势和成本优势，竞争力不如龙头企业。在行业效益不高的情况下，面临着更大的经营压力，出清风险更高。从各产品来看，丙烯腈、己内酰胺（CPL）产能增速依然较高，但乙二醇、精对苯二甲酸（PTA）新增产能较前几年明显减少，长停装置、老旧装置加速淘汰，产业结构向规模化、一体化方向快速调整。

### 1.1.1 行业致力于可循环和可持续发展

绿色、低碳、可持续发展成为全球纺织服装行业共识，再生纤维越来越受到国际品牌和消

费者的青睐。自 2023 年起优衣库摇粒绒面料已 100% 由再生材料制成，计划在 2030 年前将全部服装 50% 的面料替换为环保的再生面料。盛虹化纤新材料公司建设了全球首条从瓶片到纺丝的再生纤维生产线，年生产再生纤维 60 万吨，是全球最大的再生纤维生产基地，年可回收利用超 300 亿个废旧的饮料瓶，相当于减排二氧化碳 120 万余吨。国内外优秀服装品牌顺应可持续发展理念，目前全球已经有多家服装公司提出至 2030 年之前再生纤维使用占比达 50% 以上水平，有望推动再生纤维行业领域蓬勃发展。

### 1.1.2 低空经济将拉动高性能纤维需求

低空经济在政策、产业等多个层面均有重大突破，纳入国家规划后，行业正处于加速落地阶段。低空经济是既包括传统通用航空业态，又融合了以无人机为支撑的低空生产服务方式，通过信息化、数字化管理技术赋能，与更多经济社会活动相融合的综合经济形态。

近年来，国内低空经济发展迅猛，低空装备和低空产业是低空经济的重要物质载体，工信部高度重视低空产业发展。电动垂直起降飞行器（eVTOL）行业对复合材料的需求将在未来六年内大幅增长，预计将从 2024 年的约 500 吨激增至 2030 年的约 11750 吨，增长幅度约22.5 倍，年均增长率 69%。据预测，航空航天碳纤维需求量将从 2023 年的 2.2 万吨增长到2030 年的 4.9 万吨，年均增长率为 12%，预计 2030 年，航空航天领域碳纤维需求中来自eVTOL 的部分，占比为 24.2%，若 eVTOL 在政策催化下加速落地，占比未来会更高，可以看出 eVTOL 将成为航空航天碳纤维需求量的重要来源。

## 1.2 出口波动转弱，内销不断回暖向好

2024 年中国合原消费有所恢复。合纤总消费 6391 万吨，同比增长 9%，拉动合原表观需求同比增长 8%，至 9850 万吨；增长动能来自部分海外市场需求基本平稳、国外少量补库存带动，国内纺织品服装出口情况整体好于预期。

### 1.2.1 纺织产业链稳定运行，内需升级

2024 年，纺织产业链、供应链有序稳定运行，国内外市场消费及流通环境持续改善，行业综合景气度延续扩张态势。根据中国纺织工业联合会产业经济研究院测算，三季度中国纺织行业综合景气指数为 52.7，连续 7 个季度保持在 50% 荣枯线以上。纺织企业稳步扩大高端化、智能化、绿色化转型升级投入，固定资产投资实现增长。前三季度，纺织业、服装业和化纤业固定资产投资完成额同比分别增长 14.6%、16.3% 和 4.7%，增速较上年同期分别回升16.8、21 和 16.3 个百分点。

纺织行业生产平稳回升，经济效益持续改善。2024 年 1—9 月，规模以上纺织企业工业增加值同比增长 4.5%，营业收入 35687.7 亿元，同比增长 4.0%；利润总额 1138.8 亿元，同比增长 10.3%。规模以上纺织企业纱产量同比下降 1.4%，布、服装、化纤产量同比分别增长 1.4%、4.4%、9.5%。纺织服装线上线下多场景、融合式消费模式不断更新，国货潮品、运动健康、低碳生态等消费热点拓展延伸，将在需求端发力牵引行业供给体系的扩张和升级。

### 1.2.2 竞争力强劲拓展外贸增长新空间

当前，国际形势仍然复杂严峻，全球经济增长动能偏弱，国际贸易摩擦等问题频发，中国纺织行业外贸面临压力。但总体上看，纺织行业多年来形成的发展韧性已充分转化成为市场竞争力，与此同时，企业在稳住对发达经济体出口的同时，通过深入拓展与东盟、中亚、南亚等新兴市场的贸易，将为推动行业外贸增长开辟新空间。

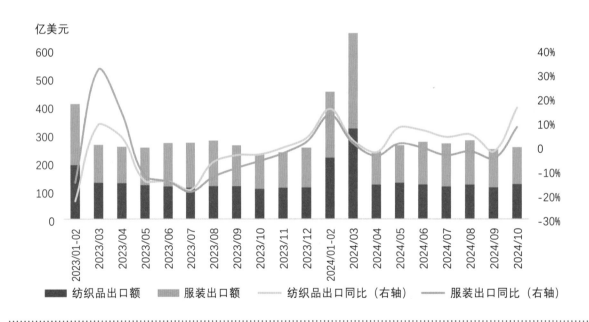

图 1　2023—2024 年中国纺织品服装出口额增速走势

◆ 数据来源：中国海关总署，中国石化经济技术研究院

2024 年 1—10 月，中国纺织品服装出口继续保持正增长。以美元计，1—10 月纺织品服装出口额为 2478.9 亿美元，同比增长 1.5%，增速较前三季度加快 1 个百分点。其中，纺织品出口 1166.9 亿美元，同比增长 4.1%；服装出口 1312 亿美元，同比微降 0.7%。以人民币计，1—10 月纺织品服装出口额为 1.76 万亿元，同比增长 3%。具体贸易伙伴来看，其中对美国和欧盟出口保持平稳，对日本市场出口额降幅逐步收窄，对东盟国家、孟加拉国、哈萨克斯坦等共建"一带一路"国家出口额稳定增长。

### 1.2.3 线上消费释放，内需市场渐企稳

在居民收入及消费信心逐步趋稳、"大健康""国潮"等消费热点及假日经济以及国家促消费政策共同发力支撑下，中国纺织品服装内销实现平稳增长。国家统计局数据显示，2024年1—10月全国限额以上单位服装、鞋帽、针纺织品类商品零售额同比增长1.1%。直播带货、即时零售等电商新业态新模式带动线上纺织服装消费平稳释放，同期全国网上穿类商品零售额同比增长4.7%。

全年来看，化纤行业负荷总体处于高位，总体水平高于2023年同期。从主要行业来看，直纺涤纶长丝平均负荷在80%~90%以上，10月底最高负荷已提升至93%；直纺涤纶短纤平均负荷在80%~90%；锦纶长丝负荷一直保持在90%以上。

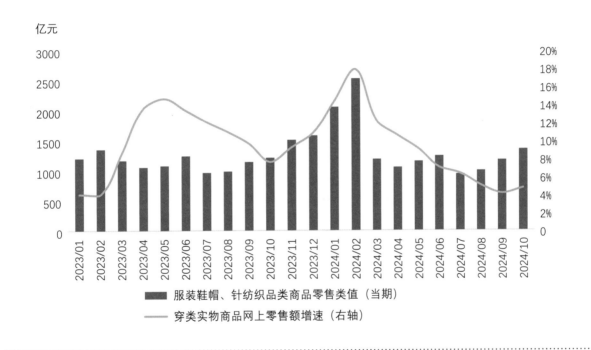

图2　2023—2024年中国穿类实物商品网上零售额增速走势

◆ 数据来源：国家统计局，中国石化经济技术研究院

## 1.3 瓶片期货上市构建聚酯期货产业链

2024年8月30日，瓶片期货正式在郑州商品交易所上市交易，成为聚酯产业链第五个期货品种。瓶片期货上市后，可与郑州商品交易所已经上市的对二甲苯、PTA、短纤等聚酯期货品种一道，构建更加完善的聚酯期货品种体系，为聚酯产业提供系统化、组合化的价格对冲工具，助力产业企业在原料采购、成品销售、库存管理等多个环节降低风险敞口，实现长期稳健经营。

瓶片期货上市后，生产企业可以利用期货市场进行套期保值，锁定原料成本或销售价格，稳定经营利润。套利交易者则可以利用聚酯瓶片与 PTA、乙二醇之间的关系进行套利。

## 2. 2025 年内需平稳，外贸承压，消费总体向好

2025 年产业将面临更趋复杂的发展环境，但密集出台和落实的一系列宏观调控政策将提振发展信心，促进产业良性循环，国内消费增速维持复苏态势，预计增速在 3% 以上。但国际环境严峻，美国大选结果将引发关税战担忧，出口压力较大。

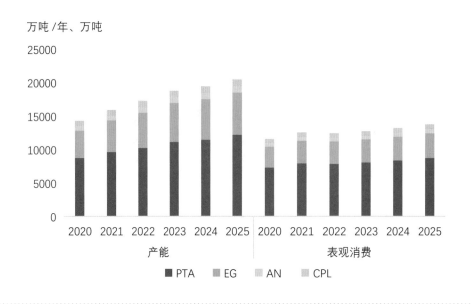

图 3　近年全球合原供需现状及预测

2020—2024 年中国高速增长的化工产业带来了不少产品的产能过剩。期间全球及国内合原产业产能增长明显，供大于求的矛盾突出。2025 年，随着老旧产能的持续退出，全球供应增速将明显放缓，预计全年产能增速在 5% 左右。海外新投装置有限，预期国内能落地的新增产能也大幅减少。

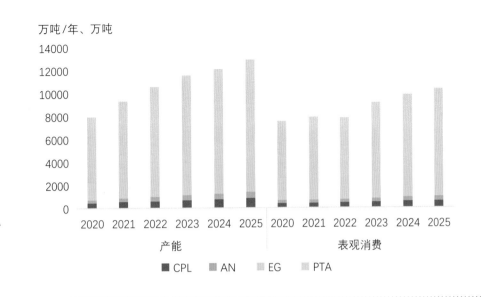

图 4　近年中国合原供需现状及预测

## 2.1 过剩缓解下合原利润阶段修复

2025 年国内民营炼化产能扩张临近尾声，未来产能增长有限。下游需求疲软，使得下游产品的价格无法支撑原料价格的上涨，导致整体行业的毛利水平持续下降，或将迫使老、破、旧产能加速淘汰，从而形成低产能、低库存、低毛利水平的状态。但合原不断开拓出口化解了部分过剩，行业整体格局优化，供需错配下，部分产品利润将会有所修复。

### 2.1.1 PTA 出口韧性大，加工费低位

随着一体化项目的迅速发展，国内 PTA 产能呈现增加趋势，原有的 PTA 企业扩增明显，部分下游企业扩增原料装置，形成全产业链发展模式。

2024 年，台化宁波一套 150 万吨 / 年 PTA 新装置 2024 年 3 月底投产；仪征化纤一套 300万吨 / 年 PTA 新装置 4 月投产；三房巷一套 320 万吨 / 年 PTA 新装置计划 2024 年底投产；全年新增产能 770 万吨 / 年，2024 年底国内 PTA 总产能将达到 8220 万吨 / 年，同比增长 7.6%。国内 PTA 市场竞争将更加激烈。

2025 年，PTA 新增产能进一步缩减，预计全年仅新增 2 套装置。因 PX 无新增产能，国内 PX 供应面仍紧，预计原料 PX 价格仍强于 PTA，PTA 低加工费态势延续。

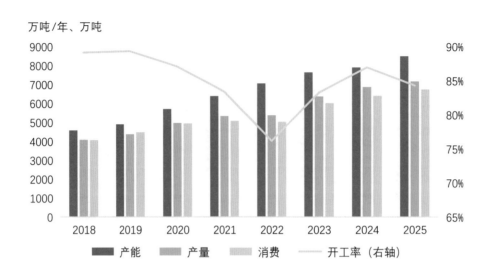

图 5　中国 PTA 供需预测

表 1　2024—2025 年国内 PTA 新增装置

万吨 / 年

| 厂家名称 | 产能 | 地区 | 计划投产时间 |
|---|---|---|---|
| 台化宁波（二期） | 150 | 浙江 | 2024 年 |
| 仪征化纤（三期） | 300 | 江苏 | 2024 年 |
| 三房巷（三期） | 320 | 江苏 | 2024 年 |
| 独山能源 | 300 | 浙江 | 2025 年 |
| 虹港石化（三期） | 240 | 江苏 | 2025 年 |

　　海外市场 PTA 装置投产仍不多，且因为竞争力不足部分装置陆续退出市场，中国 PTA 出口份额逐渐扩大。2024 年 1—9 月国内出口量累计达到 342 万吨，较 2023 年全年的 350.9 万吨仅差 8.6 万吨，较 2023 年前三季度同比大幅增长 25.3%。预计 2024 年 PTA 出口量将超过 460 万吨。2025 年，中国 PTA 仍有新装置计划投产，除了内需消化外，出口仍是供应商销货途径。但国内出口主要目的地土耳其 SASA 150 万吨 / 年装置投产，PTA 出口或略有收缩。

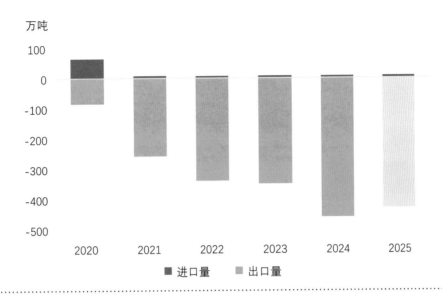

图 6　2020—2024 年中国 PTA 进出口情况

◆ 数据来源：中国海关总署，中国石化经济技术研究院

## 2.1.2 乙二醇库存低位基本面优化

2024 年在聚酯维持高开工的状态下，乙二醇（EG）需求整体表现较好，全年表观需求量为 2520 万吨，同比增长 7%。

2024 年国内新增产能较少，主要有 10 月投产的中化学（内蒙古）新材料 30 万吨 / 年装置，山东裕龙石化一期 80 万吨 / 年装置计划 2024 年底试车。截至 2024 年，国内 EG 产能 2868 万吨 / 年。中国 EG 行业正逐步进入挤压进口和淘汰落后产能的阶段。同时随着煤制乙二醇技术不断完善及利润的好转，EG 产量持续增长。2024 年国内产量 1855 万吨，同比增长 12%。

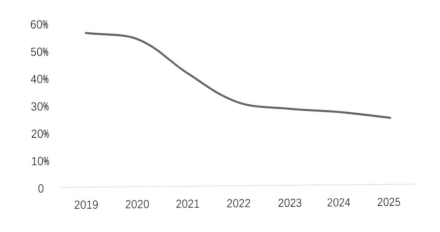

图 7　2019 年以来中国 EG 进口依存度

在中国产量维持高位的情况下，EG 进口货源市场份额持续受到挤压，未来进口量将以收缩为主。从长周期来看，国产化进程中 EG 进口依存度自 2015 年的 65% 下降至 2025 年的不足 30%。

表 2　2024—2025 年国内 EG 新增产能

万吨 / 年

| 企业名称 | 新增产能 | 投产时间 | 企业名称 | 新增产能 | 投产时间 |
|---|---|---|---|---|---|
| 中化学（内蒙古）新材料 | 30 | 2024 年 | 四川正达凯新材料（一期） | 60 | 2025 年 |
| 山东裕龙石化（一期） | 80 | 2024 年 | 新疆中昆（二期） | 60 | 2025 年 |

2024 年后，中国乙二醇行业新增产能投放出现明显减少，全球范围内的乙二醇行业扩产周期开始进入尾声。2025 年，随着国内经济向好、下游消费增长，聚酯开工负荷率仍将逐步提升。预计拉动 EG 全年表观需求量为 2640 万吨，同比增长 5%。

2024 年乙二醇到港量始终维持较低水平，库存压力缓解，支撑价格。预计 2025 年国内部分装置开始重启，海外长停装置恢复，煤化工开工负荷持续提升，乙二醇库存有上升压力。

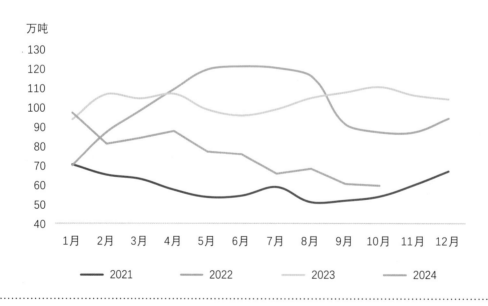

图 8　2021—2024 年 EG 港口库存走势

## 2.1.3 丙烯腈新产能冲击价格弱势

国内外均无新产能投放，2024 上半年国内丙烯腈（AN）供应增速有所放缓，叠加停车及减产情况较多，阶段性供应缩紧推动价格上涨及利润修复。而下半年形势反转，将迎来新一轮产能扩张期，AN 供应增量远大于需求增量，产能过剩再度出现，价格走势偏空且亏损局面将长期存在。2024 年尽管部分新增产能进度可能有所延迟，但整体上供应增量将远超上年。预计 2024 年国内产能将达 475.7 万吨 / 年。2024 年尽管下游 ABS 也有产能释放，但下游整体消费量增速依旧偏弱。作为 AN 下游消费占比超过 40% 的领域，近年来虽有扩能，但 ABS 开机率由此前的 90% 以上逐步降至 2024 年 60%~70% 水平，对 AN 消费拉动作用有限。

增加出口、减少进口将成为行业必然选择。2024 年 1—9 月 AN 进口量为 5.5 万吨，较 2023 年同期下跌 10 万吨，跌幅 65%。主要原因是国内需求较为疲软，叠加进口 AN 在国内市场并无价格优势。预计全年出口量 24 万吨，同比增长 40%。AN 出口国仍然主要集中在亚洲地区。韩国仍是国内 AN 出口的首要地区，占比 43%。对印度和泰国出口量分列二、三位，出口量分别占比 31% 和 17%。但是值得注意的是，近两年作为主要出口地的印度，对 AN 实施强制性印度标准局（BIS）认证的截止日期延长至 10 月 24 日，未来出口至印度的 AN 将减少。

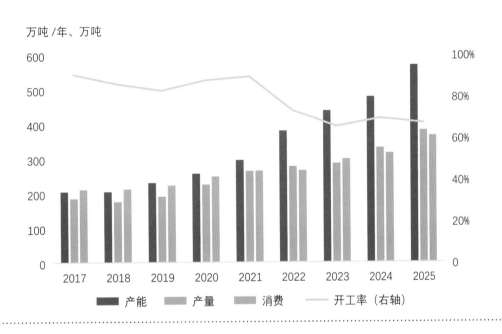

图 9　中国 AN 供需预测

预计 2025 年国内 AN 产能将达 568 万吨 / 年，同比增长 19%。全年产量将达到 380 万吨，同比增长 16%。而下游消费量增至 360 万吨，同比增长 14%。即便考虑净出口量增长至 30 万吨，但供需差仍较大，供应过剩突出。同时 AN 衍生品甲基丙烯酸甲酯（MMA）因出口增加而利润增长，尤其丙酮氰醇法（ACH）利润高达 4000~5000 元 / 吨。部分配套 ACH 工艺 MMA 装置的企业减产意向不强，需求平淡下，基本面难寻利好，预计 AN 价格将持续下探。

表3 2024—2025年国内AN新增产能

万吨/年

| 企业名称 | 新增产能 | 投产时间 | 企业名称 | 新增产能 | 投产时间 |
|---|---|---|---|---|---|
| 吉林石化 | 26 | 2024年底 | 中化泉州 | 26 | 2025年 |
| 裕龙石化 | 26 | 2024年底 | 镇海炼化 | 40 | 2025年 |
| 中石化英力士（天津） | 13 | 2024年底 | | | |

## 2.1.4 己内酰胺供应增加利空价格

2024年湖南石化30万吨/年新产能于3月顺利投产；山西潞宝完成技改扩产于6月份增加5万吨/年；而淘汰部分长期停产且不计划重启装置涉及产能40万吨/年。2024年国内CPL产能763万吨/年，同比增长12.5%，产量608万吨，增长24%。新增产能主要来自原有企业的扩张和技改扩产。

2024年CPL实现供需双增，且增速均超20%。上游主要原料纯苯价格处于近年高位，2024年CPL成本压力高企。且伴随着新产能释放及在产装置产能利用率提升，供应量增加。由于尼龙6新产能继续投放，内需及出口量有望继续保持增长，支撑CPL消费。

2024年国内CPL表观消费量603万吨，同比增长22%。国内CPL消费领域单一，几乎全部用来生产尼龙6纤维及切片。尼龙6纤维主要分为工业丝与民用丝，工业丝主要用来制造帘子布、地毯、渔网等，民用丝主要用来制造尼龙衣物、丝袜、雨伞等制品。2024年CPL进口量继续减少，出口量增幅较大。

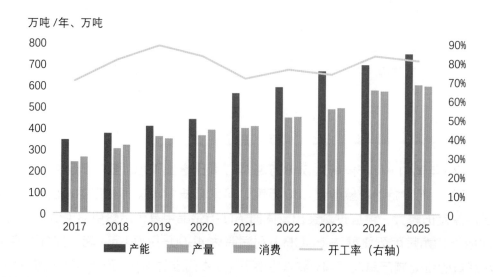

图10 中国CPL供需预测

预计 2025 年国内 CPL 扩张势头不减，产能将达 837 万吨 / 年，同比增长 9.7%。行业 60% 以上企业配套下游生产，一体化发展愈发成熟。预计产量将达 670 万吨，同比增长 10%。

随着锦纶在功能性服饰、户外用品等民用领域需求逐渐替代涤纶产品，锦纶渗透率有望进一步提升，未来发展空间较大，拉动原料 CPL 消费增长。预计 2025 年 CPL 消费量 655 万吨，同比增长 9%。

自 2021 年以来 CPL 出口量逐步增加，2024 年上半年 CPL 出口量首超进口量，实现净出口，1—9 月累计进口量为 10.1 万吨，降幅 14%；1—9 月累计出口量为 14 万吨，增幅 86%。未来随着国内供应继续增长，CPL 出口量预计保持稳健增长态势。

随着供应增加，而下游尼龙 6 新投产进度不及预期，使得 CPL 供应过剩严重，且 CPL 及下游尼龙 6 工厂库存均高位，下游议价能力较强，CPL 市场价格不断刷新低位。

表 4　2024—2025 年国内 CPL 新增产能

万吨 / 年

| 企业名称 | 产能 | 计划投产时间 |
|---|---|---|
| 中石化湖南石化 | 30 | 2024 年 3 月投产 |
| 鲁西化工 | 30 | 2024 年 7 月投产 |
| 山东华鲁恒升 | 10 | 2024 年 9 月投产（扩能） |
| 湖北三宁化工 | 40 | 2024 年 9 月投产 |
| 广西恒逸 | 60 | 2025 年 |

## 2.2 消费升级驱动，合纤需求增长

2025 年中国合纤产能增至 7931 万吨 / 年，同比增加 4.4%，较上年略有放缓。伴随下游纺织品服装及产业用纺织品需求的稳步增长，合纤行业整体供需格局有望逐步优化，盈利中枢也有望上移。同时，相较于产业链下游企业，合纤行业集中度较高，龙头企业实际上具备定价权与话语权。

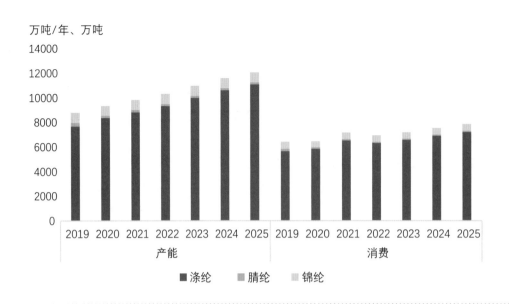

图 11　近年全球合纤供需现状及预测

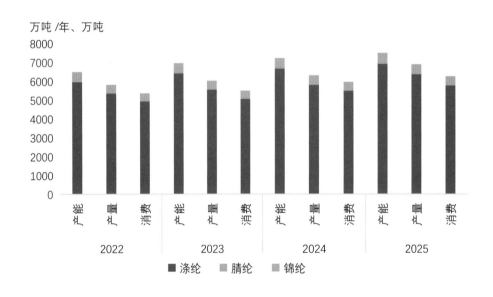

图 12　近年中国合纤供需现状及预测

## 2.2.1 涤纶长丝扩产放缓，需求向好

中国是全球重要的涤纶生产地，2025 年中国涤纶产能占全球总产能的 65%。国内涤纶行业经过较长时间的发展，从充分竞争的态势，逐步演变成以行业龙头企业之间的全方位竞争格局为主的形势。部分品质差、能耗高、规模小、竞争力弱的企业不断被淘汰；而行业内大型企业持续扩张产能，行业集中度不断提高。2024 年，涤纶长丝的高速扩产结束，新增产能明显减少，

全年总计 90 万吨 / 年，仅为 2023 年新增产能的 19%。当前，涤纶长丝的价差仍处于历史低位，中小企业生存空间被进一步挤压，落后产能陆续退出市场。2021—2023 年内行业内已淘汰落后产能达 313 万吨 / 年，未来老旧装置的落后产能加速淘汰，预期 2024—2025 年淘汰产能将在 200 万吨 / 年左右。龙头企业依托规模优势及管理优势，市场占有率逐步提升。行业集中度持续提升，六大企业集中度（CR6）占比超 83%。高集中度使得龙头企业的议价能力不断提升，也有利于充分享受涤纶长丝价格弹性。未来随着行业格局进一步优化，头部企业的品牌优势及盈利能力有望扩大。

## 2.2.2 防晒需求旺盛拉动锦纶消费

当前锦纶行业格局较分散，高性能、差别化产能投放或将加速小产能出清，行业集中度有望提升。锦纶行业产能前五的厂商合计约占总产能的 54%。产能小于 10 万吨 / 年的企业有 34 家以上，产业格局分散。

2024 年锦纶行业约有 40 万吨 / 年产能投产，且项目多为高性能、差别化锦纶纤维。届时常规锦纶纤维小产能可能会面临更大经营压力，出清加快。2025 年后行业规划新产能较少，产能增速放缓。预计锦纶行业基本到达下行周期底部，具有较大的向上反弹空间。

国内运动服市场规模增速较高，为锦纶功能性成品面料需求提供有力支撑。跑步、瑜伽等传统运动日益深入到日常生活当中，运动服市场呈现出快速增长的态势。锦纶长丝、锦纶坯布、锦纶成品面料市场有望持续向好。防晒服将成为锦纶纤维重要的需求增长点。锦纶是优异的防晒服面料。一方面，通过在纺丝端添加能吸收紫外线的有机物质，并与尼龙 6 切片熔融共混纺制的尼龙 6 纤维能吸收紫外线，可以制备成防晒的超薄面料。另一方面，织物的凉感主要受布料导热系数和衣物与皮肤接触面积的影响，而锦纶是化纤中导热性能较好的材料，导热系数远大于涤纶及棉花类产品，能提供优异的凉感效果。防晒意识的建立和防晒场景的丰富带动了国人的防晒需求迅速增长。

附表 1　全球及中国合成纤维原料现状

万吨 / 年、万吨

| 产品 | 项目 | 2023 年 | 2024 年 | 2025 年 |
|---|---|---|---|---|
| 全球合纤原料 | 产能 | 18743 | 19413 | 20442 |
| | 产量 | 12774 | 13216 | 13774 |
| | 消费 | 12742 | 13216 | 13774 |
| 中国合纤原料 | 产能 | 11567 | 12327 | 12856 |
| | 产量 | 8786 | 9683 | 10130 |
| | 消费 | 9150 | 9850 | 10320 |

附表 2　2025 年全球合成纤维状况

万吨 / 年、万吨、%

| 产品 | 项目 | 2023 年 | 2024 年 | 2025 年 |
|---|---|---|---|---|
| 全球合成纤维 | 产能 | 11939 | 12566 | 13048 |
| | 产量 | 7906 | 8262 | 8599 |
| | 消费 | 7906 | 8262 | 8599 |
| | 开工率 | 66.2 | 65.7% | 65.9% |
| 中国合成纤维 | 产能 | 7324 | 7600 | 7950 |
| | 产量 | 6468 | 6928 | 7155 |
| | 消费 | 5841 | 6391 | 6593 |
| | 开工率 | 88.3 | 91 | 90 |

附表 3　中国合成纤维各产品供需现状及预测

万吨 / 年、万吨

| 产品 | 项目 | 2023 年 | 2024 年 | 2025 年 |
|---|---|---|---|---|
| 涤纶 | 产能 | 6440 | 6701 | 6999 |
| | 产量 | 5702 | 6205 | 6400 |
| | 消费 | 5193 | 5680 | 5845 |
| 锦纶 | 产能 | 470 | 480 | 520 |
| | 产量 | 432 | 460 | 490 |
| | 消费 | 403 | 435 | 460 |
| 腈纶 | 产能 | 79 | 79 | 86 |
| | 产量 | 60.4 | 58 | 60 |
| | 消费 | 55 | 56 | 58 |

# 11

## 合成橡胶产业链

# 1. 概述

2024 年，全球丁二烯及合成橡胶产能均有所缩减，受世界经济稳定增长带动，下游产业需求向好，带动丁二烯及合成橡胶产业消费持续提升。中国合成橡胶产需呈现双增长态势，产能同比增长 8.2%，需求同比增长 4.0%。受益于下游汽车行业表现亮眼，带动轮胎行业内需出口双增长；受益于道路改造及基建投资力度增大等利好因素，拉动国内丁二烯及合成橡胶下游市场消费热情升温，推动中国合成橡胶行业的发展。受海外检修、出口量增加及新增产能投放延迟等因素影响，丁二烯价格一度大幅上涨 45.7%，合成橡胶产品价格涨幅不及原料，利润空间明显收窄。

展望 2025 年，中国合成橡胶产能增速放缓，供需预计以 4%～5% 平衡增长，利于合成橡胶产品及市场结构优化。世界经济持续增长，中国经济在稳增长政策带动下，内需有望逐步提升，基建投资持续发力，刺激消费以及利好货运行业等一系列政策效应逐步显现，利好合成橡胶消费。中国汽车行业稳定增长，轮胎、制鞋等合成橡胶下游行业国内销售市场稳定增长，同时保持较强出口韧性，有力地拉动国内合成橡胶行业的发展。

# 2. 2024 年全球合成橡胶产能缩减，消费平稳增长

## 2.1 海外丁二烯老旧产能关停，消费逐步复苏

2024 年，全球丁二烯产能有所下降，中止多年的小幅增长势头，产能减少主要由于欧洲石脑油裂解装置成本高位，导致老旧装置陆续关停；消费由负转正，同比增速为 2.7%。

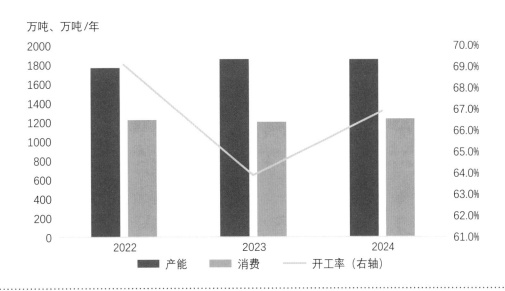

万吨、万吨/年

图 1　全球丁二烯供需状况

◆ 数据来源：Dow Jones，中国石化经济技术研究院

从下游需求具体品种来看，2024 年，己二腈消费依旧保持下降趋势（-3.1%），ABS、MBS、热塑性弹性体（TPE）、丁苯胶乳消费小幅增长（均不足2%），顺丁橡胶、丁苯橡胶消费由降转升，分别增长 2.4% 和 3.2%。此外，丁腈胶乳的消费在 2022 年和 2023 年分别录得 -1.8% 和 -4.3% 的下降，2024 年消费则大幅提升 15.1%。

从消费占比看，顺丁橡胶和丁苯橡胶仍是丁二烯最大的消费领域，2024 年合计占丁二烯消费量的 54.2%，占比略有提升；丁腈胶乳的消费占比上升；其他消费领域占比大体持平或略有下降。

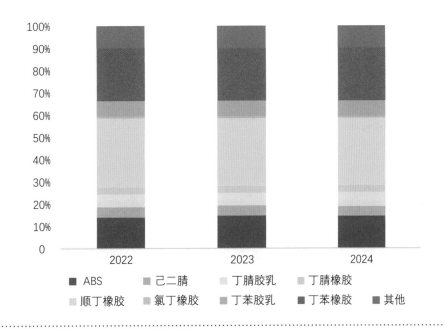

图 2　近年来世界丁二烯消费结构

◆ 数据来源：Dow Jones，中国石化经济技术研究院

## 2.2 合成橡胶产能略有下降，主要品种需求向好

2024 年，全球合成橡胶产能减少 20 万吨 / 年，总产能为 1500 万吨 / 年，同比下降 1.3%。产能减少主要来自顺丁橡胶、丁基橡胶、溶聚丁苯橡胶和乳聚丁苯橡胶，其中，顺丁橡胶产能增速下降 1.6%，至 506 万吨 / 年；乳聚丁苯橡胶产能延续多年下滑趋势（下降 0.8%），至 455 万吨 / 年；溶聚丁苯橡胶结束产能连续增长势头，2024 年下降 0.5%，至 243 万吨 / 年；丁基橡胶产能下降 3.2%，至 211 万吨 / 年；丁腈橡胶维持 86 万吨 / 年的产能不变。

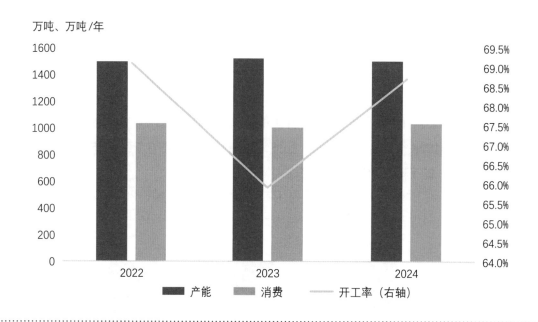

图 3　全球合成橡胶供需状况

◆ 数据来源：Dow Jones，中国石化经济技术研究院

2024 年，全球经济保持稳步增长态势。汽车工业的高速增长，推动合成橡胶总体消费增速由负转正，同比增长 2.8%，至 1031 万吨。除丁腈橡胶消费小幅下滑（同比下降 0.2%）外，顺丁橡胶、乳聚丁苯橡胶、丁基橡胶的消费增速均由负转正，分别增长 2.5%、0.7%、3.4%。溶聚丁苯橡胶消费增速最为亮眼，同比增长 8.8%。

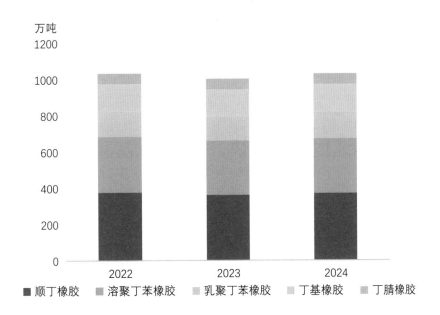

图 4    近年全球部分合成橡胶品种消费变化趋势

◆ 数据来源：Dow Jones，中国石化经济技术研究院

2024 年，全球合成橡胶消费上升、产能下降，装置平均开工率上升至 68.7%，较上年提升 2.8 个百分点。其中，丁基橡胶、顺丁橡胶、乳聚丁苯橡胶产量提升，平均开工率分别上升至 73.5%、73.2% 及 66.2%；溶聚丁苯橡胶产量增速大幅提升，平均开工率提升至 60.4%；丁腈橡胶产量略有下降，平均开工率下降 0.2 个百分点，至 67.2%。

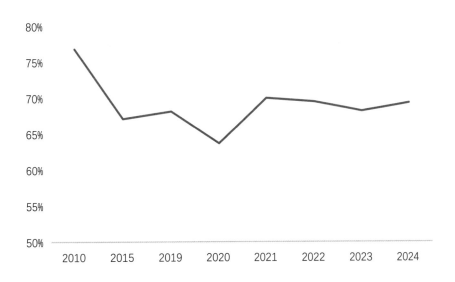

图 5    近年全球合成橡胶主要品种平均开工率

◆ 数据来源：Dow Jones，中国石化经济技术研究院

# 3. 2024 年国内橡胶扩能速度加快，价格涨幅明显

## 3.1 丁二烯扩能速度持续加快，出口表现亮眼

2024 年，中国丁二烯产能增至 696.7 万吨 / 年，同比增长 7.7%，受新增产能投产集中于下半年影响，产量小幅下降至 409.4 万吨，同比下降 0.5%；表观消费 430.2 万吨，同比下降 3.8%。2024 年，中国进口数量收窄，受东北亚地区装置停车影响，丁二烯出口数量大幅增加，导致净进口下降至 20.8 万吨，同比减少 41.2%。

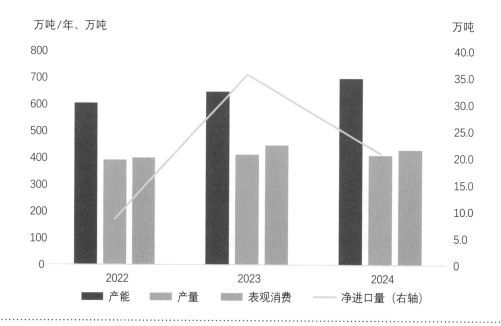

图 6　中国丁二烯供需状况

◆ 数据来源：卓创咨询，中国石化经济技术研究院

## 3.2 合成橡胶产能增速快于产量增速，下游需求支撑消费

2024 年，中国合成橡胶产能快速增至 798.7 万吨 / 年，同比增长 8.2%，产能增量主要来自顺丁橡胶和苯乙烯类热塑性弹性体（SBCs）；产量增至 503.1 万吨，同比增长 2.3%，产量

增速相比 2023 年大幅放缓；表观消费量增至 570.5 万吨，同比增速 4.0%；净进口提升至 67.4 万吨，同比增速由负转正，上升至 18.8%。

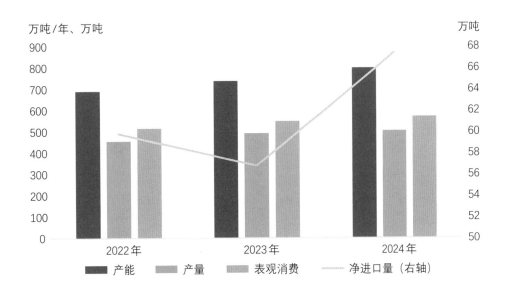

图 7　中国合成橡胶供需状况

◆ 数据来源：卓创咨询，中国石化经济技术研究院

2024 年前三季度，中国汽车工业及轮胎出口持续增长，中汽协发布的数据显示，全年国内汽车产销同比分别增长 1.9% 和 2.4%；半钢胎产量同比增长约 9.2%，全钢胎产量同比下降约 2.4%，外胎产量同比增长 9.1%；半钢胎出口量同比增长 14.6%，全钢胎出口量同比下降 1.9%。对合成橡胶需求形成有力支撑，下游产业的发展拉动合成橡胶的消费增长。

## 3.3 丁二烯价格大幅上涨，挤压合成橡胶利润空间

2024 年，受下游需求带动、海外检修、出口量增加及新增产能投放延迟等因素影响，相比上年均价，丁二烯均价一度大幅上涨 45.7%，毛利同比增至 118.0%。

顺丁橡胶、苯乙烯 - 丁二烯嵌段共聚物（SBS）、丁苯橡胶虽有新增产能投产（产能分别增长 14.3%、12.5% 和 3.3%），但产能投放集中于年底，叠加原料价格大涨，下游轮胎、制鞋市场消费旺盛等因素影响，顺丁橡胶、SBS、丁苯橡胶价格大幅提升，分别上涨 23.5%、21.5% 及 15.3%。

受限于原料价格上涨幅度高于合成橡胶价格上涨幅度，合成橡胶利润空间收窄。其中，顺丁橡胶利润降幅最大，丁苯橡胶和 SBS 的价格降幅居于其次，同比下降 95.3%、40.8% 及 49.8%。（注：合成橡胶毛利计算以丁二烯平均价格为基准，丁二烯毛利计算以石脑油裂解价格为基准。）

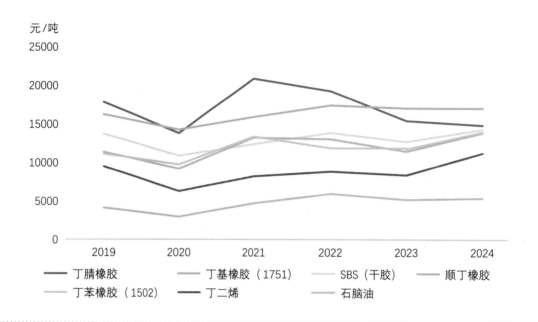

图 8　近年主要合成橡胶品种及原料价格走势

◆ 数据来源：卓创咨询，中国石化经济技术研究院

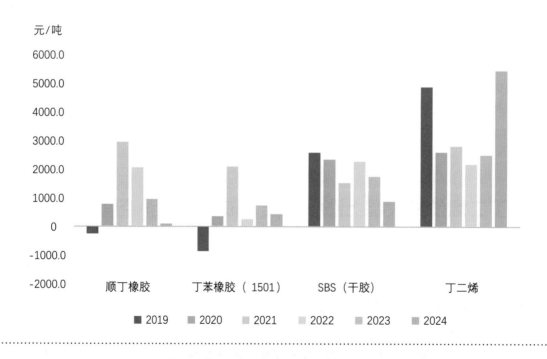

图 9　近年国内丁二烯及合成橡胶主要品种毛利

◆ 数据来源：卓创咨询，中国石化经济技术研究院

## 3.4 天然橡胶价格上涨，利好合成橡胶消费

2024 年，天气异常导致天然橡胶供应面收紧，叠加欧洲《零毁林法案》政策影响，进一步推动天然橡胶价格上涨。受天然橡胶价格高位影响，叠加轮胎市场消费需求旺盛，利好合成橡胶消费与价格。

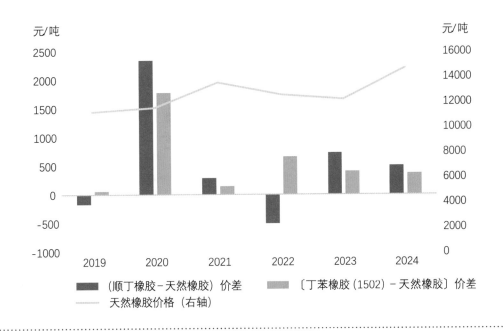

图 10　近年天然橡胶价格走势

◆ 数据来源：卓创咨询，中国石化经济技术研究院

# 4. 2025 年全球合成橡胶供需双增，消费增速趋缓

## 4.1 全球丁二烯产能增速显著提升，需求增速有望持续增长

2025 年，全球丁二烯产能及需求量将分别达到 1961 万吨 / 年和 1266 万吨，产能增速由 2024 年的 -0.2% 升至 6.0%，需求增速由 2024 年的 2.7% 略增至 2.8%，产能增速高于需求增速，装置开工率下降 2.3 个百分点，至 64.6%。

2025 年全球丁二烯产能增量为 35 万吨 / 年，新增产能主要来自中国，随着产能增量的不断增加，价格回落。受下游市场整体需求拉动，2025 年丁二烯消费有望保持正增长。

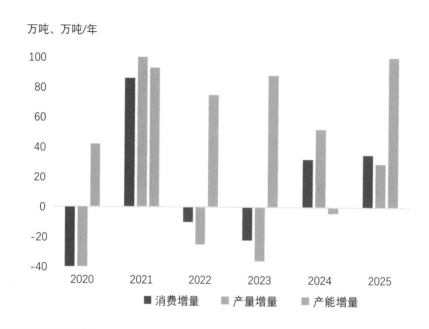

图 11　2020—2025 年全球丁二烯供需增量变化情况
◆ 数据来源：Dow Jones，中国石化经济技术研究院

预计，2025 年丁二烯的消费结构中，ABS、己二腈、丁腈胶乳、丁腈橡胶及丁苯橡胶领域的消费占比有所上升，在氯丁橡胶、丁苯胶乳、顺丁橡胶领域的消费占比回落，在其他领域的消费占比与 2024 年基本持平。

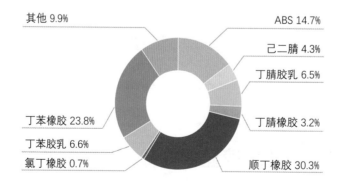

图 12　2025 年全球丁二烯需求结构预测
◆ 数据来源：Dow Jones，中国石化经济技术研究院

## 4.2 全球合成橡胶供需双增，开工率小幅提升

　　预计 2025 年，全球合成橡胶供需继续增长，产能增长 24 万吨/年，达 1524 万吨/年，同比增长 1.6%；消费达 1060 万吨，同比增长 2.9%。由于产能增速低于需求增速，开工率小幅提高 0.8 个百分点至 69.5%。

表 1　全球合成橡胶供需

万吨/年、万吨、%

| 项目 | 2025 年 | 同比 |
| --- | --- | --- |
| 产能 | 1524 | 1.6 |
| 消费 | 1060 | 2.9 |
| 开工率 | 69.5 | 0.8 |

◆ 数据来源：Dow Jones，中国石化经济技术研究院

　　2024 年下半年，美联储降息，促进投资和消费，刺激经济增长，预计 2025 年其他国家将出台宽松货币政策，刺激经济复苏。总体来看，2025 年世界经济有望保持平稳增长水平，带动全球汽车行业稳定增长，对合成橡胶行业形成刚性支撑。

　　预计 2025 年，全球溶聚丁苯橡胶（SSBR）、丁腈橡胶（NBR）、顺丁橡胶（BR）需求将分别增长 4.2%、3.1% 和 2.8%；丁基橡胶（IIR）/卤化丁基橡胶（HIIR）和乳聚丁苯橡胶（ESBR）需求将分别增长 2.7% 和 2.3%。

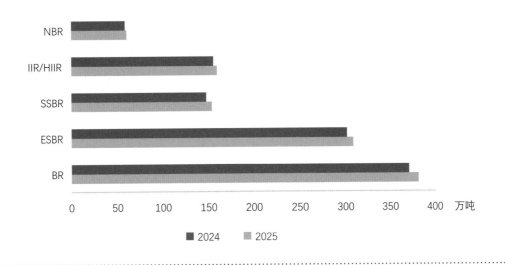

图 13　2025 年全球合成橡胶主要品种需求变化

◆ 数据来源：Dow Jones，中国石化经济技术研究院

# 5. 中国合成橡胶稳定增长，供需结构不断优化

## 5.1 国内丁二烯产能释放，利好合成橡胶利润向上修复

2025 年，国内丁二烯新增产能投放显著增加，主要有吉林石化、万华化学乙烯配套装置扩产、广西石化、广东埃克森美孚、广东巴斯夫乙烯配套装置等投产，合计新增产能 107 万吨/年，预计年末产能达 803.7 万吨/年，同比增长 15.4%。新增产能投放有效缓解上年供应面紧张，预计价格回落明显，利好合成橡胶利润空间提升。

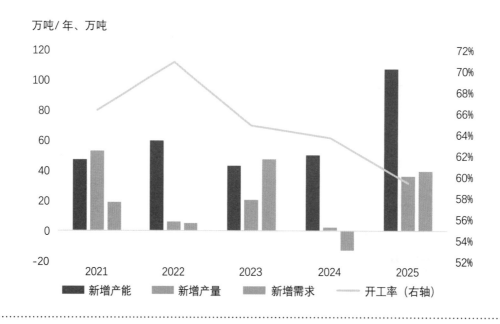

图 14　国内丁二烯市场供需增量变化趋势

◆ 数据来源：卓创咨询，中国石化经济技术研究院

2025 年，丁苯橡胶、顺丁橡胶及 SBCs 等新增产能陆续释放，对丁二烯的需求增量提供支撑，有助于消化丁二烯新增供应，叠加国内下游需求稳步提升，海外装置检修完成，拉动国内净进口量回升。

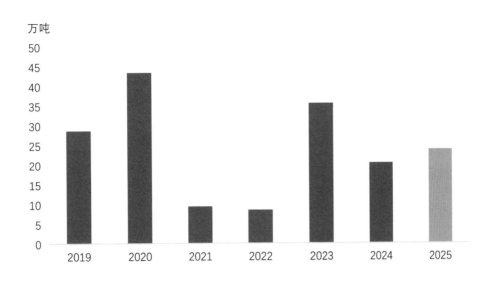

图 15 　国内丁二烯净进口变化趋势

◆ 数据来源：卓创咨询，中国石化经济技术研究院

## 5.2 合成橡胶产能增速放缓，开工率保持稳定

2025 年，国内合成橡胶将新增产能 36.5 万吨 / 年，预计年末产能达 835.2 万吨 / 年，同比增长 4.6%。新增产能主要来自丁苯橡胶（新增 16 万吨 / 年，至 204.9 万吨 / 年，同比增长 8.5%）、SBCs（新增 10.5 万吨 / 年，至 258.0 万吨 / 年，同比增长 4.2%）、顺丁橡胶（新增 5 万吨 / 年，至 220.3 万吨 / 年，同比增长 2.3%）及乙丙橡胶（新增 4 万吨 / 年，至 43.5 万吨 / 年，同比增长 10.1%）。

由于新建产能增速放缓，叠加需求稳定提升，预计 2025 年国内合成橡胶供应面压力有所改善，开工率 64.6%。

表 2 　国内合成橡胶供需

万吨 / 年、万吨、%

| 项目 | 2025 年 | 同比 |
|---|---|---|
| 产能 | 835.2 | 4.6 |
| 消费 | 598.3 | 4.9 |
| 开工率 | 64.6 | 0.6 |

◆ 数据来源：卓创咨询，中国石化经济技术研究院

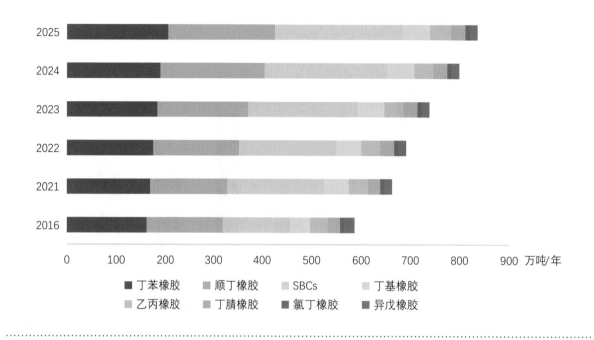

图 16　近年国内合成橡胶各品种产能变化趋势

◆ 数据来源：卓创咨询，中国石化经济技术研究院

2025 年，中国经济增速有望继续温和复苏，国内外宏观环境利好合成橡胶行业消费，预计国内合成橡胶需求增至 598.3 万吨。主要合成橡胶产品中，SBCs 需求大幅增长 17.3%，丁腈橡胶、顺丁橡胶及丁苯橡胶需求将分别增长 4.2%、3.7% 和 2.6%。

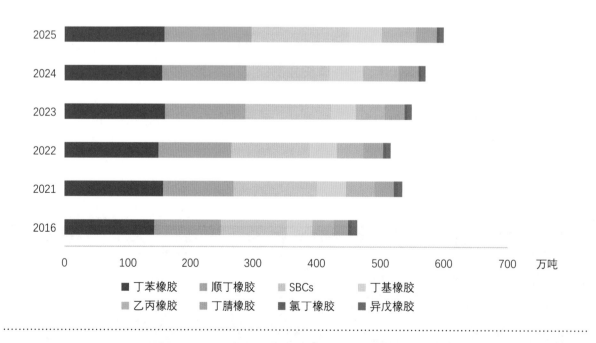

图 17　近年国内合成橡胶各品种消费变化趋势

◆ 数据来源：卓创咨询，中国石化经济技术研究院

## 5.3 汽车消费增长放缓，胎用橡胶消费稳定增长

轮胎行业用胶主要包括丁苯橡胶、顺丁橡胶、丁基橡胶、异戊橡胶等。2024 年，中国 GDP 增速 4.8%。受机动车报废和置换更新政策刺激，汽车行业全面表现突出，叠加国内轮胎行业出口持续增长，利好合成橡胶需求端消费的平稳增长。

2025 年，世界经济在美联储降息效应影响下，有望延续持续复苏状态，国内轮胎、制鞋等合成橡胶下游行业将保持较强的出口韧性；与此同时，中国经济在 2024 年 9 月密集推出的刺激政策影响下，消费向上修复等政策效应将逐步显现，机动车报废和置换更新政策 2025 年有望延续，国内轮胎销售市场将呈现稳步增长态势，支撑胎用合成橡胶的消费。

## 5.4 基建投资力度增大，利好SBCs消费

2024 年，在人民币汇率双向波动的背景下，国内制鞋行业的消费和出口形势较好，提振 SBCs 在鞋材领域的消费；然而 SBS 价格大幅上涨，叠加房地产领域下行趋势，利空 SBS 在建筑防水领域的消费，虽然 2024 年道路国检，利好 SBS 下游道改料消费，但总体来看，2024 年 SBCs 消费量略有下降。

预计，2025 年国内基建受稳增长政策刺激将持续发力，拉动建筑防水领域的消费。制鞋行业的消费和出口形势有望保持稳定增长，受丁二烯产能大量释放导致的价格下调影响，SBCs 的价格虽向下调整，但利润向上修复。综合上述因素，2025 年 SBCs 下游行业发展的国内外经济环境有望延续，国内 SBCs 市场表现趋稳，价格和利润将保持在较好水平。

附表　2023—2025 年丁二烯及合成橡胶供需

万吨 / 年、万吨、%

| 产品 | | 2023 年 | 2024 年 | 2025 年 |
|---|---|---|---|---|
| 丁二烯 | 产能 | 646.7 | 696.7 | 803.7 |
| | 产量 | 411.4 | 409.4 | 451.1 |
| | 消费 | 446.9 | 430.2 | 475.0 |

续表

| 产品 | | 2023 年 | 2024 年 | 2025 年 |
|---|---|---|---|---|
| 丁苯橡胶 | 产能 | 182.9 | 188.9 | 204.9 |
| | 产量 | 137.1 | 134.3 | 138.2 |
| | 消费 | 157.5 | 153.5 | 156.8 |
| 顺丁橡胶 | 产能 | 188.3 | 215.3 | 220.3 |
| | 产量 | 122.7 | 130.0 | 133.4 |
| | 消费 | 130.0 | 134.3 | 137.7 |
| SBCs | 产能 | 220.0 | 247.5 | 258.0 |
| | 产量 | 141.3 | 138.8 | 163.2 |
| | 消费 | 134.2 | 128.7 | 151.9 |
| 丁基橡胶 | 产能 | 55.5 | 55.5 | 55.5 |
| | 产量 | 27.7 | 36.4 | 35.9 |
| | 消费 | 38.7 | 51.5 | 50.3 |
| 乙丙橡胶 | 产能 | 39.5 | 39.5 | 43.5 |
| | 产量 | 29.1 | 30.9 | 32.9 |
| | 消费 | 46.2 | 62.6 | 57.9 |
| 丁腈橡胶 | 产能 | 27.5 | 27.5 | 28.5 |
| | 产量 | 25.0 | 23.5 | 28.5 |
| | 消费 | 31.0 | 29.0 | 32.5 |
| 氯丁橡胶 | 产能 | 7.5 | 7.5 | 7.5 |
| | 产量 | 5.0 | 4.9 | 5.1 |
| | 消费 | 3.6 | 3.6 | 3.8 |
| 异戊橡胶 | 产能 | 17.0 | 17.0 | 17.0 |
| | 产量 | 4.0 | 4.2 | 4.0 |
| | 消费 | 7.6 | 7.4 | 7.4 |
| 合成橡胶（合计） | 产能 | 738.2 | 798.7 | 835.2 |
| | 产量 | 492.0 | 503.1 | 539.4 |
| | 消费 | 548.8 | 570.5 | 598.3 |

# 12

## 液化石油气市场

# 1. 概述

2024 年，全球液化石油气（LPG）市场受到经济增长放缓影响，呈现疲软态势，尤其是需求增速下降，但是贸易依然活跃。中国 LPG 供应保持稳定增长，收率创历史新高，需求增长受到化工需求偏弱影响，增速有所放缓。

2025 年，受到天然气和原油产量增长放缓影响，全球 LPG 供需增速将小幅回落。中国 LPG 市场保持稳定增长，原料需求仍将是推动需求增长的主要动力，预计进口量还将进一步扩大。

# 2. 2024 年全球 LPG 需求疲软，供应呈现宽松态势

## 2.1 全球LPG需求受到经济增长放缓影响

全球 LPG 需求增速持续放缓。2024 年全球 LPG 需求总量约 3.5 亿吨，增速为 2.9%，较 2023 年（增速为 3.1%）有所下降，也是历史上少有的低于 3% 的增速。究其原因，全球经济增长放缓导致化工产品消费量下降，乙烷、石脑油等替代能源价格更具经济性而受到市场青睐，使得 LPG 作为石化原料的需求增速有所下降。此外，天然气作为替代能源的使用量增加，进一步导致 LPG 燃料需求量的继续减少。

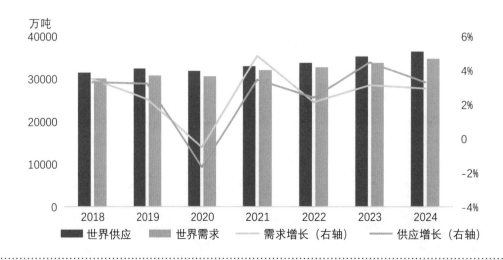

图 1 世界 LPG 供需量和增长率

供应增长快于需求增长。2024 年全球 LPG 供应增速快于需求增速约 0.4 个百分点。北美天然气开采伴生气和中东原油开采产生的 LPG 是推动全球供应增长的主要来源，这两个地区供应量在全球总量中的比例达到了 55%，增速分别为 5.4% 和 3.6%，均超过全球 LPG 供应 3.3% 的平均增速。

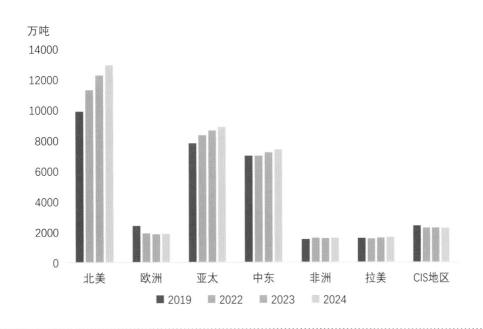

图 2　全球分地区 LPG 供应量

## 2.2 LPG航运贸易保持活跃

LPG 贸易量持续增长。受美国出口增长的推动，2024 年全球 LPG 贸易将增长 2.8%，达到 1.31 亿吨。其中，美国 LPG 出口将增长 4%，总量有望达到 6000 万吨。中东地区仍保持全球 LPG 第二大出口地区的地位。从流向来看，远东地区从美国进口更多的 LPG，而中东地区的资源则更多地集中在印度和东南亚地区。

LPG 运输船舶数量继续增加。自 2023 以来，全球 LPG 运输船市场走势非常强劲，推动新船订单量进一步上升。根据克拉克森统计数据显示，2024 年 1—8 月 LPG 新船订单已经达到了约 760 万立方米，接近去年全年的创纪录水平。尤其 VLAC（LPG 和氨双燃料）新船订单较多，5 月达到 26 艘，超过 2023 年全年 21 艘的订单总量。

# 3. 2024 年中国 LPG 供需保持增长

2024 年中国LPG市场供需两旺，消费增长快于产量增长，尤其是化工原料需求持续增加，LPG 进口量有望扩大至3500 万吨以上。

## 3.1 中国LPG收率达到历史新高，消费增长有所放缓

LPG 产量保持稳定增长。2024 年全国原油加工量同比下降，但是LPG 产量保持增长，估计产量将达到5330 万吨，增速约为3.0%，而LPG 收率达到7.3% 的历史最高水平。

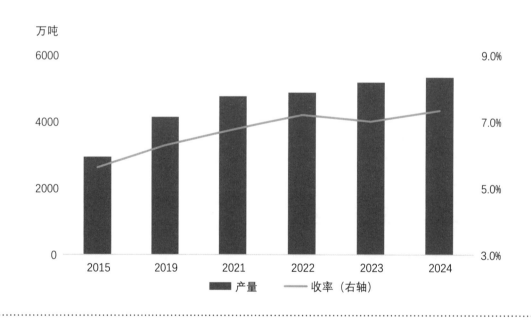

图 3　2015—2024 年全国 LPG 供应情况

◆ 数据来源：国家统计局，中国石化经济技术研究院

LPG 消费增长有所放缓。近几年，LPG 消费主要集中在原料领域。2024 年，聚丙烯价格的回落和丙烷脱氢（PDH）利润的持续低位导致PDH 装置开工负荷下滑，丙烷脱氢项目投产进度受限，抑制了LPG 的消费。此外，下游深加工烷基化装置的盈利状况也不容乐观。2024 年LPG 消费量8752 万吨，同比增长5.6%，低于2019—2023 年6.6% 的年均增速。

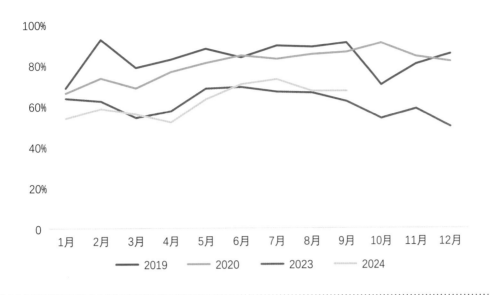

图 4　分年月度 PDH 装置开工率

## 3.2 LPG进口量将再创新高

　　LPG 进口量仍然保持高速增长。2024 年 LPG 进口量估计达到 3550 万吨，较 2023 年增加约 330 万吨。近十年 LPG 进口量从 710 万吨增长 5 倍有余，主要是发展迅速的 PDH 装置大量以纯丙烷为原料以及低成本燃料需求提高带动 LPG 进口量的持续增长。

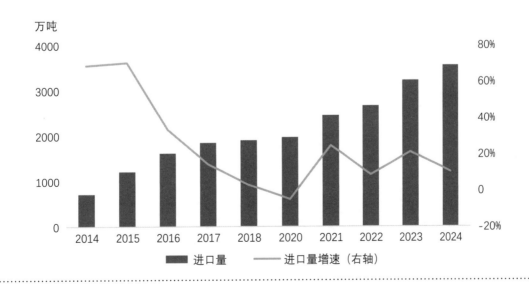

图 5　2014—2024 年中国 LPG 进口量及增速

◆ 数据来源：中国海关总署，中国石化经济技术研究院

美国仍是中国 LPG 最大的进口来源国。由于美国出口的 LPG 主要为丙烷，而中东出口的 LPG 中丙烷、丁烷成分相对均衡，中国进口美国 LPG 量快速增长，尤其是 2019 年关税豁免政策执行，自美国进口量快速恢复并提高至 2023 年的 1200 万吨，估计 2024 年将达到 1800 万吨，占比从 2023 年的 40% 提高至 50%，居进口来源国首位。

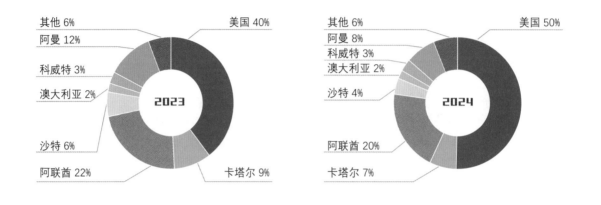

图 6　2023 年和 2024 年 LPG 进口来源国

◆ 数据来源：中国海关总署，中国石化经济技术研究院

## 3.3 LPG价格波动较小

2024 年 1—9 月国内 LPG 均价为 5018 元 / 吨，同比持平。整体显现小幅波动，未出现季节性行情，价格围绕着 5000 元 / 吨上下浮动。

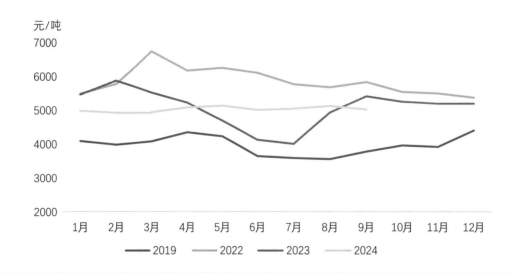

图 7　全国 LPG 价格走势

◆ 数据来源：金联创，中国石化经济技术研究院

工业 LPG 与民用 LPG 价格收窄。随着工业用气需求快速增长，醚后碳四价格逐渐高于民用气价格。2023 年 6 月 30 日，财政部、国家税务总局发布的《关于部分成品油消费税政策执行口径的公告》中将烷基化油纳入成品油消费税征收范围，导致作为烷基化油原料的醚后碳四面临压力，工业用气与民用气价差收窄。

图 8　国内工业和民用 LPG 价格及价差走势

◆ 数据来源：金联创，中国石化经济技术研究院

# 4. 2025 年全球 LPG 供应过剩继续扩大

## 4.1 全球LPG供需增速将继续回落

全球LPG供需增速均有回落。预计2025年全球LPG供应量3.7亿吨，同比增长3.2%，较2024年增速下降0.1个百分点；全球LPG需求量3.6亿吨，同比增长2.7%，增速回落约0.2个百分点，与过去五年年均增速基本持平。

天然气供应来源比重增大。2025年天然气加工约占全球液化石油气产量的66%，同比继续提高1个百分点，天然气加工厂数量仍在增加。

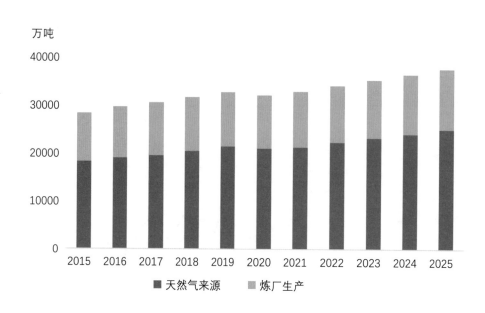

图 9　全球 LPG 供应预测及来源变化

亚洲对 LPG 的需求增长将继续占主导地位。中国和印度的需求增长将在整体贸易和供应中发挥重要作用。预计 2025 年，亚太地区 LPG 需求量 1.8 亿吨，同比增长 4.2%，占全球 LPG 需求总量约 49.5%，同比提高 1 个百分点。尤其是印度政府 2016 年启动的补贴计划以提高 LPG 在农村地区的普及率，2016—2025 年的年均增长率达到 5.0%。

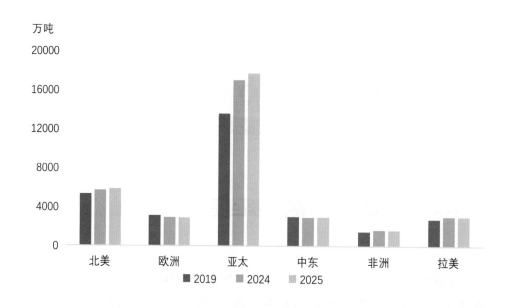

图 10　全球 LPG 分地区供需平衡变化

## 4.2 化工原料用途的重要性逐渐增加

在人口增加和人均消费增长的地区，民商用LPG消费量正在增加。全球人均消费量已从2010年的17公斤增加到目前的约20公斤。不同国家和地区的人均消费量差异很大，其中北美、拉丁美洲和中东的人均消费量最高，约29~34公斤。亚洲的人均消费一直在迅速增长，尤其是在中国、印度尼西亚和印度。

全球LPG作为化工原料的重要性正在增加。预计2025年，全球民商用LPG量占总消费量的比重约为46%，比重呈现逐渐下降的趋势；炼油和化工用LPG，占消费总量的比重约为35%；工业燃料用LPG占比约7%；交通领域受到天然气汽车及电动汽车发展影响，比重下降至8%。

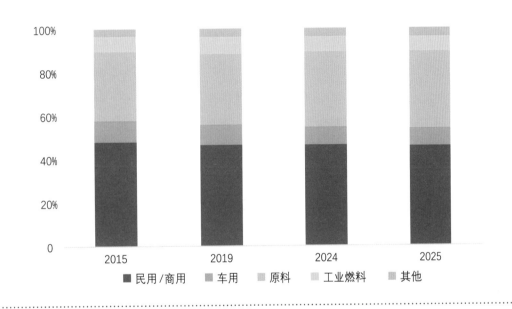

图 11    全球 LPG 消费结构变化

## 5. 2025 年中国 LPG 市场保持稳定增长

预计2025年，中国LPG供应量5460万吨，同比增长2.4%。随着化工下游需求逐步复苏，工业原料用气需求也将继续增加。预计2025年中国LPG的表观消费量8940万吨，同比增加2.0%。供应增速将快于需求，进口量还将继续增长至3600万吨以上。

## 5.1 中国LPG产量增速有所放缓

LPG产量增长持续减慢。随着中国原油加工量增长逐步放缓，而国产LPG几乎全部来自炼厂，将拖累LPG产量增速下滑。预计2025年LPG产量为5460万吨，增速从2019年的9%下降至2.4%，或将达到历史最低水平。

实际商品量占产量比重下降。炼油产能增加带动了LPG产量的增加，但新增炼厂大多为炼化一体化，大部分LPG产量用于炼厂自用的蒸汽裂解、丙烷脱氢和烷基化等装置，导致LPG商品量供应增长非常有限。与此同时，独立化工厂，包括新建的丙烷脱氢装置和蒸汽裂解装置继续依赖进口LPG。预计2025年，实际LPG商品量约为2512万吨，较2019年下降240万吨左右。

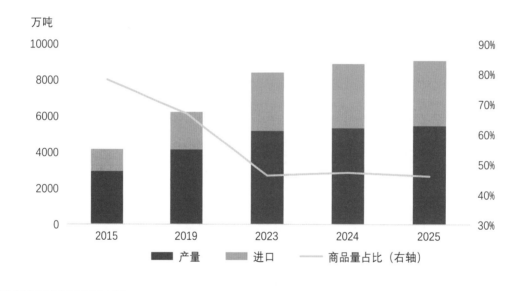

图12　近年来国内LPG商品量供应变化

◆ 数据来源：国家统计局，中国石化经济技术研究院

## 5.2 LPG燃料需求继续被替代

民用领域需求保持下降趋势。预计2025年民商用LPG燃料需求3216万吨，同比下降1.6%。城镇民用燃料继续受天然气替代影响，消费量已经从2019年的2200万吨下降至

1800 万吨以下，占民用需求比重下降至55% 左右。城市用气中，LPG 用气人口比例已从
2015 年的32% 下降至16%，而天然气用气人口比例则从65% 提高至84%。

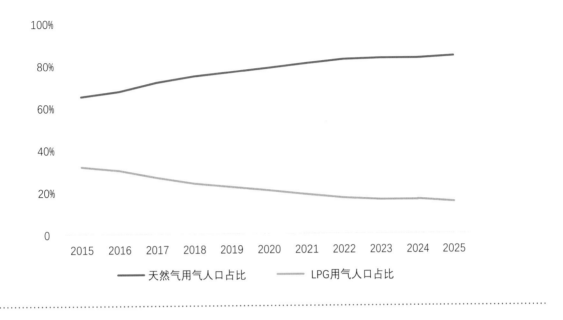

图 13　城市用气人口中天然气和 LPG 用气占比

◆ 数据来源：国家统计局，中国石化经济技术研究院

# 5.3 PDH装置产能释放将推动LPG需求增长

　　PDH 项目建设还将持续。综合考虑技术经济性和技术成熟度，丙烷脱氢技术是目前最
具竞争力的丙烯工艺。2017—2021 年PDH 装置利润一直在每吨千元以上，利润高点甚
至超过3000 元/ 吨；由于产能集中投放和丙烷价格高涨导致装置利润下滑，开工率下降至
50%~60%。2024 年是PDH 装置新增产能的高峰期，利润下降至100 元/ 吨左右；2025 年
仍有212 万吨/ 年规模投产，截至2025 年底PDH 装置产能将超过2600 万吨/ 年。预计2025
年随着化工利润好转，装置开工率将有所回升，拉动丙烷需求大幅增加，PDH 装置对LPG
需求同比增加230 万吨，达到1500 万吨左右水平。

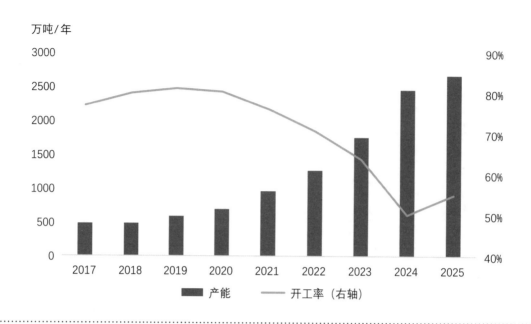

图 14　PDH 装置能力和开工率变化

# 5.4 工业气需求从调油方向向化工方向转变

乙烯产能扩张推动裂解用LPG需求增加。近几年乙烯装置持续扩能，2024—2025年乙烯产能增加超过1000万吨/年，新投产项目后端所配套的可灵活切换原料乙烯裂解装置，将推动LPG需求量的增加。预计2025年裂解用LPG需求量将超过750万吨，较2024年增加约70万吨。

烯烃$C_4$消耗量最大的烷基化和异构化装置在近几年投产速率明显放缓，虽然国六汽油标准颁布实施后，国内对烷基化调和组分需求量不断增长，烷基化油调和占比已逐步提升到8%左右，但是汽油需求受到电动汽车替代影响较大，未来调油用LPG量将逐渐下降。

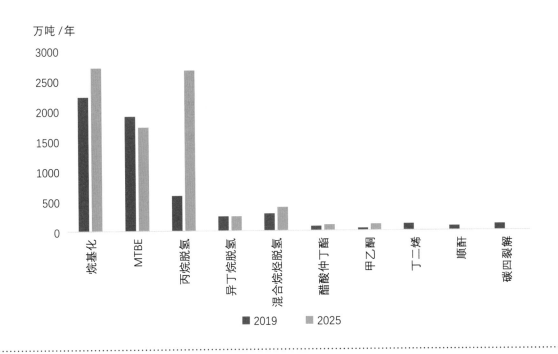

图 15　深加工装置能力

附表　中国 LPG 供需平衡表

万吨

| 项目 | 2020 年 | 2021 年 | 2022 年 | 2023 年 | 2024 年 | 2025 年 |
|---|---|---|---|---|---|---|
| 产量 | 4448 | 4757 | 4867 | 5173 | 5330 | 5460 |
| 进口 | 1966 | 2449 | 2660 | 3219 | 3550 | 3600 |
| 出口 | 57 | 98 | 87 | 91 | 118 | 120 |
| 表观消费量 | 6357 | 7108 | 7440 | 8301 | 8762 | 8940 |

# 13

## 石脑油市场

# 1. 概述

　　石脑油是炼油的主要石油产品之一，绝大多数是以原油为原料经由加工得到的轻质油品。原油加工的多个过程中均会生产石脑油，其中包括了直馏石脑油、加氢石脑油等，以常减压蒸馏工艺产出的直馏石脑油占比最多。随着能源转型的推进以及石化行业多元化的发展，石脑油生产方式日益拓展，煤制油技术的突破与应用不仅减少了石脑油对石油加工的依赖，也为下游化工原料起到保障作用。石脑油是生产乙烯、丙烯、苯等重要化工产品的原料，也可以作为溶剂使用，能溶解多种有机物。此外，它还可以用于调配车用无铅汽油，增加成品油的利润。

　　全球成品油消费趋于达峰，"油转化"进程不断推进，石脑油产业链正处于快速发展阶段。2024 年全球石脑油供应同比增长 5.7%，需求同比增长 2.2%，供应过剩情况达到近十年高点。伴随整体贸易格局的逐步完善，石脑油资源配置或逐步迈向"世界流向亚太"的固定模式。2025 年全球供应过剩情况预计将有所缓解，其中供应与需求增速分别同比增长 1.7% 和 2.1%。中国作为亚太地区甚至全球的主要石脑油消费国，预计 2025 年供应与需求分别同比增长 2.4% 和 4.4%，缺口将进一步扩大。

# 2. 2024 年石脑油市场回顾

　　2024 年，受货币紧缩和贸易保护政策持续压制经济的影响，全球经济增长动力不足，预计全球经济增速 3.2%，比 2023 年下降 0.1 个百分点。石化行业扩能相对放缓，产业和终端消费需求不及预期，石脑油价格因原油价格波动而宽幅震荡。

　　石脑油作为炼油板块与化工板块的重要"桥梁"之一，2024 年全球石脑油供应量 4.06 亿吨，同比增长 5.7%，需求量 3.69 亿吨，同比增长 2.2%，供应过剩导致石脑油贸易更加活跃。虽然全球石脑油供应过剩加剧，但中国作为石油消费第二大国，石脑油供需缺口反而进一步扩大。2024 年国内石脑油产量 1.43 亿吨，同比增长 8.4%，表观消费量 1.56 亿吨，同比增长 7.9%，缺口约 1262 万吨，同比增长 2.2%。

## 2.1 全球经济动力不足与炼油产能扩张导致石脑油呈供强需弱态势

2024 年经济增长动力不足难以带动石脑油需求的大幅增长。全球经济尽管在 2024 年表现出一定的韧性，但仍面临地缘冲突、通胀下行风险增加、全球贸易格局改变等因素的挑战。根据国际货币基金组织（IMF）于 2024 年 10 月发布的《世界经济展望报告》，预计 2024 年全球经济增速为 3.2%，较 2023 年下降 0.1 个百分点。全球整体经济增长动力的缺失意味着工业生产活动的下降，进而影响以石脑油为原料的化工终端产品的需求。2024 年全球石脑油需求仅增长 796 万吨至 3.69 亿吨。在石脑油供应相对充足的条件下，炼油产能扩充对石脑油市场造成压力。2024 年全球新增炼油产能约 6211 万吨 / 年，同比大幅上涨 201%。大幅增加的炼油产能叠加炼厂开工率上升的影响，最终导致全球石脑油供应增加 2190 万吨至 4.06 亿吨，远超 2021—2023 年石脑油供应年均增加 1867 万吨的水平。

2024 年全球石脑油供强需弱的态势或将难以为继。结合石脑油供需增速的历史趋势看，2011—2020 年石脑油需求与供应年均增速分别为 1.3% 和 1.5%。随着 2021 年全球石脑油产量的迅速增长，供应增速随即跃上全新平台，2021 年至今，年均供应增速为 5.5%，远超需求增速的 3.7%。然而，近年来由于供需增速的失衡导致全球石脑油供应过剩的现象难以持续，该现象可能会伴随未来短期石脑油需求的持续增长以及炼油能力达峰而缓解。

2024 年全球各地区继续巩固其在石脑油市场的既有角色。亚太地区仍处于全球石脑油生产和需求的核心地位。2024 年亚太地区石脑油产量约 2.5 亿吨，同比增长 7.1%，占全球比重的 61%；石脑油消费约 2.9 亿吨，同比增长 3.1%，占全球比重的 79%。亚太地区石脑油供需缺口的存在导致其常年处于石脑油贸易逆差，2024 年进口约 8644 万吨，同比下降 4.6%，进口总量下降主要受区域内石脑油供应大幅增长的影响。中东持续引领全球石脑油出口贸易，2024 年中东地区出口石脑油 5840 万吨，同比增加 7.1%，出口总量占全球的 41%，且其中超过 80% 的石脑油流向亚太地区。石脑油出口的增加主要由于中东地区炼油能力的提升，2024 年巴林 Sitra 地区新增一次炼油能力 10 万桶 / 日，沙特 Ras Tanura 地区新增加氢石脑油生产装置 14 万桶 / 日。欧洲是第二大石脑油贸易地区，欧洲各国因供需体量的不同导致石脑油在欧洲各国内部流动性强。预计 2024 年欧洲石脑油流出 3372 万吨，同比增长 8.8%；流入 4128 万吨，同比增长 12.3%。北美地区当前出口产品仍以成品油为主，中短期内石脑油基本保持自给自足。

受原油价格波动的影响，叠加化工产业有望回暖，2024 年日本石脑油价格保持在 620~720 美元 / 吨区间波动。从年内走势看，一季度石脑油市场整体呈现震荡上行的走势，地缘紧张导致油价强势，石脑油价格持续追涨；二季度呈先扬后抑的态势，全球石油消费的乐观预期推涨了石脑油下游需求并提振价格，但伴随油价下跌对全球石化产品市场价格的打压导致了石脑油市场的短期疲势；三季度原油价格大幅下降，石脑油供需环境利空为主，导致下游业

者积极性不佳，致使石脑油价格走低至年内低点。预计 2024 年日本石脑油均价在 660~680
美元 / 吨区间，高于 2023 年均价 645 美元 / 吨，现货均价在 670~690 美元 / 吨区间。

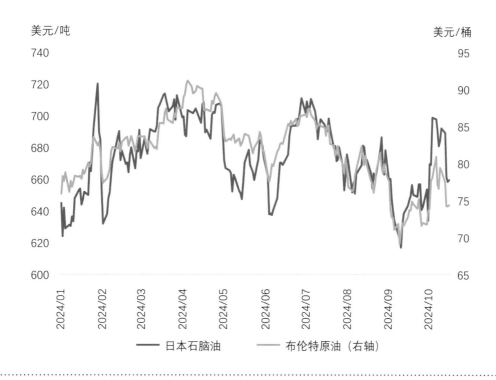

图 1　　2024 年石脑油与原油期货价格走势

◆ 数据来源：Thomson Reuters，中国石化经济技术研究院

## 2.2 裂解装置产能投产推涨石脑油需求，国内石脑油供需缺口继续扩大

　　2024 年国内经济总体稳定，进出口再创新高，但国内消费不足，房地产行业持续低迷，
市场整体价格回落。投资动力不足叠加消费信心疲软影响了终端消费的表现。同时，由于 2023 年
基数较高的影响，国内石化产品需求增速下滑明显，2024 年乙烯当量消费同比增长仅 3.1%，
远低于 2020 年前 8%~10% 的增速。从石脑油装置毛利看，石脑油裂解装置毛利自 2021 年
高位下跌后动力缺失，受年内原油价格高企导致石脑油路线成本较高的影响，2024 年年均毛
利预计将在 320 元 / 吨左右，同比下降 19.2%。

　　石脑油下游装置投产提振国内石脑油需求。2024 年国内石脑油表观消费 1.56 亿吨，同比
增长 7.9%。从乙烯原料看，2024 年乙烯新增石脑油裂解路线产能 340 万吨 / 年，其中石脑

油路线包括天津南港 120 万吨／年、裕龙石化一期 150 万吨／年、金诚石化 70 万吨／年，预计全年石脑油路线乙烯原料需求增加 457 万吨至 7348 万吨，同比增加 6.6%。从 PX 原料看，2024 年主营炼厂无新增产能，仅恒力石化两套装置因去瓶颈增加产能 20 万吨／年至 520 万吨／年。尽管 PX 新增产能有限，但开工率自 2023 年的 77.5% 增加至 2024 年的 85.0%，PX 用石脑油需求增加 692 万吨至 7764 万吨，同比增长 9.8%。

"油转化"进程的加速助推石脑油产量增长。伴随新能源汽车市场的强劲表现以及 LNG 重卡销量的持续高位，汽油与柴油的终端需求持续受挫，能源替代对成品油市场的猛烈冲击加速了"油转化"进程的推进。整体看，受部分地方炼厂停工的拖累，2024 年国内原油加工量略有下滑，预计全年达到 7.17 亿吨，同比下降 2.6%，远低于近五年 4.2% 的平均增速。尽管整体原油加工量有所下降，但成品油需求的下降推动石脑油收率提高。2024 年预计石脑油收率为 19.9%，高于 2023 年的 18.0%，全年石脑油产量为 1.43 亿吨，同比增长 8.4%。

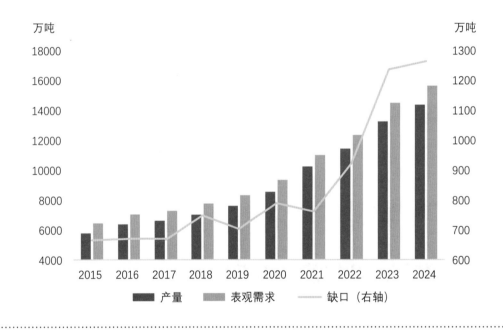

图 2　国内石脑油供需及缺口

◆ 数据来源：国家统计局，中国石化经济技术研究院

尽管石脑油产量增加，但 2024 年国内石脑油延续严重缺口，预计全年石脑油缺口约 1262 万吨，同比增长 2.2%。根据中国海关总署统计，1—9 月我国石脑油（不含生物柴油）进口总计 952 万吨。分地区看，进口中东和俄罗斯石脑油 345.6 万吨和 271.4 万吨，共占总量的 64.8%；分国别看，俄罗斯、阿联酋、韩国分别位列石脑油进口总量的前三位，分别为 271.4 万吨、220.1 万吨和 146.4 万吨。预计全年石脑油进口将超过 1200 万吨。

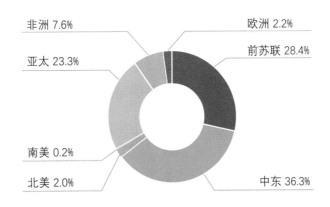

图3    2024 年 1—9 月国内石脑油进口来源占比

◆ 数据来源：中国海关总署，中国石化经济技术研究院

# 3. 2025 年国际石脑油市场发展展望

2025 年全球经济基本保持稳定，IMF 最新预测 2025 年全球 GDP 增速为 3.2%，与 2024 年持平。宏观面的相对稳定叠加美联储货币政策宽松以及美国对能源政策的偏向，2025 年全球石化行业景气周期有望回暖。预计全球石脑油产量为 4.13 亿吨，同比增长 1.7%，需求量为 3.77 亿吨，同比增长 2.1%。

## 3.1 稳定的经济以及各国政策的宽松利好全球石脑油需求增长，并保持供需面健康发展

在 2024 年 9 月美联储进入降息周期后，世界各国货币政策逐步宽松，资金流入市场后有望引领全球石化衍生品需求恢复向好。预计 2025 年全球石脑油需求增加 790 万吨至 3.77 亿吨，同比增长 2.1%。其中，86% 的需求增长来自亚太地区，中国和印度均有以石脑油为原料制备下游产品的产能投产，从而拉动地区石脑油需求。从供应端看，预计全球石脑油产量增加 706 万吨至 4.13 亿吨，同比增长 1.7%，较 2024 年下降约 4 个百分点。全球石脑油供应的快速下滑主要由于部分主流观点预测全球石油消费将在 2030 年前后达峰，导致了全球新建产能大幅降速，2025 年全球一次炼油能力仅增加 63 万桶 / 日。同时，炼油开工率的小幅回升将抵消部分产能扩张放缓对全球石脑油产量增速下降的影响。预计 2025 年全球炼油开工率将增长 0.2% 至 82.2%，但仍略低于 2016—2019 年平均 82.6% 的水平。

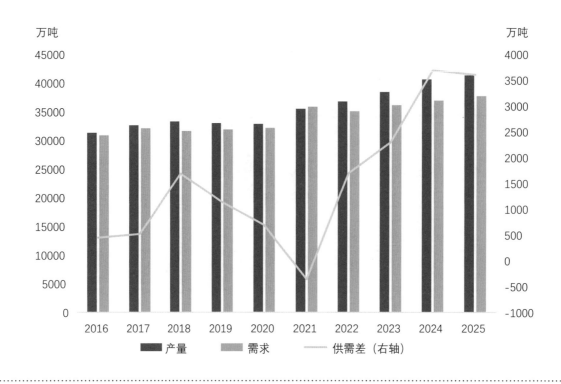

图 4　全球石脑油供需及供需差走势

◆ 数据来源：S&P Global，中国石化经济技术研究院

## 3.2 全球石脑油仍以流入亚太为主，但需警惕2025年潜在的贸易风险

　　尽管石脑油供应增速大幅降缓，但全球石脑油供应过剩的情况仍然严峻。2025 年全球石脑油供应过剩约 3601 万吨，同比小幅收窄 2.3%。全球各地区过剩的石脑油基本流向以中国为首的亚太地区。随着中东地区炼化装置的建设投产，石脑油区域内贸易增加，导致出口至中国地区的增速略有放缓，预计 2025 年仅增 0.5%，全年出口约 1020 万吨，远低于近五年平均增速的 3.3%。以俄罗斯为主的前苏联地区预计对华石脑油出口量约为 320 万吨，而经由其他亚洲流向国内的石脑油量约为 320 万吨。整体看，因全球各地区石脑油供需矛盾的存在，需要通过贸易进行再平衡。亚太地区作为石脑油的需求中心应关注 2025 年整体市场形势与消费信心的变化，而中东与前苏联地区作为石脑油的供应中心应警惕地缘局势对供应影响的潜在风险。

## 3.3 石脑油价格将随油价下降而走低，或有助于降低下游产品成本

从基本面分析，2025 年全球石油呈现供应过剩格局，若地缘局势及金融市场无重大事件发生，预计全年布伦特均价将在 65~75 美元 / 桶范围内，较 2024 年均价下降 5~10 美元 / 桶。基于此，预计 2025 年石脑油价格将同比略有下降，石脑油市场需求面修复向好叠加供应端增速下降，石脑油裂解价差有望与 2024 年持平。预计 2025 年日本石脑油现货均价在 650~670 美元 / 吨范围内波动，年内价格随原油价格及市场基本面宽幅震荡。

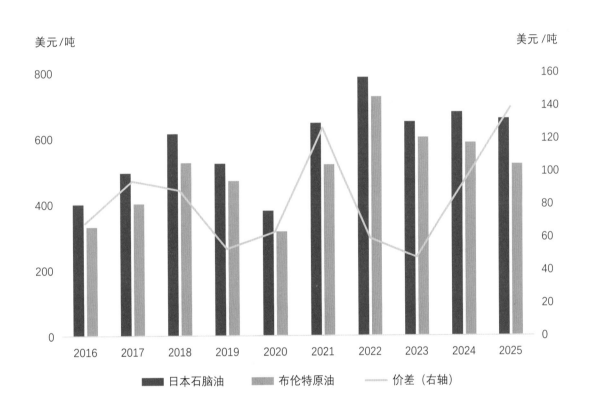

图 5　布伦特原油与日本石脑油价格及价差走势

# 4. 2025 年国内石脑油市场发展展望

2024 年四季度我国发布一揽子经济、货币与财政刺激政策，伴随政府部门对相关政策的贯彻与落地，2025 年国内石化行业有望持续复苏并实现"保量增质"。预计 2025 年国内石脑油产量为 1.47 亿吨，同比增长 2.4%，表观消费量为 1.63 亿吨，同比增长 4.4%。

## 4.1 原油加工量与开工率的提高助推国内石脑油产量增长

2025 年国内一体化项目投产相对较少，预计年内仅有大榭石化约 600 万吨/年新增炼油能力。然而，2024 年投产的一体化炼化企业均在三、四季度，炼厂将在 2025 年进行正常运转。其中，2024 年 9 月裕龙石化 2000 万吨/年炼厂开始试运营，同年 12 月镇海炼化产能扩建 1100 万吨/年。预计 2025 年国内原油加工量将达到 7.41 亿吨，同比增长 3.3%，同时，考虑到国内成品油需求已在 2023 年达峰，"油转化"加速推进，石脑油收率有望保持 19.5% 以上，预计石脑油产量为 1.47 亿吨，同比增长 2.4%。

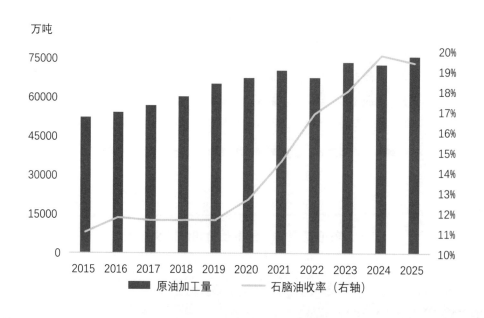

图6　国内原油加工量及石脑油收率走势

## 4.2 下游装置投产分化严重，但石脑油需求增长仍旧可观

　　2025 年国内石脑油裂解与芳烃重整装置产能分化严重。石脑油裂解装置至少增加 650 万吨 / 年，其中包括广东埃克森美孚 160 万吨 / 年、广东巴斯夫 100 万吨 / 年、裕龙石化二期 150 万吨 / 年、吉林石化 120 万吨 / 年，以及广西石化 120 万吨 / 年。除上述装置投产外，烟台万华化学二期将投产 120 万吨 / 年乙烯生产装置，主要原料来自石脑油和轻烃资源。由此可见，石脑油裂解装置的扩张反映了下游对石脑油整体需求的向好，且埃克森美孚、巴斯夫在内的中外合资炼厂的投产也表明了国际市场认为中国仍具有经济潜力大、韧性足，石化产品需求基本面向好等特点。综合下游产能及开工率的调整分析，预计 2025 年乙烯生产用石脑油总量为 8442 万吨，同比大幅增长 14.9%。与乙烯相比，2025 年 PX 消费上涨动力不足，进而影响 PX 产能扩张，国内无新增装置投产，且存在部分装置关停或转产。预计 2025 年国内 PX 产能整体下降 30 万吨 / 年至 4238 万吨 / 年。但由于装置开工率自 85.0% 提升至 86.9%，PX 产量预计约 3900 万吨，同比增长 4.0%。剔除进口混合芳烃及燃料油生产 PX 的体量计算，2025 年国内 PX 生产用石脑油量为 7969 万吨，同比增长 2.6%。综合石脑油调油等其他消费领域，2025 年国内石脑油表观消费 1.63 亿吨，同比增长 4.4%。

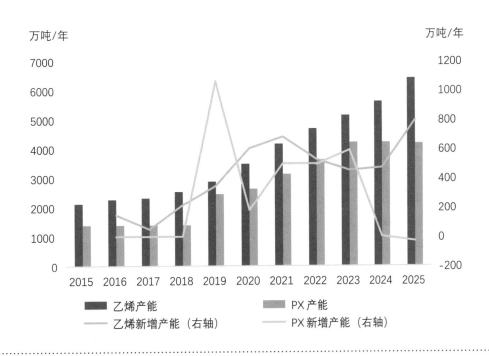

图 7　乙烯和 PX 产能及新增产能走势

## 4.3 供需增速失衡导致缺口进一步扩大，随"市"应变以保障油转化的推进

综合考虑2025年国内石脑油需求增速高于产量，石脑油缺口或进一步扩大至1600万吨左右，同比增长约27.3%。根据全球石脑油贸易流向看，2025年中东与前苏联地区仍为石脑油主要流出地，基本可以满足国内石脑油市场存在的供应缺口。然而，考虑到不同路径的消费增量，烯烃裂解用石脑油增加1094万吨，芳烃重整需求增加205万吨，为满足相关生产原料标准，应考虑增加进口轻质石脑油占比。此外，国内炼厂增加直馏石脑油产量或优化加氢石脑油收率，通过排产调整、技术升级等一系列措施缓解国内石脑油供应紧张的趋势。同时，建议加强国际原油价格走势研判，紧密跟踪国内市场，在合适时机调整开工负荷以生产高质高量石脑油，为中国推进"油转化"做好原料端保障。

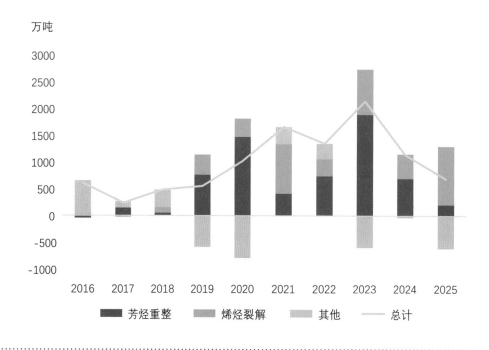

图8 国内石脑油需求增量

附表　2023—2025 全球及国内石脑油供需

万吨

| 项目 | | 2023 年 | 2024 年 | 2025 年 |
|---|---|---|---|---|
| 全球 | 产量 | 38414 | 40604 | 41310 |
| | 需求 | 36123 | 36919 | 37709 |
| 国内 | 产量 | 13228 | 14338 | 14677 |
| | 进口 | 1235 | 1262 | 1607 |
| | 表观消费 | 14463 | 15600 | 16284 |

# 14

## 润滑油市场

润滑油是用在各种类型汽车、机械设备上以减少摩擦，保护机械及加工件的液体或半固体润滑剂，主要起润滑、辅助冷却、防锈、清洁、密封和缓冲等作用。成品润滑油由基础油和添加剂调和而成，其中基础油占比 70%~99%。根据美国石油学会（API）的分类标准，按照黏度指数（黏度随温度变化的程度），基础油可分成五类，性能逐级优化。

# 1. 概述

2024 年，国内润滑油产能总体充足，基础油产量继续增长，净进口量持续下滑，但受经济性缩减影响，国产基础油产量增长速度有所放缓。在以旧换新、设备更新等政策以及新能源车持续替代的影响下，工业用润滑油需求有所回升，交通用润滑油需求下降，全国润滑油总产销量均减少。

2025 年，国内基础油产能维持平稳为主，国产基础油份额继续增加，润滑油行业各主要原料及产品净进口量持续下行。预计全年国内润滑油需求总体维持上一年的趋势，特色及高端基础油将迎来进一步发展。

# 2. 2024 年中国润滑油市场回顾

## 2.1 产能总体充足，基础油进口量持续减少

中国基础油产能的高速扩张期已经结束，目前国内产能总量相对充足。据统计，2015—2021 年间，中国基础油产能快速扩张，6 年间增加 675 万吨 / 年至 1295 万吨 / 年，年均增速高达 13.1%，其中 II 类基础油产能增加 581 万吨 / 年、I 类基础油产能缩减 101 万吨 / 年。目前 I、II 类基础油产能已相对饱和。

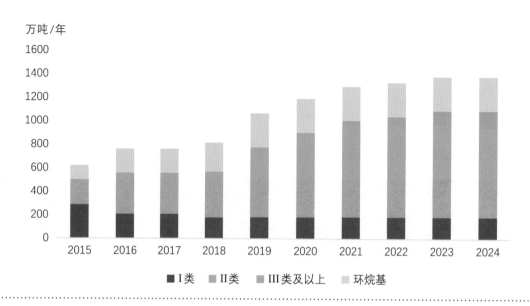

图 1 2015—2024 年中国润滑油基础油产能变化

2024 年，中国基础油产能总量 1380 万吨 / 年，同比持平。随着润滑油品质不断升级，车用领域用户对润滑油提出了更高要求。据标普预测，2024 年全球汽油机油、柴油机油中全 / 半合成机油比例分别为 49.6%、14.9%，较 2015 年分别提升 14.8、6.4 个百分点，导致 III 类及以上基础油需求不断提升。受此影响，国内 III 类及以上基础油装置相继投产，2024 年山东石大昌盛 30 万吨 / 年 II 类基础油装置升级改造项目落地，成功出产 III 类基础油，带动国内 III 类及以上基础油产能增至 141 万吨 / 年，同比增长 27.0%。

随着国内新增产能开工率的不断提升，基础油进口需求持续减少。预计 2024 年全国基础油净进口量 146 万吨，同比减少 8.2%，实现基础油净进口量连续 8 年下降。其中，I、II 类基础油进口量 82 万吨，同比减少 9.9%；III 类及以上基础油进口量 74 万吨，同比减少 9.8%，为近 10 年来首次实现负增长。

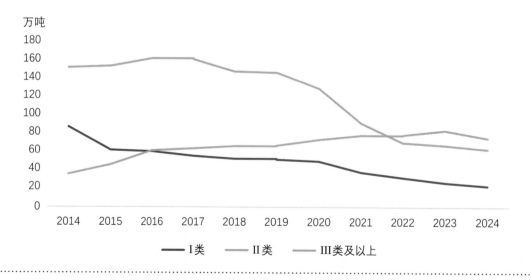

图 2 2015—2024 年中国润滑油基础油进口量变化

◆ 数据来源：中国海关总署，中国石化经济技术研究院

## 2.2 经济性缩减，基础油产量增长放缓，润滑油产销量下行

随着新增产能不断投产，近年来中国基础油产量保持增长，2015—2023 年基础油产量年均增速达 5.6%。其中，在基础油品质升级、产能更新换代的影响下，Ⅰ类基础油产量显著下降，Ⅱ类、Ⅲ类及以上、环烷基基础油产量均有所增长。

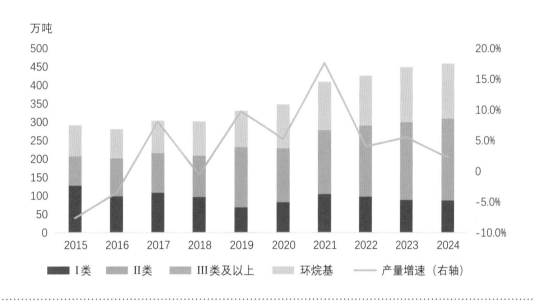

图 3 2015—2024 年中国润滑油基础油产量变化

2024 年，中国基础油装置开工率提升，但受到产能充足、需求下行影响，基础油价格有所下降，利润水平缩窄导致产量增长有限。2024 年 1—9 月，华东地区 150N 基础油平均价格 8176 元/吨，同比下降 5.24%。预计全年国内基础油产量 458 万吨，同比仅增长 2.2%，为 6 年以来最低增速。其中，Ⅰ类基础油产量同比减少 1.4%，Ⅱ类基础油产量同比增加 1.8%，Ⅲ类及以上基础油产量在新装置投产带动下同比增加 21.6%，环烷基基础油产量同比减少 0.6%。

由于基础油、添加剂等各原料成本上涨，2024 年各品牌润滑油公司发布调价函上调成品润滑油价格，大品牌润滑油线下多次进行降价促销占有市场份额，地方性小品牌通过线上带货形式以低价换销量，润滑油调配行业利润萎缩，地方性润滑油调和与代加工企业减少调和量以规避资金损失，预计全年国内润滑油产量 632 万吨，同比减少 0.7%。此外，受到新能源车高速发展的影响，2024 年国内润滑油总体需求量 639 万吨，同比减少 0.9%。

## 2.3 燃油车保有量达峰，交通用润滑油消费量趋于下行

2024 年，我国交通用润滑油总消费量 341 万吨，同比减少 2.4%，主要源于汽油机油、柴油机油需求量的减少，其他交通用润滑油需求总体变化不大。目前，汽油机油、柴油机油消费量占交通用润滑油总消费量比例分别为 36%、39%，上述领域消费量的下行将对交通用润滑油总体造成持续性影响，开启总需求量下行周期。

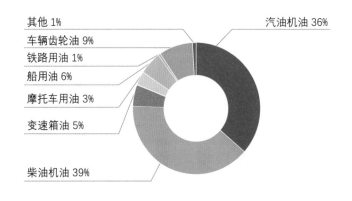

图 4　2024 年中国交通用润滑油需求结构

2024 年 3 月，商务部等 14 部门印发《推动消费品以旧换新行动方案》，其中指出要在全国范围内开展汽车以旧换新。后续发布的《汽车以旧换新补贴实施细则》中进一步提出，对符合要求报废旧车并购买新车的给予补贴，购买新能源乘用车补贴 1 万元（后续提升为 2 万元），较换购燃油车补贴高出 3000 元（后续补贴差额调整为 5000 元）。2009 年中国乘用车销量达 1031 万辆（同比增幅 53%，为历史最高年度增幅），按照 15 年使用周期，2024 年国内车辆报废量巨大。在有关政策的引导下，本年度居民乘用车换购需求更多转向至新能源车，加之网约车深度电动化进一步提升新能源汽车市场优势，2024 年中国汽油车保有量 26920 万辆，同比增长 0.3%，保有量水平接近达峰。受此影响，尽管混动汽车保有量保持增长，在一定程度上减少了汽油车保有量达峰对车用润滑油的影响，但 2024 年国内汽油机油需求仍呈现下行趋势，预计全年总消费量 124 万吨，同比减少 1.8%。

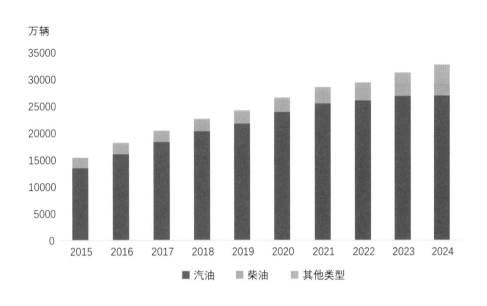

图 5　2015—2024 年中国不同类型车辆保有量变化

此外，2024 年天然气价格有所下降，LNG 重型卡车替代燃油车数量进一步增加，甲醇重卡、换电重卡等的推广使用面也在逐步扩大，在经济活动放缓（主要是建筑和住房建设放缓）的背景下，尽管四季度国内出台了一系列刺激经济的有关政策，但预计短期内效果仍难完全显现，柴油消费量以及柴油车保有量呈现下降之势。预计全年中国柴油车保有量 2128 万辆，同比减少 3.1%；2024 年全国柴油机油消费量预计为 134 万吨，同比减少 3.0%。

## 2.4 设备更新政策助力，工业用润滑油消费量回升

2024 年，国内工业用润滑油总消费量 257 万吨，同比增加 1.3%。本年度工业活动较 2023 年有微幅复苏，叠加设备更新政策影响，各主要领域工业用润滑油需求有所上升。目前，液压油仍是工业用润滑油消费的最主要领域，占年度需求总量的 49%；变压器油、工业齿轮油次之，需求量占比分别为 19%、14%。

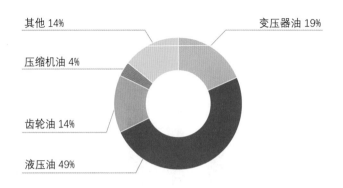

图6　2024 年中国工业用润滑油需求结构

从下游行业来看，工程机械行业用润滑油比例最大，占比达到 40% 左右。2022—2023 年间，受到基建和房地产投资不及预期影响，工程机械需求减弱，主机厂设备开机小时数较低，国内工程机械总产量亦有所降低；2024 年以来，国务院印发《推动大规模设备更新和消费品以旧换新行动方案》，推进重点行业设备更新改造，特别是聚焦钢铁、有色、石化、化工、建材、电力、机械、航空、船舶、轻纺、电子等重点行业，大力推动生产设备、用能设备、发输配电设备等更新和技术改造。在宏观调控与设备更新政策的影响下，与基础设施建设密切相关的挖掘机、装载机等工程机械呈现触底回升态势。据中国工程机械工业协会数据预测，2024 年 12 种主要工程机械产品产量或达 193.8 万台，同比增加 9.2%；预计全年工程机械行业用润滑油将增加 3 万吨至 107 万吨，是除 2021 年外的最高水平。

# 3. 2025 年中国润滑油市场发展展望

## ▓ 3.1 产能结构性调整，国产基础油份额持续增长

据统计，2025 年中国润滑油基础油产能或将维持在 1380 万吨 / 年不变，另有中海泰州 80 万吨 / 年特种油扩建项目有望于 2025/2026 年投产。总体来看，目前国内 I 类基础油、环烷基基础油产能相对饱和，II 类基础油产能过剩较多，III 类及以上基础油数量及质量仍有所不足，导致 III 类及以上基础油进口量居高不下。

随着国内润滑油基础油受到越来越多下游厂商的认可，2025 年国内基础油国产份额有望继续提升，预计全年基础油产量 474 万吨，同比增加 3.5%。其中，Ⅱ 类、Ⅲ 类及以上基础油产量合计 239 万吨，同比增加 7.2%。

## 3.2 净进口量延续下行，润滑油行业对外依存度下降

在国产基础油持续增多的影响下，2025 年基础油对外依存度进一步减少 2.3 个百分点至 21.8%，预计全年润滑油基础油净进口量 132 万吨，同比减少 9.6%。2024 年年中，国务院关税税则委员会发布"关于中止《海峡两岸经济合作框架协议》部分产品（第二批）关税减让的公告"，对原产于中国台湾地区的润滑油基础油等 134 个税目进口产品，中止适用《海峡两岸经济合作框架协议》协定税率，并按现行有关规定执行。据统计，大陆地区近年进口的台湾地区台塑 Ⅱ 类基础油数量在 16 万~20 万吨，随着关税的增加，2025 年 Ⅱ 类基础油进口量将呈现进一步下降趋势，利好国内基础油增产。

同时，随着国产化进程不断加速，国内润滑油行业相关原料及产品的净进口量均呈下行态势，预计 2025 年中国转化为润滑脂、添加剂净出口国，润滑油净进口量进一步缩窄至万吨级水平。目前，国内中低端基础油产能结构性过剩，企业竞争压力相对较大，未来或将进一步开拓基础油、润滑油出口市场。据标普数据，目前国外最大的几家基础油生产商跨大洲销售量均达 2 成以上，未来国内基础油、润滑油"出海"空间广阔。

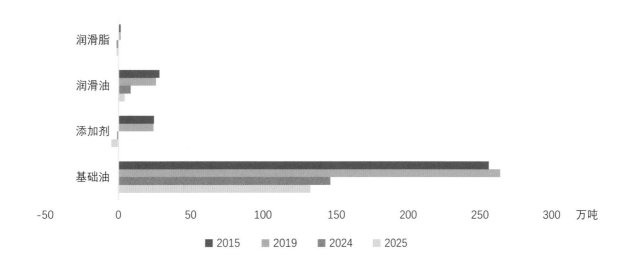

图 7　2015—2025 年中国润滑油行业原料及产品净进口量变化

◆ 数据来源：中国海关总署

## 3.3 润滑油消费量进入下行区间，特色及高端基础油快速发展

2025 年，预计中国润滑油需求总体维持上一年的趋势，全年消费量 633 万吨，同比减少 0.9%。其中，2024 年四季度，财政部推出"支持地方化解隐性债务、支持国有大型商业银行补充核心一级资本、支持推动房地产市场止跌回稳、加大对重点群体的支持保障力度"等一揽子增量政策，加大逆周期调节力度，多部门后续配合出台有关经济刺激政策，主要成效预计将于 2025 年显现，带动工业活动加速恢复，工业用润滑油消费量小幅增长。

交通用润滑油方面，2024 年 9 月，国管局、中直管理局公布"关于做好中央和国家机关新能源汽车推广使用工作的通知"，要求中央和国家机关各部门、各单位机关及其所属垂直管理机构、派出机构等各级行政单位和各类事业单位配备更新各类定向化保障公务用车时，应当带头使用国产新能源汽车。随着中央和国家机关配备新能源车力度加强，将带动社会新能源车销量进一步增长，传统汽油车销量持续下行，叠加 LNG 重卡持续替代柴油车，2025 年交通用润滑油消费量将延续下行。

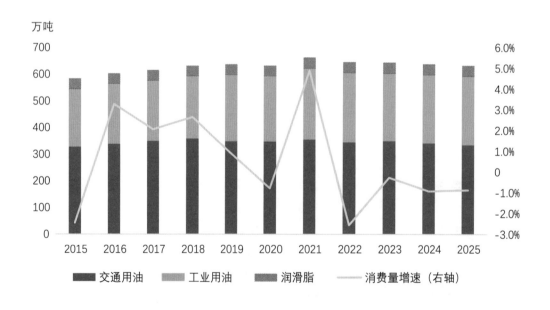

图 8　2015—2025 年中国润滑油消费量变化

尽管中国润滑油消费量进入下行区间，但随着行业用油要求的不断提升，未来对特色及高端基础油的开发、生产和使用将成为行业发展的重中之重。从润滑油的发展对基础油的需求看，新能源车的大力推进和排放与节能要求的不断提高，车用油正面临质量升级与低黏度化的压力，低黏度化更多要求使用Ⅲ4/Ⅲ+4基础油；工业机械和机器的精细化和电动化趋势，高品质齿轮油、船用油、润滑脂等仍然需要使用Ⅰ类重质基础油，如750SN、900SN、BS等，特别是高黏度BS基础油等对BS基础油的需求迫切。

附表　中国润滑油供需平衡表

万吨

| 项目 | 2023 年 | 2024 年 | 2025 年 |
|---|---|---|---|
| 基础油产量 | 449 | 458 | 474 |
| 润滑油消费量 | 645 | 639 | 633 |

# 15

## 燃料油市场

# 1. 概述

2024 年，全球燃料油供应有所增长，内陆需求受环保转型影响承压下行，国际航运需求在红海事件、俄乌冲突的持续影响下有所上升。预计 2025 年全球燃料油供需两端均有下行风险，其中国际航运市场受到地缘关系与中美贸易等因素影响，不确定性增强。

中国方面，2024 年国内燃料油终端消费下行、进口炼化需求上行、外贸船用燃料油（以下简称船燃）市场稳定增长，预计 2025 年发展趋势变化不大，外贸船加油市场增速放缓。

# 2. 2024 年全球燃料油市场回顾

## 2.1 经济性小幅修复，燃料油产量上升

2024 年世界经济态势整体稳健，通胀压力较上一年有所减小，全球石油需求与原油加工量稳中有升。在船用市场需求向好的带动下，高、低硫燃料油经济性均呈现小幅修复态势，带动炼厂燃料油产量增长，预计 2024 年世界燃料油供应量达 675.7 万桶/日，同比增长 1.4%。

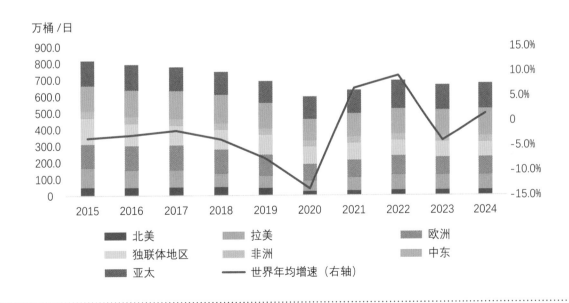

图 1　2015—2024 年全球燃料油分地区供应变化

◆ 数据来源：S&P Global，中国石化经济技术研究院

分地区看，由于欧佩克+减产，俄罗斯石油产量下降，2024年独联体地区燃料油产量下降至89.6万桶/日，同比减少5.0%；其他地区燃料油产量保持增长，其中北美、拉美、欧洲地区增幅较小，非洲、中东、亚太地区增长相对较多。

## 2.2 船燃引领消费增长，其他需求总体下行

2024年全球燃料油消费量657.5万桶/日，同比增长1.1%。其中，亚太仍是燃料油的主要需求地区，占全球份额39.2%；中东地区、欧洲次之，燃料油消费占全球份额分别为24.7%、13.9%。

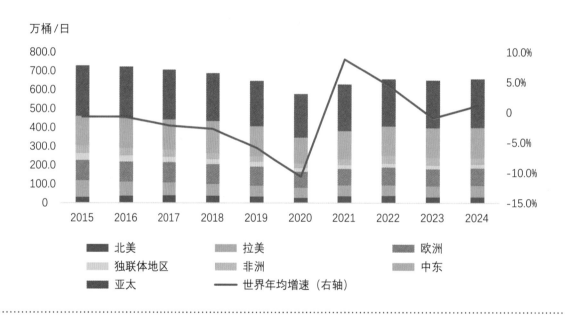

图2　2015—2024年全球燃料油分地区消费变化

◆ 数据来源：S&P Global，中国石化经济技术研究院

2024年，全球海运贸易量增长2%~3%，主要商品海运贸易均保持增长。在红海事件持续发酵、俄乌冲突导致石油和天然气货流重构的双重影响下，国际航运远距离贸易增加。据克拉克森研究预计，2024年全球吨海里贸易增长近6%，为2010年以来最强劲增速，带动船用燃料需求增长。2024年国际交通领域燃料油消费达349.2万桶/日，同比增长3.6%。然而，在环保转型的大背景下，随着欧洲能源危机逐渐缓解，全球燃料油各国国内消费（指除国际交通以外的领域消费）逐步回归至过去的下行态势，2024年全球燃料油各国国内消费总量308.2万桶/日，同比减少1.6%。

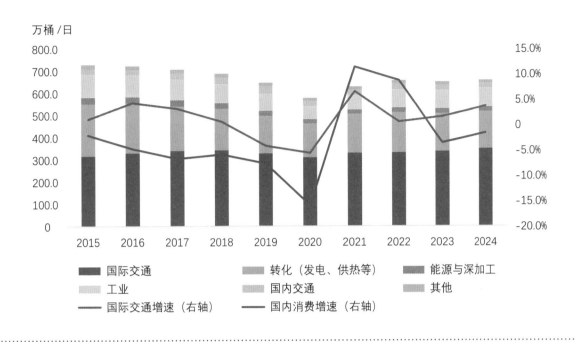

图 3　2015—2024 年全球燃料油分领域消费变化

◆ 数据来源：S&P Global，中国石化经济技术研究院

# 3. 2024 年国内燃料油市场回顾

## 3.1 表观消费下降明显，终端需求承压

在 LNG 重卡替代与经济发展放缓的影响下，国内柴油市场呈现萎靡之势，导致炼厂减产柴油，国内市场中以燃料油名义出货的柴油商品量下降明显。按国家统计局、中国海关总署数据口径，2024 年国内燃料油产量预计为 4392 万吨，同比下降 18.1%；燃料油表观消费量预计为 5187 万吨，同比下降 16.0%。

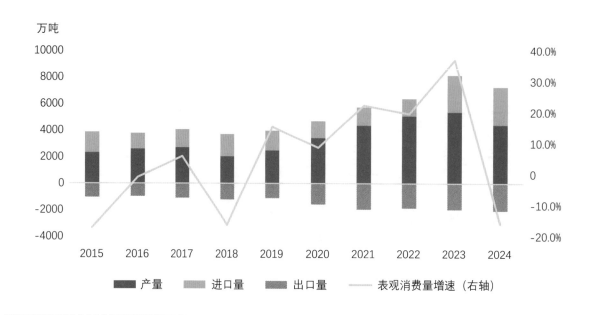

图 4  2015—2024 年国内燃料油表观数据变化

◆ 数据来源：国家统计局，中国海关总署，中国石化经济技术研究院

从消费结构看，由于国内航运市场供大于求的现象进一步加剧，沿海货运运价处于相对低位，内贸船燃整体消费承压下行，叠加其他终端消费（发电供热、工业为主）在环保转型的大背景下维持弱势，预计 2024 年国内燃料油终端需求（不包含"炼油再投入与其他"）约1504 万吨，同比减少 7.1%。

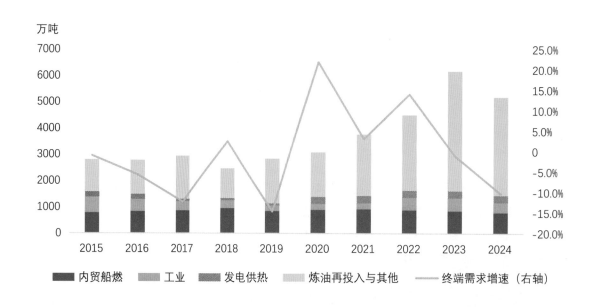

图 5  2015—2024 年国内燃料油消费结构变化

◆ 数据来源：国家统计局，中国石化经济技术研究院

## 3.2 炼化需求延续旺盛，燃料油进口量再创新高

自 2022 年起，由于俄乌冲突重塑全球原油贸易流向，中国地方炼厂往年进口的巴西、阿曼、安哥拉、刚果、挪威等国的原油多用于填补欧洲原油进口缺口，地方炼厂进口燃料油原料骤然增多。受此影响，国家商务部公布的 2024 年燃料油非国营贸易进口允许量进一步增长至 2000 万吨，数额再创新高。据统计，2024 年国内燃料油进口量预计为 2864 万吨，同比增长 2.9%，其中进口俄罗斯燃料油 1107 万吨，同比增长 10.0%。

## 3.3 保税船燃市场稳定增长，配额偏紧限制涨幅

2024 年，中国外贸出口数据延续向好，预计全年港口外贸货物吞吐量为 54.1 亿吨，同比增长 7.3%。同时，红海冲突持续导致部分航线船舶绕行，带动中国保税船燃加注需求小幅提升，预计全年燃料油出口量达 2069 万吨，同比增长 4.8%。

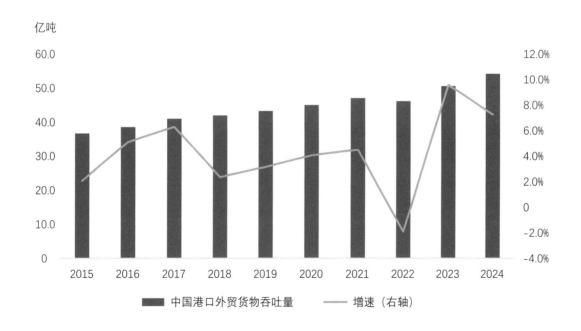

图 6　2015—2024 年中国港口外贸货物吞吐量变化

◆ 数据来源：交通运输部

分加注区域看，在贸易基数与规模化效应的双重优势下，国内保税船燃加注继续向华东地区集中，2024 年华东区域保税船燃加注份额 63.8%，较 2019 年增加近 14 个百分点；环渤海湾地区保税船燃加注份额 28.1%，较 2019 年减少约 15 个百分点。其中，舟山港作为我国船加油第一大港，同时也是世界船加油第四大港，2024 年保税船燃加注量预计将达 720 万吨以上，同比增长 2.3%，而随着 LNG、生物燃料等新型船舶燃料加注业务的逐步常态化，舟山港加注产品不断丰富，在东北亚保税船燃加注中心建设的基础上又将迈上新的台阶。

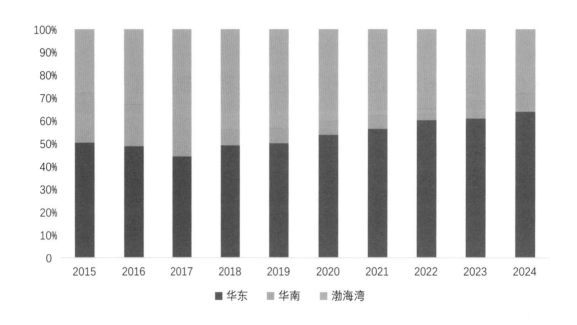

图 7　2015—2024 年国内各区域保税船燃加注比例

◆ 数据来源：中国海关总署，中国石化经济技术研究院

分品种看，高硫燃料油受脱硫塔安装费用下降等因素影响，加注比例继续提升，预计 2024 年外贸船加注高硫燃料油占比 18%，较上一年增加约 4 个百分点；船用轻柴油（MGO）市场总体稳定，预计全年加注占比约为 6%，较上一年基本持平。低硫燃料油仍是中国保税船燃的最主要品种，2024 年以来，低硫燃料油生产利润较上年有所修复，国内企业生产积极性有所上升。不过，出于多方面的综合考量，2024 年商务部仅下放三批低硫燃料油出口配额，额度合计为 1300 万吨，较 2023 年减少 100 万吨，限制了国内产量的增长。预计全年国产低硫燃料油达到 1300 万吨限额，同比小幅减少 1.3%。受此影响，进口低硫资源有所增加，外贸船燃市场增长速度受限。

表 1　2022—2024 年低硫燃料油出口配额

万吨

| 企业 | 2022 年 | 2023 年 | 2024 年 | | | |
| --- | --- | --- | --- | --- | --- | --- |
| | | | 第一批 | 第二批 | 第三批 | 小计 |
| 中国石化 | 821 | 715 | 383 | 186 | 47 | 616 |
| 中国石油 | 701 | 559 | 341 | 175 | 44 | 560 |
| 中国海油 | 131 | 112 | 68 | 36 | 9 | 113 |
| 浙江石化 | 16 | 9 | 6 | 2 | 0 | 8 |
| 中国中化 | 6 | 5 | 2 | 1 | 0 | 3 |
| 合计 | 1675 | 1400 | 1300 | | | |

◆ 数据来源：商务部，中国石化经济技术研究院

# 4. 2025 年世界燃料油市场发展展望

## 4.1 炼油转型叠加资源趋紧，燃料油供应承压

随着能源转型在世界范围内加速发展，石油产品作为燃料的需求持续走弱，炼厂将主动调整生产工艺，提高化工轻油收率，减少重质产品收率。同时，倘若地缘关系不发生大幅恶化，2025 年国际油价面临下行压力，欧佩克＋维持减产政策的概率较大，全球中重质原油产量增长有限，从源头限制了燃料油供应量的潜在空间。预计 2025 年全球燃料油供应量为 673.2 万桶／日，同比减少 0.4%。

## 4.2 需求有下行风险，航运市场不确定性增强

在各有关行业环保转型的大背景下，燃料油需求总体增长乏力。据 IMF 预测，2025 年全球经济增速与 2024 年基本持平，全球经济增长水平再难触及疫情前的高点。此外，随着欧洲能源危机的进一步缓解，国际天然气价格趋于回落，燃料油发电需求或将承压。综合分析，预计 2025 年全球燃料油需求量为 647.9 万桶 / 日，同比减少 1.5%。

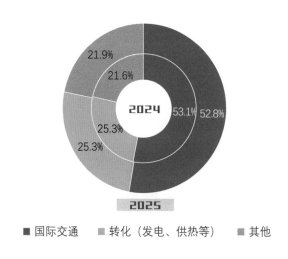

图 8　2024—2025 年全球燃料油消费结构预测

◆ 数据来源：S&P Global，中国石化经济技术研究院

航运市场方面，由于地缘冲突及中美贸易存在较强不确定性，2025 年航运需求及货流结构均可能出现较大变化。初步来看，预计红海冲突将有所降温，加之美国总统大选后的贸易政策影响会在 2025 年显现，国际航运贸易对燃料油需求量或将呈现下行态势。预计 2025 年国际交通用燃料油消费量 342.2 万桶 / 日，同比减少 2.0%。

# 4.3 船舶市场向"绿"而行，替代燃料保持增长

近年来，国际组织不断推行支持航运界绿色转型的有关政策，其中欧盟于 2024—2025 年有两项新政策再度落地：一是海事部门被纳入欧盟碳排放交易体系（EU ETS），航运公司在 2025 年、2026 年、2027 年必须分别清缴相当于其上一年排放量 40%、70%、100%的欧盟碳排放配额（EUA）；二是针对海运市场，欧盟推出了《欧盟海运燃料条例》（FuelEU Maritime），要求自 2025 年开始，所有在欧盟港口间航行的船舶必须符合规定的燃料碳强度要求，并且该标准会逐年提高，推动船舶燃料加速向更清洁的燃料过渡。如果船舶不符合要求，运营商将面临罚款，这些罚款收入将用于资助绿色海事技术的开发和应用。

在国际海事组织（IMO）、欧盟等国际组织一系列政策的推动下，航运企业积极探索航运替代燃料，近、中期内较为经济、可行的主要有 LNG、生物燃料等，长期更被看好的主要有绿色甲醇、绿氨（氨燃料船舶或将于"十五五"中后期逐步商业化）等。据 Alphaliner 公布的最新数据，2024 年能够使用替代燃料的集装箱船订单占总量的 72%（以运力计，单位 TEU），其中，甲醇燃料占比 31%（较上一年减少 21 个百分点），LNG 燃料占比 41%（较上一年增加 10 个百分点）。相较于 2023 年，2024 年 LNG 价格有所下降，并且行业对于甲醇的高生产成本与未来投产较为担忧，导致替代燃料船订单比例调整较大。

据新加坡港口数据，预计 2024 年船用替代燃料（含生物燃料、LNG、甲醇三类）加注量可达 114 万吨，约占新加坡港船燃总加注量的 2.1%。未来随着环保政策的进一步实施、收紧，预计 2025 年新加坡港替代船燃加注比例有望达到 3.5%。

表 2　2022—2024 年新加坡港船用替代燃料加注量

万吨、%

| 项目 | 2022 年 | 2023 年 | 2024 年 |
|---|---|---|---|
| 生物燃料 | 14.0 | 52.4 | 68.7 |
| LNG | 1.6 | 11.1 | 45.0 |
| 甲醇 | 0.0 | 0.0 | 0.2 |
| 替代燃料占比 | 0.3 | 1.2 | 2.1 |

◆ 数据来源：新加坡海事及港务管理局，中国石化经济技术研究院

# 5. 2025 年国内燃料油市场发展展望

## 5.1 国内炼厂调整加速，燃料油名义供应量下降

国内成品油消费已于 2023 年达峰，2025 年炼油企业经营压力有所加大，部分小规模炼厂可能加速淘汰，柴油收率仍面临下行压力，预计全年燃料油名义产量 4100 万吨，同比减少 6.6%。进口方面，随着地方炼厂燃料油加工需求的提升，预计 2025 年燃料油进口量近 2900 万吨，同比微增 1.3%。

## 5.2 内、外贸行情分化，替代船燃发展加速

外贸船燃方面，中国港口外贸货运量基数庞大，保税船燃加注仍有进一步增长空间，但 2025 年国际航运市场不确定性增强，加注量增长或有放缓，预计全年燃料油出口量达 2130 万吨，同比增长 2.9%。内贸船燃方面，航运市场总体延续低迷，预计消费量难有大幅回升。综合来看，预计 2025 年中国燃料油表观消费量 4870 万吨，同比减少 6.1%。替代燃料方面，生物船用燃料油、LNG、绿色甲醇等燃料的初次加注已于 2023—2024 年间陆续完成，业已宣布多项生物船用燃料油、生物 LNG、绿色甲醇装置建设规划，预计 2025 年生物船用燃料油、LNG 等替代燃料有望在部分港口实现规模化、常态化加注，年加注总量达数十万吨。

附表　中国燃料油供需平衡表

万吨

| 项目 | 2023 年 | 2024 年 | 2025 年 |
| --- | --- | --- | --- |
| 产量 | 5365 | 4392 | 4100 |
| 进口量 | 2783 | 2864 | 2900 |
| 出口量 | 1975 | 2069 | 2130 |
| 表观消费量 | 6173 | 5187 | 4870 |

# 16

## 专题1
## 能源化工行业培育
## 新质生产力大有可为

能源化工行业是国民经济发展的支柱产业之一，当前面临新的形势和挑战，提高全要素生产率就是要发展新质生产力。前瞻性和颠覆性的科技创新是核心关键，战略性新兴（简称战新）产业和未来产业是结构调整的载体，绿色低碳和数智化发展是主要途径，打通体制机制的堵点、卡点和难点是重要保障。培育新质生产力是能源化工行业实现高质量发展的"初心"。

# 1. 面对新形势，需要以发展新质生产力提升全要素生产率

"新质生产力"这一崭新概念是 2023 年 9 月习近平总书记在黑龙江考察时首次提出的，2023 年 12 月中央经济工作会议部署要发展新质生产力，2024 年政府工作报告将新质生产力列为十大工作任务之首。当下，新质生产力已成为高频热词。党的十八大以来，国内外经济环境发生了重大变化，这既对中国创造经济增长新动能、推进经济高质量发展提出了新挑战和新要求，又是新质生产力提出的时代背景。

从经济学角度看，推动经济增长的因素可分解为资本投入、劳动投入和全要素生产率（TFP，产出和一组投入的比值，反映了要素投入的利用效率）增长。过去，中国经济增长在很大程度上也得益于要素投入型增长模式，但是近年来随着资金、土地、劳动力等要素价格持续上涨，比较优势不再显著。长期形成的靠房地产、基建等投资拉动、债务驱动为主的增长模式日益难以为继。另外，中国自加入 WTO 后，经济经历了一个高速增长时期。随着开放红利的释放，这种增长效应也在减弱，今后需要以更高的 TFP 稳定经济增长中枢。目前，中国的 TFP 增速只有发达国家的 40%~60%，仍有较大提升空间。但是，如果没有科技革命的加持，单纯依靠经济内在的量变很难提升 TFP。

表 1　国内经济增长与推动其增长的各要素贡献率

%

| 年份 | 增长率 | | 贡献率 | | |
|---|---|---|---|---|---|
| | GDP | TFP | 资本投入 | 劳动投入 | TFP |
| 2000—2007 | 10.8 | 4.0 | 53.9 | 10.1 | 36.0 |
| 2008—2012 | 9.4 | 1.6 | 70.0 | 12.8 | 17.2 |
| 2013—2019 | 7.0 | 2.3 | 60.1 | 5.9 | 34.0 |
| 2020—2021 | 5.3 | 2.5 | 53.3 | -0.6 | 47.3 |

◆ 数据来源：中国人民银行金融研究所，中国石化经济技术研究院

全要素生产率主要来源于制度、技术、结构等因素对经济增长作出的贡献，体现了经济发展质量和效益的提升。发展新质生产力就是要发挥创新的主导作用，摆脱传统经济增长方式、生产力发展路径，推动经济高质量发展，重要标志是全要素生产率的大幅提升。习近平总书记关于发展新质生产力的重大理论，为新时代新征程加快科技创新、推动高质量发展指明了方向。发展新质生产力，要及时将科技创新成果用到具体产业和产业链上，改造提升传统产业、培育壮大新兴产业、布局建设未来产业。

能源化工是国民经济支柱产业，经济总量大、产业链条长、产品种类多、关联覆盖广。目前国内油气消费、炼化产能位居全球前列。同时，行业发展也面临新的问题，全球能源供需格局发生深刻调整、国内油气自主供应能力不足、炼油化工多数装置产能位居全球第一，但是高端产品依赖国外进口，石油消费渐进峰值、绿色低碳转型压力加剧。行业发展从"有没有"进入"好不好"阶段，培育新质生产力是高质量发展的重要途径。

## 2. 以创新为第一动力，推动能源化工行业科技水平"质"的提升

"科学技术是第一生产力"，科技创新自然成为催生新质生产力的重要因素。习近平总书记指出，新质生产力是"符合新发展理念的先进生产力质态""发展新质生产力是推动高质量发展的内在要求和重要着力点"。作为以"科技创新发挥主导作用"的先进生产力，新质生产力的发展水平与科技变革、技术进步密切相关，其内涵就是以科技创新为核心要素，以技术牵引和推动产业转型升级，实现对传统生产力的全面重塑。

近几年，在国资委央企专利情况排序中，以中国石化和中国石油为代表的能源化工企业一直位居 A 档前列。但是在 2024 年度全球百强创新机构排名中，中国入围的 5 家企业是华为、京东方等互联网、物联网等智能制造企业。可见，能源化工行业急需大幅提高科技创新的质量水平。要做到这一点，就要弄清楚能够称之为新质生产力的能源化工科技的核心或方向是什么。通常，能源化工技术分为勘探开发、石油炼制、化工材料、工程建设等，现在又拓展到新能源、数智化方面。但是，传统定义限制了科技的范畴、低估了科技的影响。能源化工行业本质是物质转化，提供能源（工业运行的血液）和材料（经济发展的粮食）。先进技术对行业的影响可能是重新塑造和创新构建底层需求，决定行业的未来和命运；人类史上出现过"人力 - 马力 - 电力 - 网力 - 算力"的创新，改变了社会经济发展轨迹。能源化工行业培育新质生产力，创新部署不要局限于现有技术的简单改进，重点应该在颠覆性和前瞻性上，以满足行业的本质"初心"。新的有质变的生产力不仅要赋能，还要增能（引入新科技与业务相结合）和产能（成为新的核心生产力），即"质"的提升。

以炼化领域为例，创新链要与产业链（包括产业自身，也包括产业延伸）相融合，需关注：一是引领行业发展的前沿性技术，如新型催化和反应、分子炼油、材料基因组工程等；二是与可持续发展有关的颠覆性技术，如碳捕捉和转化、氢能等技术；三是与转型有关的核心、卡脖子技术，如油化深度结合、高端化工材料生产等技术；四是与人工智能有关的技术，如反应过程分子模拟、生产场景动态辨识优化等技术。上述内容也只是举例而已，能够形成新质生产力技术究竟从何而来仍有不确定性，涉及领域新、技术含量高，必须依靠持续创新，科研人员不能停留在舒适区，要勇于挑重担、敢于吃螃蟹。

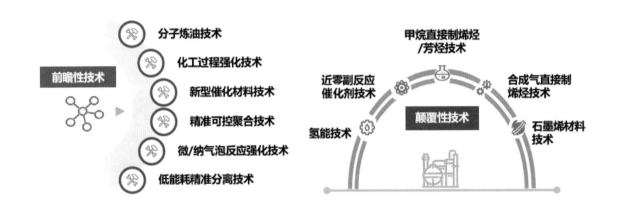

图 1　新质生产力需要炼化行业有前瞻性和颠覆性技术

## 3. 以战新产业和未来产业为载体，助力能源化工行业"新"的高质量发展

全要素生产率提高的路径也包括产业结构的调整。为了发展新动能，2024 年"两会"政府工作报告提出积极培育新兴产业和未来产业。巩固扩大智能网联新能源汽车产业领先优势；加快前沿新兴氢能、新材料、创新药产业发展；打造生物制造、商业航天、低空经济新增长引擎；开辟量子技术、生命科学新赛道。近日，工业和信息化部等七部门关于推动未来产业创新发展的实施意见提出，推进六大产业发展。其中，未来材料和未来能源与能源化工行业直接关联，未来制造、未来信息、未来空间和未来健康是能源化工的相关行业，需引起高度重视。

 **未来制造：人形机器人**
人工皮肤、导电塑料

 **未来能源：氢能产业**
质子交换膜、碳纤维增强塑料

 **未来信息：量子计算机**
碳纳米管材料

 **未来空间：大飞机**
耐高温复合材料、仿生合成橡胶

 **未来材料：柔性显示玻璃**
柔性PI膜、OLED有机发光材料

 **未来健康：生命健康产业**
抗菌含氟聚合物、抗肿瘤富勒烯

图 2　战新产业和未来产业离不开高端化工材料的支撑

　　前沿新材料是具有优异性能和特殊功能的材料，具有战略性、先导性和颠覆性，兼具产业带动性强、附加值高的特征，潜在应用在战新产业和未来产业等领域。其发展趋势将呈现以下特征：

　　一是信息功能材料创新是未来科技革命和产业变革的引擎。如，以碳纳米管为代表的新型半导体材料与硅材料的结合将突破传统极限。二是材料绿色生产和新能源材料颠覆性技术将成为实现绿色低碳发展的关键。如，热电材料可实现热能 – 电能直接转换；杂化钙钛矿材料在超薄及柔性能源领域有着广阔的应用前景。三是新材料在生物技术中的应用成为创新热点。如，人形机器人和脑机接口对人工皮肤、柔性电极等提出较高的要求；新材料和纳米技术结合，富勒烯在肿瘤治疗方面取得了革命性突破。四是新材料与技术支撑深空、深海、载运、高端装备制造的未来发展。如，碳纤维复合材料、仿生橡胶将替代航空航天、新能源汽车领域的传统材料。五是新材料与其他学科、领域的深度融合加剧。如，材料基因工程融合了材料高效计算设计、人工智能等前沿技术，将加速推进研发模式的变革。

　　能源化工行业具有新材料的原料基础和研发基础，要以战新产业和未来产业作为主攻方向，加快相关技术攻关和产业链延伸，作为培育新质生产力的重要切入点之一。

# 4. 加快布局绿色低碳和数智化产业，助力新型能源体系的建设

从内涵来看，新质生产力是由技术革命性突破、生产要素创新性配置、产业深度转型升级催生的当代先进生产力，绿色可持续发展是新质生产力的根本特征之一。新能源产业是推动经济社会高质量绿色发展的增长引擎。以新能源、新储能、新智能、新政策"四新"为主的新型能源体系是新能源产业高质量发展的主要路径。其中，氢能和地热是与能源化工行业发展协同高的绿色低碳能源领域。

目前，能源化工行业主要加工和利用的是化石能源，或存在高碳性（煤炭）、或稀缺性（油气）、或不可再生性等问题。然而，作为清洁的二次能源，氢能可帮助可再生能源大规模消纳，加速推进工业、交通等领域的低碳化。我国氢能产业和发达国家相比仍处于初级阶段，在推进氢能"制－储－输－用"全链条发展方面，能源化工行业可以先行一步。围绕氢能交通、绿氢炼化两大领域积极推进产业示范。强化创新引领，推动氢能产业高质量发展。同样，地热能也是一种绿色低碳的可再生能源。我国在地热资源开发利用方面走在世界前列，但仍面临深层地热开发技术水平有待全面提升等问题。全国政协委员、中国石化集团公司董事长马永生建议，统筹技术创新、加强地质勘查、加强技术引领，保障深层地热开发利用有序推进。因此，能源化工行业要以新能源产业高质量发展赋能新质生产力。

同时，新质生产也是以数字技术为代表的新一轮技术革命引致的生产力跃迁。在数字时代，以人工智能 AI、大数据、云计算为代表的数字技术的革命性突破，促进了传统生产要素与新兴数据要素的融合和创新配置，以智能源化工驱动 "量变"发展为"质变"，实现数智生产力的跃迁。

新一代信息技术与传统石化行业融合创新，可以提升能源化工行业的生产效率、安全性、环保性能。目前，能源化工行业智能制造成熟度达二级及以上的企业仅占 30% 左右，全国制造业平均为 37%。能源化工行业数字化转型目标是高质、高端、安全和绿色。现在，企业纷纷通过数字化提升竞争力：包括工程成本降低 10%~30%，库存成本减少 20%~50%，市场投放期缩短 20%~50%，质量成本降低 10%~20%，生产力可提高 3%~5%。未来，人工智能 AI 将凭借其能够以人所不能及的细粒度和高通量分析数据的优势，加速制造业智能源化工进程。能源化工行业要抢抓大模型战略机遇，大幅提升技术研发和工程建设效率、深层油气和非常规油气发现效率，预测以前难以模拟的化学过程，实现新材料成分－结构－性能的快速筛选，等等。加快数字化和工业化深度融合是能源化工行业实现高质量发展的重要途径和必然选择。未来要按照"数据＋平台＋应用"的模式，建成覆盖全产业、支撑各领域业务的系统，支撑新产业、新业态、新经济做强做优做大。

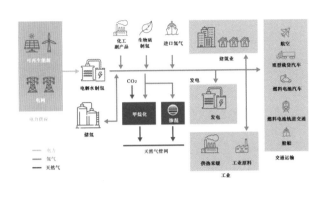

图 3　能源化工行业布局绿色低碳产业　　　　　图 4　能源化工行业布局数智化产业

## 5. 以新的体制机制打通新质生产力发展的堵点、卡点和难点

新质生产力的培育和锻造，必须建立起适应新质生产力发展要求的生产关系。二战中，美国为研制战略武器开展大型科研项目，奠定了工业生产的管理模式；冷战后，美苏开展太空科技竞赛，政府将大学和企业科研人员组织起来。在新质生产力的发展过程中，要有国家为主导的"卡脖子"技术攻关，也要有面向社会的竞争赛跑。在能源化工行业，首先要打破传统思维惯性，避免重复建设的老套路（高投资、强计划），积极探索新体制、新机制，推动前沿技术和颠覆性技术加速涌现。好的科技管理，就是营造良好的科研环境，优化整合科技创新资源，加强科研团队组织和运行，提升科技创新效能。例如，积极营造创新文化和容错机制，避免过度强调考核兑现奖金；建设创新平台、中试平台，下放科研经费管理权限至事业部，促进成果转化；创建研究共同体，尤其是央企不要局限于系统内搞科研，要积极联合各类机构，做实产学研用协同创新；发挥行业大数据要素的潜能，催生新质劳动资料、孕育新质劳动对象、创造新质劳动力；同时，围绕产业链、创新链发展需求，部署建设人才链；完善绿色金融体系，助力行业低成本、高效率的碳中和，等等。

习近平总书记还强调，发展新质生产力不是忽视、放弃传统产业，要防止一哄而上、泡沫化，也不要搞一种模式。各地要坚持从实际出发，先立后破、因地制宜、分类指导。目前，与新质生产力相关的战新产业和未来产业在经济总量中的比重还较低，但是发展速度较快。例如，发展化工新材料也要摒弃以往大宗产品内卷的投资模式，突出产品差异化、创新持续化、销售服务化。发展新质生产力不是说要忽视、放弃传统产业。未来不是不需要物质加工转化，未来通用化工品需求还在，还需要能源化工产业去干，但是需要更好、更有效率、更低碳地干，这就要求产业创新的能力，也是在创造新质生产力。能源化工行业培育新质生产力，既要突出与提高全要素生产率相关的创新发展，要注意传统产业的提质增效，要坚持"基础 + 高端"，统筹把握好转型与效益、与时机的关系。

# 17

专题2
## 我国新型储能技术
### 经济性展望

目前，全球已有 150 多个国家做出了碳中和承诺。大力发展新能源，提升非化石能源的比重，构建以新能源为主体的新型电力系统是实现"双碳"目标的重要手段。根据中国石化经济技术研究院预测，2030 年，我国可再生能源发电比例将达到 41.3%，2060 年将接近 80%。随着新能源高比例并网，其间歇性、随机性、波动性特点使得系统调节更加困难，系统平衡和安全问题更加突出。电网的日内净负荷（总用电负荷扣除新能源发电量后的负荷）呈现"鸭子曲线"特征，电网的短期（日内）电力电量平衡调节难度日益增大。储能作为调节电网负荷的重要工具，能够有效平滑新能源发电出力波动、促进新能源消纳，在新型电力系统中将起到不可或缺的作用，为提高电力系统调节能力、高比例消纳新能源提供关键支撑，对构建安全、绿色、经济的新型电力系统具有重要战略意义。

# 1. 我国新型储能发展现状

## 1.1 央地政策共同发力，发展条件逐步成熟

我国储能已形成了涵盖顶层设计、补贴政策、配储比例、技术发展等较为完整的政策体系。2021 年，《加快推动新型储能发展的指导意见》提出要使新型储能在碳达峰碳中和过程中发挥显著作用，推动新型储能在技术创新、产业体系、商业模式等方面取得进展；2022 年，《"十四五"新型储能发展实施方案》进一步提出要推动新型储能规模化、产业化、市场化发展。一方面，我国地方推动储能发展的规划陆续公布，根据公开资料统计，截至 2024 年上半年，已有超过 20 个省市和自治区发布"十四五"新型储能发展规划，到 2025 年规划累计装机总量超过 80 吉瓦；另一方面，各地配储政策也陆续出台，要求新建风光项目配储比例在 5%~20%。随着新型储能规模增长，其市场化机制和商业模式也在逐步探索和建立。

## 1.2 市场规模稳步扩大，电化学储能占主流

根据能量存储形式的不同，广义储能可分为机械储能、电化学储能、电磁储能、热储能、氢储能等。目前，新型储能处于快速发展期，我国是新型储能发展最迅速的国家之一，其中锂离子电池技术为代表的电化学储能是最主要、最成熟的储能技术。据国家能源局统计，截至

2024 年 6 月底，我国已建成投运新型储能项目累计装机规模 44.44 吉瓦 /99.06 吉瓦时，锂离子电池占比约 97%。据中关村储能产业联盟（CNESA）预测，2030 年我国新型储能装机规模将超过 300 吉瓦。

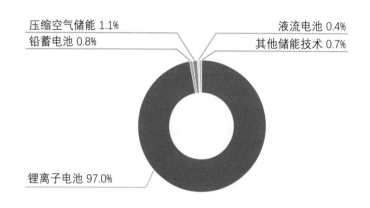

压缩空气储能 1.1%
铅蓄电池 0.8%
液流电池 0.4%
其他储能技术 0.7%
锂离子电池 97.0%

图 1　我国新型储能技术占比（截至 2024 年 6 月底）

◆ 数据来源：国家能源局

## 1.3 技术路线多样发展，应用场景不断丰富

新型储能技术创新不断突破，呈现技术多样化、需求长时化、大规模等特点。得益于新能源汽车产业的快速发展，锂离子电池技术成为应用最广泛的储能技术路线；压缩空气储能达到国际先进水平，突破 300 兆瓦级核心设备研制，储能时长可达 4~8 小时，迈向商业应用阶段；液流电池储能技术不断迭代，储能电站项目突破百兆瓦级，具备商业应用条件；钠离子电池、重力储能、压缩二氧化碳储能等已经具备技术应用基础，工程示范项目有序开展。

新型储能技术路线多样化发展，为其不断丰富的应用场景提供了技术基础。新型储能按照应用场景可分为电源侧、电网侧和负荷侧（用户侧）。在电源侧主要发挥匹配电力生产和消纳、减轻电网压力等作用；在电网侧主要提供调峰调频辅助服务，发挥延缓或替代输配电投资等作用；在负荷侧主要是发挥用户削峰填谷、自发自用、备用电源等作用。目前，已涌现出"新能源 + 储能""光储充一体化""微电网 + 储能""工商业 + 储能"等场景。随着新型储能技术发展和储能应用场景的探索，未来"储能 +"模式将会不断涌现。

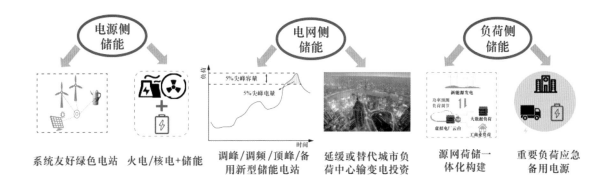

图 2　新型储能应用场景

◆ 数据来源：《新型电力系统发展蓝皮书》（中国电力出版社，2023 年 7 月）

# 2. 新型储能技术特点分析

经过多年的发展，新型储能技术路线呈现出多样化特征，不同技术路线具有不同的特点，其系统效率、循环寿命、放电时长、响应时间、技术成熟度等存在着差异。

表 1　新型储能技术对比情况

| 分类 | 储能类型 | 响应时间 | 放电时长 | 系统效率 | 系统寿命 | 技术成熟度 |
|---|---|---|---|---|---|---|
| 电化学储能 | 锂离子电池 | 毫秒～分钟 | 毫秒～小时 | 80%~90% | 5000~10000 次 | 大规模应用 |
| | 液流电池 | 毫秒～秒 | 小时 | 70%~80% | > 16000 次 | 商业化初期 |
| | 铅蓄电池 | 毫秒～分钟 | 毫秒～小时 | 80%~85% | 2000~4000 次 | 大规模应用 |
| | 钠离子电池 | 毫秒 | 秒～小时 | 80%~90% | 1500~4000 次 | 示范阶段 |
| 机械储能 | 抽水蓄能 | 分钟 | 小时～日 | 70%~80% | > 30 年 | 大规模应用 |
| | 压缩空气 | 分钟 | 小时～日 | 60% 左右 | > 30 年 | 示范向商业化发展阶段 |
| | 飞轮 | 毫秒 | 毫秒～分钟 | 90%~95% | 约 20 年 | 示范阶段 |

续表

| 分类 | 储能类型 | 响应时间 | 放电时长 | 系统效率 | 系统寿命 | 技术成熟度 |
|------|---------|---------|---------|---------|---------|----------|
| 电磁储能 | 超级电容 | 毫秒 | 毫秒~分钟 | 70%~90% | 100000 次 | 示范阶段 |
| | 超导储能 | 毫秒 | 毫秒~秒 | > 90% | > 30 年 | 实验阶段 |
| 氢储能 | 碱性电解水制氢 | 冷启动 1~2 小时；热启动 5~10 分钟 | 日~月 | 60%~75% | 20~30 年 | 大规模应用 |
| | PEM 电解水制氢 | 冷启动 20~45 分钟；热启动 3~5 分钟 | 日~月 | 70%~80% | 10~20 年 | 小规模应用 |
| | SOCE 电解水制氢 | 较慢 | 日~月 | 75%~85% | — | 示范阶段 |
| 储热 | 湿热储热（熔盐储热） | 小时 | 小时 | > 97% | > 20 年 | 商业化初期 |

◆ 数据来源：根据公开资料整理

　　从放电时长来看，电化学储能的存储时长通常不超过 4 小时，这个时长可以满足现阶段电网需求，而压缩空气储能、氢储能等具备长时储能特性。随着新能源大规模并网，长时储能需求逐步显现。电化学储能和压缩空气储能等也具备长时储能的技术条件。目前，中核集团新疆新华发电莎车光储一体化项目配套的 200 兆瓦 /800 兆瓦时储能电站实现并网，湖北应城 300 兆瓦 /1500 兆瓦时压气储能电站示范工程实现并网。

　　从循环寿命来看，电化学储能、超导储能、储热及机械储能中的飞轮储能具有较高的系统效率，熔盐储热系统效率甚至可达到 97%，抽水蓄能、压缩空气储能系统效率相对较低。机械储能、储热具有较高的循环寿命，一般在 20~30 年，电化学储能中锂离子电池和液流电池储能寿命较长，仍无法和机械储能相比。

　　从技术成熟度看，锂离子电池、铅蓄电池、抽水蓄能和熔盐储热等技术已经处于商业化大规模应用阶段；锂离子电池储能技术是当前新型储能最主要、应用最广泛的技术路线；压缩空气储能和液流电池储能技术已经逐步进入商业化阶段。2024 年 4 月，山东肥城国际首套 300 兆瓦 /1800 兆瓦时先进压缩空气储能成功并网发电，是国际规模最大、技术领先、成本最低的新型压缩空气储能电站；2022 年大连百兆瓦及液流电池储能项目并网。钠离子电池储能技术虽处于工程示范阶段，随着 2.5 兆瓦 /10 兆瓦时钠离子电池储能电站在广西投运，意味着其关键技术得到突破。

# 3. 新型储能经济性及展望

## 3.1 经济性计算方法

储能平准化成本（LCOS）脱胎于电力平准化成本（LCOE），目前在国内外获得广泛认可和使用，世界能源委员会、落基山研究院、美国国家可再生能源实验室、彭博新能源财经、中关村储能联盟等机构都使用此指标测算储能技术经济性，可对不同路线储能技术进行经济性分析。

LCOS 可以概括为一项储能技术的全生命周期成本除以其累计传输的电能量或电功率，反映了净现值为零时的内部平均电价。LCOS 量化了特定储能技术和应用场景下单位放电量的折现成本。具体而言，储能平准化成本为投资、运营维护、充电等成本之和除以投资期间的总放电量。

$$LCOS = \frac{全生命周期成本}{全生命周期发电量} = \frac{C_{inv} + C_x + \sum\limits_{t=1}^{T} \dfrac{C_{opex_t} + E_t}{(1+r)^t}}{\sum\limits_{t=1}^{T} {Q_t}\Big/{(1+r)^t}}$$

表 2　平准化成本参数说明

| 指标名称 | 指标说明 |
|---|---|
| $T$ | 项目寿命周期 |
| $C_{inv}$ | 建造成本或称储能电站建设期初次投资成本，包括设计、建设、施工、采购设备等总费用 |
| $C_{opex_t}$ | 第 $t$ 年的运维成本 |
| $E_t$ | 第 $t$ 年充电成本 |
| $C_x$ | 包括设备折旧、税收优惠、政策补贴、残值等 |
| $r$ | 折现率 |

### 3.1.1 成本计算

储能系统在全生命周期的成本包括初始投资成本、维护运营成本、充电成本和回收成本。

（1）初始投资成本 $C_{inv}$

初始投资成本包括设计、建设、工程、采购设备、施工等所产生的总费用。根据储能技术的特点，初始投资成本可分为容量成本 $C_E$ 和功率成本 $C_p$，即：

$$C_{inv} = C_E + C_p$$

容量成本指储能系统中与储能容量相关的设备和施工的成本，如电池储能中的电池、电池集装箱等的设备费用和相应的施工费用，抽水蓄能电站中水库的成本，压缩空气储能中储气室和储热系统的成本等。功率成本指储能系统中与功率相关的设备和施工的成本，如电池储能系统中的变流器、变压器等设备，抽水蓄能电站中的水轮机，压缩空气储能中的压缩机和膨胀机等。本文将直接计算初始投资成本，不对容量成本和功率成本分别计算。

（2）年运营维护成本 $C_{opex}$

年运营维护成本指储能系统在每年运行和维护的过程中产生的费用。本文也将人工成本列入运维成本中。依据相关研究，将储能电站年运维成本设置为初始投资的 2%。

（3）充电成本 $E_t$

充电成本指储能系统在全生命周期内从电网或者可再生能源电源处充电所需要花费的所有费用，用充电单价 $U_c$、每次充电电量 $Q_c$ 和年充电次数计算 $A$，即：

$$E_t = U_c Q_c A$$

（4）回收成本 $C_s$

回收成本指储能系统在使用寿命终止时项目拆除所产生的费用和设备二次利用带来的收入之差。

（5）总成本 $C_{total}$

初次投资成本为项目建设时的一次性投入成本，其余各项均为按年发生。全生命周期内的总成本的净现值 $C_{total}$ 可表示为：

$$C_{total} = C_{inv} + \sum_{t=1}^{T} \frac{C_{opex} + E_t}{(1+r)^t} - \frac{C_s}{(1+r)^t}$$

式中，$C_{inv}$ 为初次投资成本，包括设计、硬件、软件、工程、采购、施工等所产生的总费用；$C_{opex}$ 为运营维护成本；$E_t$ 为充电成本；$C_s$ 为回收成本或回收残值。

### 3.1.2 上网电量

年上网电量指储能系统每年向电网输送的电量，与储能容量、自放电率、循环衰退率、年循环次数和放电深度有关。每年的放电总量 $E$ 可表示为：

$$E = \sum Q_E \left(1 - \eta_s\right)\left(1 - \eta_d\right)^i \theta$$

式中，$i$ 是第 $i$ 次放电；$Q_E$ 是储能容量；$\eta_s$ 是自放电率，$\eta_d$ 是每次循环储能容量的衰退率；$\theta$ 是放电深度。

则全生命周期内的总上网电量净现值 $Q_{total}$ 可表示为：

$$Q_{total} = \sum_{t=1}^{T} \frac{Q_t}{(1+r)^t}$$

## 3.2 经济性分析

本文以电化学储能（包括锂离子电池储能、钠离子电池储能、液流电池储能、铅蓄电池储能）、压缩空气储能和抽水蓄能为例，进行全生命周期度电成本比较计算，其中锂离子电池储能以磷酸铁锂电池储能为例。

### 3.2.1 参数设置

电化学储能和压缩空气储能参数由文献搜集、专家访谈、实地调研整理所得。不同储能技术的平准化储能成本主要参数见表 3。磷酸铁锂电池储能电站项目实际运行时间设定为 16 年，电芯运行时间为 8 年，项目将于第 9 年更换电芯；全钒液流电池电站项目实际运行时间设定为 20 年；钠离子电池电站项目实现运行时间为 8 年；铅蓄电池电站项目运行时间为 5 年；压缩空气储能电站项目实际运行时间为 30 年；抽水蓄能电站项目实际运行时间为 50 年。

表 3　不同储能技术的平准化储能成本主要参数

| 分类 | 锂离子电池 | 全钒液流电池 | 钠离子电池 | 铅蓄电池 | 压缩空气(盐穴) | 抽水蓄能 |
|---|---|---|---|---|---|---|
| 储能容量 $Q_E$/兆瓦时 | 200 | 200 | 200 | 200 | 1500 | 1800 |

续表

| 分类 | 锂离子电池 | 全钒液流电池 | 钠离子电池 | 铅蓄电池 | 压缩空气(盐穴) | 抽水蓄能 |
|---|---|---|---|---|---|---|
| 装机容量 $W_p$/ 兆瓦 | 100 | 100 | 100 | 100 | 300 | 300 |
| 初次投资 $C_{inv}$/ 万元 | 24000 | 80000 | 54000 | 20000 | 195000 | 255000 |
| 年运行维护总成本 $C_{opex}$/ 初始投资占比 /% | 2 | 2 | 2 | 2 | 2 | 2 |
| 折现率 $r$/% | 6 | 6 | 6 | 6 | 6 | 6 |
| 循环效率 $\eta$/% | 85 | 70 | 85 | 80 | 70 | 76 |
| 日历寿命 $N$/ 年 | 16 | 20 | 8 | 5 | 30 | 50 |
| 循环衰退率 $\eta_d$/(%/ 年 ) | 1.5 | 0.5 | 1.5 | 2 | – | – |
| 日循环次数 / 次 | 2 | 2 | 2 | 2 | 1 | 1 |
| 年循环天数 / 天 | 330 | 330 | 330 | 330 | 330 | 330 |
| 残值 / 初始投资占比 /% | 10 | 40 | 10 | 10 | 5 | 5 |
| 充电电价 /( 元 / 千瓦时 ) | 0.384 | 0.384 | 0.384 | 0.384 | 0.384 | 0.384 |

注：1. 所有成本按照储能项目运行当年年初进行折现计算。电化学储能初始投资不需要折现，其他成本需折现到当年年初。

2. 充电电价按 2024 年 6 月各省工商业谷电电价的平均取值。

3. 电化学储能按照每天两充两放计算，压缩空气储能和抽水蓄能按照每天一充一放计算。

4. 锂离子电池电芯可使用 8 年，将在第 9 年更换电芯。

## 3.2.2 计算结果

根据上述参数计算得到锂离子电池储能技术、钠离子电池储能技术、全钒液流电池储能技术、铅蓄电池储能技术、压缩空气储能技术的平准化成本如表 4 所示。

表 4 不同类型储能形式平准化成本（LCOS）

| 分类 | 锂离子电池 | 全钒液流电池 | 钠离子电池 | 铅蓄电池 | 压缩空气储能 | 抽水蓄能 |
|---|---|---|---|---|---|---|
| LCOS/（元 / 千瓦时） | 0.83 | 1.35 | 1.31 | 1.00 | 1.062 | 1.068 |

由表 4 可知，电化学储能中，全钒液流电池储能、钠离子电池储能 LCOS 比较高，锂离子电池和铅蓄电池储能因技术成熟，初始单位投资成本较低，所以 LCOS 较低，但铅蓄电池使用寿命较短，所以生命周期内成本要高于锂离子电池。与电化学储能相比，压缩空气储能使用寿命达到 30 年，抽水蓄能达到 50 年，已远超过电化学储能技术，其 LCOS 相对要低，压缩空气储能的 LCOS 略微低于抽水蓄能，展现出一定的成本优势。

# 3.3 敏感性分析

### 3.3.1 充电电价

提高充电电价会明显增加储能的 LCOS。当充电电价选取 0~0.5 元 / 千瓦时时，储能 LCOS 随电价增加呈明显增长趋势。当储能用于减少"弃风""弃光"等场景时，充电电价按 0 计算，LCOS 大幅下降，锂离子电池 LCOS 达到约 0.3 元 / 千瓦时，经济性凸显。

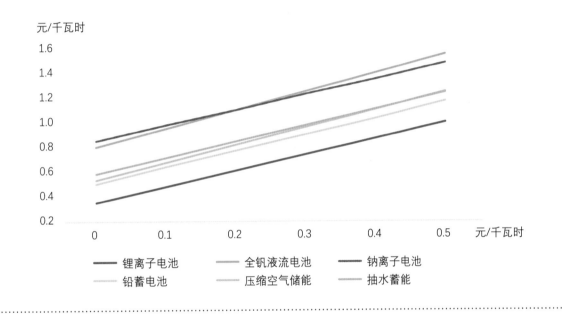

图 3　充电电价对 LCOS 的影响

注：电化学储能按照每天两充两放计算，压缩空气储能和抽水蓄能按照每天一充一放计算。

### 3.3.2 循环次数

循环次数直接影响发电量，储能循环次数越多，在全生命周期内储存和释放的电量就越多，LCOS 随着循环次数的增加而下降越明显。电化学储能时长较短为 2 小时，每日可以实现多次充放电，压缩空气储能和抽水蓄能属于长时储能，储能时长分别为 5 小时和 6 小时，每日充放电次数最多 2 次。从图 4、图 5 中可以发现，各类储能技术在循环次数增加初期，LCOS 下降较快，随着循环次数增加，LCOS 下降幅度逐渐减小，因为增加循环次数成倍提高了充电成本和放电量，将不变的初始成本分摊到更多的循环中时，呈现递减趋势。

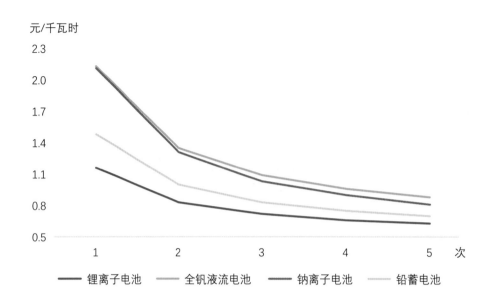

图 4 电化学储能循环次数对 LCOS 的影响

注：假定充电电价为 0.384 元 / 千瓦时。

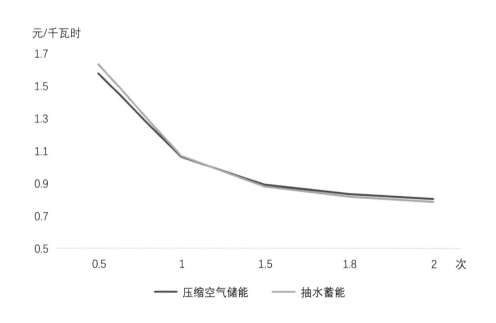

图 5 压缩空气储能和抽水蓄能循环次数对 LCOS 的影响

注：假定充电电价为 0.384 元 / 千瓦时。

### 3.3.3 储能时长

各储能的 LCOS 随储能时长增加呈下降趋势，其中压缩空气储能和抽水蓄能的下降趋势更加明显。储能时长越长，压缩空气储能和抽水蓄能的长时储能特性越能展现出来，锂离子电池和铅蓄电池的单位投资成本较低，也展现出较好的经济性。通常情况下，储能单位投资成本随储能时长增加而下降，但这种下降趋势递减。所以，随着储能时长的增加，各储能的 LCOS 下降趋缓。

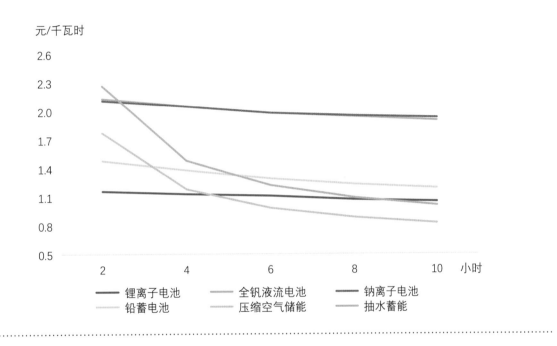

图6　储能时长对 LCOS 的影响

注：1. 假定充电电价为 0.384 元 / 千瓦时。
　　2. 所有储能技术均按照每日一充一放进行计算。

### 3.3.4 循环效率

循环效率直接影响发电量，循环效率越高，发电量越高，LCOS 随着循环效率的提高而减少。由于各类储能技术本身特点的限制，电化学储能循环效率远高于压缩空气储能和抽水蓄能。当循环效率由 70% 提高到 90% 时，钠离子电池和液流电池 LCOS 降幅高于其他储能技术，主要是钠离子电池和全钒液流电池单位投资成本较高，对循环效率的变化更敏感。

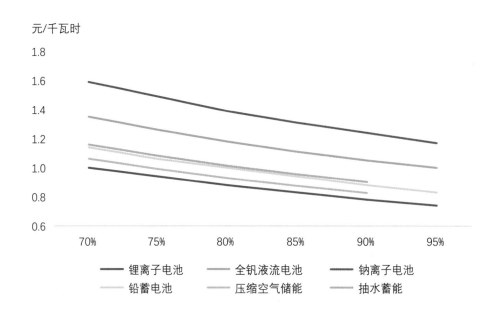

图 7　储能循环效率对 LCOS 的影响

注：1. 假定充电电价为 0.384 元 / 千瓦时。
　　2. 电化学储能按照每天两充两放计算，压缩空气储能和抽水蓄能按照每天一充一放计算。

　　总体而言，电化学储能中的锂离子电池和铅蓄电池储能技术比较成熟，循环效率较高，作为短时储能具有较强的优势。就长时储能而言，压缩空气储能和抽水蓄能相当，压缩空气长时储能优势在逐步显现。储能时长、循环效率、循环次数及充电电价对储能的 LCOS 均具有影响，随着这些因素变化，LCOS 均具有下降空间。当提高储能循环次数和降低充电电价（尤其利用"弃风""弃光"）时，LCOS 会明显下降，而提高储能时长和充电效率时，LCOS 变化不如提高循环次数和降低充电电价的变化大，说明 LCOS 对循环次数和充电电价更具敏感性。

## 3.4 经济性展望

　　结合学习曲线预测的储能技术单位装机成本，对其 LCOS 进行预测。

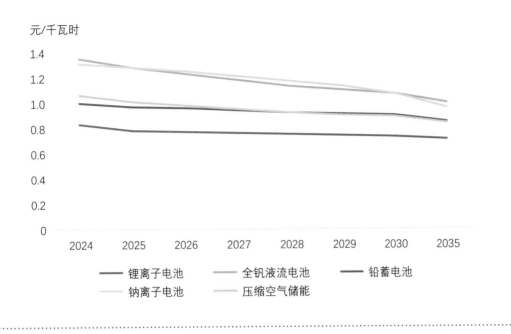

元/千瓦时

图 8　电化学储能和压缩空气储能经济性预测

注：1. 假定充电电价为 0.384 元 / 千瓦时。
　　2. 电化学储能按照每天两充两放计算，压缩空气储能和抽水蓄能按照每天一充一放计算。

　　所有储能技术的 LCOS 随单位装机成本下降而下降，储能技术单位投资成本下降比例越大，LCOS 下降越明显。锂离子电池、全钒液流电池、铅蓄电池、钠离子电池、压缩空气储能的 LCOS 分别从 2025 年的 0.78 元 / 千瓦时、1.28 元 / 千瓦时、0.97 元 / 千瓦时、1.28 元 / 千瓦时、1.01 元 / 千瓦时降至 2035 年的 0.71 元 / 千瓦时、1 元 / 千瓦时、0.85 元 / 千瓦时、0.96 元 / 千瓦时、0.84 元 / 千瓦时，降幅为 0.07 元 / 千瓦时、0.28 元 / 千瓦时、0.12 元 / 千瓦时、0.35 元 / 千瓦时、0.17 元 / 千瓦时，同比下降 9%、21.9%、12.4%、25%、16%。

　　从电化学储能和压缩空气储能 LCOS 下降趋势来看，一方面，钠离子电池和全钒液流电池 LCOS 下降最快。钠离子电池储能技术处于示范项目阶段，技术成熟度不如其他电化学储能技术，而全钒液流电池中的钒材料成本较高，两者单位成本比其他处于大规模应用阶段的锂离子电池技术和铅蓄电池技术要高；随着装机规模的提高，钠离子电池储能技术和全钒液流电池储能技术逐步成熟，两种技术的初始成本逐步降低，钠离子电池储能技术的材料成本优势凸显出来，其单位装机成本下降比例会高于全钒液流电池储能。另一方面，前期的技术进步带来降本空间较大，随着技术成熟度提高，降本的边际效应逐渐递减，叠加储能电站项目的原材料、人工、能耗等占有一定成本，这部分成本下降空间有限，所以整体来看，各储能技术的 LCOS 降幅会越来越小，LCOS 曲线会越来越平坦。

# 4. 我国新型储能发展展望及建议

## 4.1 建立长效机制，提高储能利用率

目前，我国新型储能项目实际调度次数不及预期，利用率较低。根据中国电力企业联合会调查，2023 年，新能源配储平均运行系数为 0.09，远低于火电厂配储能的 0.48；从平均等效充放电次数来看，其平均等效充放电次数为 104 次，远低于火电厂配储能的 1015 次。新型储能建而不用、少用的现象比较突出。

构建长效机制，提高储能利用率。完善电网调度方式，科学、公平调用新型储能调节资源，为促进新型储能利用率创造条件，积极推动新能源＋储能、聚合储能、光储充一体化等联合调用模式发展，充分发挥各类储能资源的价值。

## 4.2 以创新驱动发展，推动新型储能产业高质量发展

未来，新型储能技术要向大容量、高效率、高密度、超安全、智能化方向发展，加强科技创新能力是实现新型储能行业高质量发展的必然选择。为此，要构建和完善新型储能创新发展体制机制，加大新型储能正负极材料、电解液等研究力度，提升电池寿命、能量密度和系统效率，降低储能技术成本，推进长时储能、装置回收等重点技术的研发。

## 4.3 创新新型储能参与电力市场的商业模式，丰富新型储能参与电力市场的服务类型

《电力市场运行基本规则》明确了储能企业在内的新型经营主体可以作为市场主体参与电力市场交易。在此基础上，应该加快制定新型储能参与电力市场的准入条件，研究新型储能参与电力市场的价格形成机制，完善新型储能参与电力市场的市场机制，探索共享储能、云储能、储能聚合等商业模式。

新型储能参与电力市场服务类型丰富程度体现了其灵活性特点，同时能提高储能收益。一些欧美国家新型储能参与电力市场服务品种非常丰富，英国就有超过 20 种涵盖了频率响应服务、备用服务、无功率服务、系统安全服务、容量市场等，且根据实际情况也在探索更新。我国应该积极探索和发展新型储能参与电力市场的服务类型，丰富市场参与方式，或可使得成本和收益无法实现平衡的新型储能项目提高储能收益，有利于新型储能项目建设和营运，促进新型储能行业的良性发展。

## 4.4 完善技术标准与运营能力，提升新型储能电站安全管理水平

随着新型储能装机规模日益扩大，其安全问题也愈发突出。据不完全统计，2023 年，全球储能电站发生的事故至少 67 起。安全问题成为悬在储能行业头上的"达摩克利斯之剑"，重视和提高储能电站的安全水平迫在眉睫。一方面，构建储能电站设计、储能系统采购、施工及验收、运行维护等全流程的标准体系，加快制定相关标准，推动储能项目加快设立行业标准、国家标准。根据储能技术的发展和储能电站的发展需要，动态修订相关标准，维护储能电站的安全稳定。另一方面，优化储能系统安全管理体系。加强储能电站数字化、智能化建设，提高储能系统监测精度，发现电池电芯故障及时切断与其他组件的连接，做好早期火灾预警和处理；对于已经出现的火灾事故，及时启动事故处理程序，降低事故损失。

# 18

专题3
## 浅析石油需求达峰后
## 国内炼油发展定位

经过40余年，我国已发展成为世界第一炼化大国，炼化产业规模集中度、集群化程度、行业整体技术水平和核心竞争力实现了新跨越，高质量发展迈上新台阶。新时期、新阶段下，行业发展面临石油消费即将达峰和"双碳"愿景约束两大环境变化，石油消费达峰后，我国炼油规模是否会快速下降，炼油定位是否发生变化，值得深入思考。

# 1. 我国炼化产能发展及布局总体情况

## 1.1 炼化产能规模总体情况

我国炼化已具备世界级产能规模实力。2023年，炼油规模9.46亿吨/年，乙烯规模5135万吨/年，PX规模4370万吨/年，三大合成材料规模2.08亿吨/年，产能均居全球第一。2015年国家向符合条件的民营炼化放开原油进口权和使用权，自此开启了之后10年以民营大炼化投产拉动的新一轮炼油产能的扩张。2015—2023年，全国炼油能力增长1.64亿吨/年，其中民企占增量的57%。炼油能力中，国资央企占比由2015年占比68.9%降低至2023年的64.4%，民营地炼由2015年占比31.1%提高至2023年的35.6%。炼油主体多元化供应格局基本形成。

表1　中国炼化产能规模

| 装置名称 | 单位 | 2021年 | 2022年 | 2023年 | 占全球份额 |
|---|---|---|---|---|---|
| 炼油 | 亿吨/年 | 9.03 | 9.39 | 9.46 | 19% |
| 乙烯 | 万吨/年 | 4158 | 4683 | 5135 | 23% |
| PX | 万吨/年 | 3152 | 3689 | 4370 | 54% |
| 三大合成材料 | 亿吨/年 | 1.78 | 1.92 | 2.08 | 42% |

炼化行业结构性过剩与差距仍然存在。2023年中国平均炼油装置规模450万吨/年，低于全球平均710万吨/年和美国750万吨/年的水平；炼油装置平均开工率仅78%，低于全球平均81%和美国88%的水平。全国常减压装置共计215套，低端和老旧装置产能占比较高，单装置规模500万吨/年以下装置约150套，产能占比42%；千万吨规模以上装置仅9套，

产能占比 17%；30 年以上核心装置占比超过 50%。6 成通用化学品产能过剩，高端化工自给率仅 54%。2023 年 10 月，国家发改委等四部委联合发布《关于促进炼油行业绿色创新高质量发展的指导意见》，强调炼油行业 10 亿吨 / 年规模红线，千万吨级炼油产能占比 55% 左右，新建炼厂的常减压装置规模不得低于 1000 万吨 / 年，推动不符合国家产业政策的 200 万吨 / 年及以下常减压装置有序淘汰退出，扎实推动炼油行业绿色创新高质量发展。

## ▨ 1.2 炼化产能布局情况

我国炼化产业呈现区域化、集中化、园区化发展趋势，形成了以国内原油资源为中心的东北和西北地区炼化产业基地，以进口原油为主、紧贴市场中心的环渤海湾、长三角、珠三角沿海石化产业集群，以沿江原油管线输送资源的沿江石化产业带，以及以煤炭资源丰富的西北地区为中心的现代煤化工产业基地。其中，沿海三大炼化产业集群区合计炼油能力达 6.79 亿吨/年，占炼油总能力的 72.6%；合计乙烯产能达 3335 万吨 / 年，占乙烯总生产能力的 64.8%。除国家规划的七大石化产业基地外，各省市也出台了多项政策支持石化产业园区建设，打造世界级石化产业基地。例如，山东烟台化工产业园区、广东揭阳大南海石化工业园区、茂湛炼化基地、天津南港工业区、大港石化产业园区等，有力地促进了我国石化产业大型化和园区化发展。

## ▨ 1.3 炼化技术发展情况

炼化技术取得长足进步。几乎所有催化剂和工艺技术实现了国产化，突破千万吨级炼油成套技术以及百万吨级乙烯成套技术，芳烃成套技术达到国际领先水平。过程端技术达到国际先进水平，如：催化裂化 / 催化裂解、加氢裂化。"油转化"技术获得突破，如：原油制烯烃、低碳烷烃转化。部分高端产品技术打破国际垄断，如：低黏度聚 α - 烯烃（PAO）润滑油、环保橡胶填充油、特种白油、针状焦、高端合成材料、高端电池材料等。低碳技术获得示范性突破，如：绿氢炼化，碳捕集、利用与封存技术（CCUS），生物燃料，塑料化学回收等。

关键技术或产品存在"卡脖子"问题。部分高端材料存在短板，如：工程塑料中聚甲醛、聚苯醚等产品长期依赖进口；液晶显示材料、光刻胶等产品自给率只有 5%；重要单体，如高碳 α - 烯烃、高纯降冰片烯等依赖进口。"两化"深度融合不足，部分核心软件、智能生产关键装备和核心部件、工业互联网标准、智能制造人才等存在"卡脖子"。高新技术尚不成熟，如：储氢加氢设备等依赖进口，绿色低碳技术成本高。

## 1.4 国内炼油市场需求情况

国内炼油市场"油降化增"结构变化不断加快。一方面,成品油消费提前达峰,新能源汽车和 LNG 重卡迅猛发展,2023 年新能源汽车销量渗透率达 33%,预计 2030 年和 2035 年分别达 70% 和 80%,导致成品油表观消费提前至 2023 年达峰,峰值在 3.98 亿吨。预计 2025—2030 年年均降低 1.5%,2030—2035 年均降低 3.6% 左右,占石油消费总量的比重由 2023 年的 51% 降至 2030 年的 46%,2035 年进一步降至 42%。另一方面,化工轻油消费持续增长,占石油消费总量的比重由 2023 年的 17% 提高至 2030 年的 28% 和 2035 年的 33%。2025—2030 年,多套乙烯装置投产,部分老旧装置关闭,新增产能超过 2600 万吨/年。此外,包括裕龙岛、华锦、九江在内的 PX 装置投产,新增产能超过 600 万吨/年。拉动化工轻油消费由 2023 年的 1.30 亿吨增加至 2030 年的 2.23 亿吨,2035 年进一步增加至 2.37 亿吨,2040 年前基本达峰。未来,以成品油需求为主确定原油加工量的原则,将转为以"成品油 + 化工原料"需求为确定加工量的依据。

## 1.5 成品油市场供应格局

成品油供应能力不断增强。2023 年,国内成品油产量 4.40 亿吨(其中汽油 1.73 亿吨,煤油 4968 万吨,柴油 2.17 亿吨),产品收率达 59.6%,其中,国企产量占全国市场份额 73.5%,成品油出口量 4199 万吨(其中汽油出口 1229 万吨,煤油出口 1593 万吨,柴油出口 1377 万吨,煤油出口增加是由于保税油需求的上升,汽柴油出口减少是出口配额总量限制所致)。成品油出口采取国家配额管理模式。出口主要满足东南亚及周边地区需求,从第一出口目的地来看,46% 出口至东南亚地区,15% 出口至港澳台地区,18% 出口至亚洲其他地区。出口主体以国资央企为主,已获得成品油出口配额的企业共 7 家,分别是中国石化、中国石油、中国海油、中国中化、中国航油、浙江石化和中国兵器。

表 2　中国成品油产量、收率及出口

| 产品名称 | 单位 | 2021 年 | 2022 年 | 2023 年 |
|---|---|---|---|---|
| 成品油产量 | 亿吨 | 3.78 | 3.81 | 4.40 |
| 其中:汽油 | 亿吨 | 1.67 | 1.59 | 1.73 |

续表

| 产品名称 | 单位 | 2021 年 | 2022 年 | 2023 年 |
|---|---|---|---|---|
| 煤油 | 万吨 | 3944 | 2949 | 4968 |
| 柴油 | 亿吨 | 1.72 | 1.93 | 2.17 |
| 成品油收率 | % | 53.3 | 56.4 | 59.6 |
| 成品油出口量 | 万吨 | 4033 | 3450 | 4199 |
| 其中：汽油 | 万吨 | 1456 | 1263 | 1229 |
| 煤油 | 万吨 | 857 | 1094 | 1593 |
| 柴油 | 万吨 | 1720 | 1092 | 1377 |

◆ 数据来源：国家统计局，国家发展改革委，中国海关总署

炼油产品结构无法满足快速变化的成品油市场，需要加快炼油结构"油转化"调整，以适应石油消费由"燃料"向"燃料 + 原料"转型变化。2023 年全国成品油产品收率为 59.6%，成品油消费占石油消费总量的 51%，阶段性生产结构与消费结构的不平衡可以通过出口缓解。未来生产与消费结构不平衡将快速扩大，2030 年成品油消费占石油消费总量的比重降至 46%，按照原油加工量 8 亿吨计算，若产品收率仍维持 59.6%，则成品油过剩量将高达 1 亿吨。

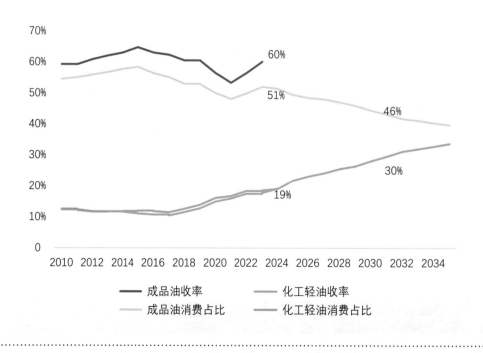

图 1　成品油和化工轻油生产和消费结构

# 2. 石油达峰后需重新审视炼化发展定位

## 2.1 石油消费即将达峰对炼油产能的影响

2024 年国内石油实际消费量小幅下降。从国内市场看，预计 2024 年石油实际消费达 7.5 亿吨（不含储备等原油库存增量），同比降低 1.6%，是近 20 年以来第二次出现石油消费下降（上一次是 2022 年疫情原因导致）。主要原因：一是房地产仍处于深度调整的探底期，国内大循环不畅拖累制造业与工业领域供需失衡，有效需求依然不足，对经济增长的支撑边际作用减弱。二是汽车工业发展阶段进入增长后期，汽车保有量已超 200 辆/千人，保有量增速由 2020 年前的 10% 左右下降至当前的 3%~5%，其中燃油车保有量增速仅为 2%。三是新能源和 LNG 汽车迅猛发展，加速替代汽柴油消费。2024 年 1—9 月，新能源汽车渗透率 38.9%，保有量达 2600 万辆，占汽车比重达 7.5%；LNG 重卡销量渗透率 22%，保有量 73 万辆，保有量占重卡比重的 8%。估计全年共替代汽柴油 4900 万吨，导致成品油消费提前达峰。四是化工市场需求处在周期性底部，乙烯和 PX 装置开工率由高点时的 95% 以上分别下滑至 87% 和 75%，导致化工用油需求不旺。

预计 2027—2028 年国内石油消费达峰。一方面，新能源汽车开启对传统燃油车存量市场冲击，预计 2025 年燃油车保有量达峰，2030 年新能源汽车销量渗透率达 70%，保有量占汽车比重超过 30%；另一方面，包括镇海、古雷、海南、中科在内的多套乙烯装置投产，拉动化工用油持续增长，抵消成品油下降，预计石油消费在 2027 年前后达到 8 亿吨峰值。国内经济恢复程度、新能源汽车发展快慢以及化工项目投产情况，决定了石油消费可能出现上下波动。

从出口空间看，中国炼化竞争力居亚洲第一梯队，产品具备走出去优势。从全球分地区市场平衡来看，当前成品油出口约 4000 万吨。2030 年前，东南亚、拉美和非洲地区成品油缺口高达 2.6 亿吨，尤其是东南亚地区缺口将净增 1500 万吨。面向东南亚和港澳市场，相较于中东、北美、印度等新兴竞争对手，中国具有地域优势；相较于日韩新等老牌竞争对手，中国具有低成本优势。考虑到东南亚市场占成品油出口的 40% 左右，综合判断成品油出口规模有增加至 6000 万 ~8000 万吨的潜力。从化工品出口来看，全球产业链重构为中国出口带来机遇，俄乌冲突致使欧洲竞争力下降，制造业发展带动东南亚、印巴和南美需求缺口增加，甚至美国也要大量进口塑料制品，2030 年上述地区的化工品缺口 6800 万吨。初步判断中国化工品每年出口量可由目前的 2000 万吨左右增加至 3000 万 ~4000 万吨。

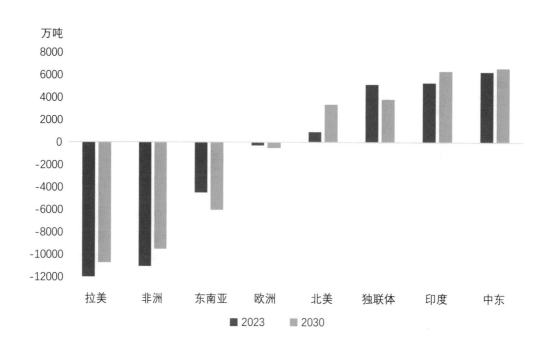

图 2　全球主要地区成品油进出口

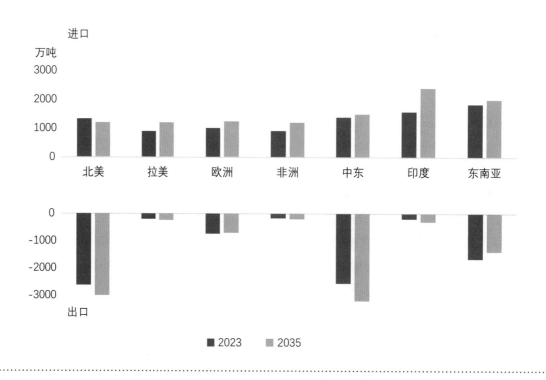

图 3　全球主要地区化工品进出口变化

注：包含聚乙烯、聚丙烯、聚氯乙烯、苯乙烯、丁苯橡胶、顺丁橡胶、瓶片、短纤、长丝、尼龙 6 在内的 10 种中国主要出口产品。

◆ 数据来源：中国海关总署，中国石化经济技术研究院

石油需求达峰并不意味着产能规模将快速下降。考虑到满足国内外两个市场需求和油转化产品结构的变化，估计未来 5~10 年，国内炼油规模将维持在 10 亿吨 / 年是合适的。

## 2.2 石化行业对支撑制造业基本盘稳定意义重大

二十届三中全会提出，2035 年中国要基本实现社会主义现代化，意味着 GDP 将长期保持在 3%~5% 增速增长，制造业是实体经济的根基，是中国经济高质量发展的稳定动能，相对稳定的制造业比重有利于我国产业链供应链安全。保持制造业比重基本稳定将贯穿中国未来 10 余年的现代化进程，事关创新驱动的主战场、共同富裕的实现通道、绿色低碳经济转型的物质基础，具有跨越周期、统领全局的重大意义。中国社科院预测，2035 年前，我国制造业增加值占 GDP 比重保持在 25%~26%（欧美地区长期稳定在 20% 左右）。长期来看，石化产品是为数不多的仍有持续增长空间的大宗商品之一，石化行业发展基础扎实，是国民经济中第一大支柱产业。截至 2023 年，石化行业规模以上企业 30507 家，资产超过 17 万亿元，就业人口达数百万人，增加值占第二产业的 15%。全年实现营业收入 15.95 万亿元，占全国规模以上工业总收入的 12.0%；实现利润总额 8733.6 亿元，占全国规模以上工业利润总额的 11.4%。进出口总额 9522.7 亿美元，占全国进出口总额的 16.0%。炼油产业投入产出效率较高，适度扩大规模，可以有效促进国内经济社会发展和税收增长。按照 80 美元 / 桶原油价格估算，每增加 1 亿吨原油加工量，国内工业增加值可增加 2000 亿元，拉动 GDP 增速 0.1 个百分点；按照 13% 增值税率测算，可增收 538 亿元增值税，为稳经济、稳就业做出突出贡献。

## 2.3 成品油出口对保障国内能源安全和效益的作用

保持合理的成品油出口贸易规模，是保障产业链安全、增强供应链弹性、解决国内炼油企业生存发展问题、缓解国内供需总量和结构矛盾、实现行业健康平稳运行的必要手段。一是，践行能源安全新战略，有利于提高能源综合保障能力和产业链供应安全，保障内陆及港澳地区供应，调节生产与消费在产品结构和季节波动上的不匹配。当前，民营企业成品油产量 1.3 亿吨，开工率波动范围高达 20%~30%，极端情况下，国企可以通过减少出口缓解国内供应紧张，本质上是"以出代储"的动态储备形式。二是，有利于充分发挥炼油产能，提升边际效益，以 2023 年为例，成品油出口 4199 万吨，拉动加工量 7000 万吨，若完全取消出口，炼厂平均开工率由 78% 降至 70%，远低于全球平均 81%，无法实现安全经济运行。三是，有利于缓解"油转化"结构调整压力，以空间换时间，为转型发展赢得机会，炼油结构调整既需要大量投资，也需要时间投入。若国家严格控制成品油出口量，在国内需求逐步减少的前提下，则部分炼油企业将被迫降低生产负荷,同时化工原料等其他油品供应能力相应下降,导致供应不足风险出现。若为弥补缺口而大量进口化工原料，全产业链付出成本将远高于进口原油。

图4　民营炼厂平均开工率

保持合理的成品油出口贸易规模,有利于实现和增加企业经济效益,提升产业的国际竞争力。一是,可以有效拉动经济增长,按照2024年80美元/桶的原油价格测算,每增加1000万吨成品油出口,国内工业增加值可增加200亿元,贸易总额可增加1200亿元。若充分利用自身炼油能力,提升开工率,有利于提高企业边际效益。二是,增强全球产业链紧密合作,助力"一带一路"建设和国际化发展战略。中国炼化行业凭借规模及后发优势,积极融入全球产业链供应体系,成品油出口主要面向东南亚及港澳等炼油能力严重不足地区,满足了当地约4成汽柴油缺口,缓解了周边地区工业落后、供应不足困境。同时积极响应政府推动的"走出去"战略,实现企业国际化发展,扩大中国企业的全球市场份额,提升国际石油市场的影响力和话语权。

## 2.4 国内炼油转型升级和实现"双碳"目标不相悖

炼油行业碳排放总量可控且占比不大。一是,从原油全生命周期碳排放来看,炼油环节仅占比10%~15%。据测算,我国炼厂平均加工1吨原油排放二氧化碳约0.283吨,目前炼油环节碳排放总量约为 2.3 亿吨 / 年，仅占全社会 110 亿吨碳排放量的 2%，若增加 1 亿吨原油加工量，仅影响全社会碳排放量的 0.3%。通过更新淘汰老旧设备，炼油装置综合能耗还有进一步下降空间。当前国内落后装置能耗为 85 千克标油 / 吨，先进炼油装置综合能耗为 52 千克标油 / 吨，而国际先进装置能耗仅为 45 千克标油 / 吨。二是，未来炼油结构向"减油增化"调整有利于原油全生命周期碳排放强度下降。据测算，多产化工品炼厂的碳排放强度约为 1.35 吨二氧化碳 / 吨原料，仅为燃料型炼厂的 50%，传统一体化炼厂的 60%。三是，传统炼油积极向绿色生产转型，加快生产过程绿色化，打通了由绿电生产绿氢用于炼化的工业化流程；生产产品绿色化，镇海炼化的生物航煤工业化装置投产，产品全生命周期二氧化碳减排达 50% 以上；末端排放绿色化，浙江石化以二氧化碳、环氧乙烷和甲醇生产碳酸二甲酯（DMC）的技术工业化，实现了部分二氧化碳末端治理。因此，在保障国家能源安全的大前提下，控制好炼油规模布局、发展节奏、产品结构等，通过新旧产能置换，引导企业高端化、智能化、绿色化转型发展，更好服务于国家战略，石化行业发展与实现"双碳"目标并不矛盾。

## 2.5 炼油发展定位由"规模做大"向"高质量"转变

当前，炼油行业发展面临成品油消费达峰，"双碳"愿景约束新环境、新形势，发展逻辑由过去单一强调"规模化、一体化"，转为更加突出"竞争力、高端化、数智化、绿色化"高质量发展。我国炼化发展定位不仅立足于满足国内需求，更要凭借低成本、绿色化、高技术含量的产品，打造具有国际竞争力的世界一流企业，持续加大全球化业务布局，服务和融入国际、国内双循环大格局中，持续提升我国炼油产业的生存空间和国际竞争力。中长期炼油产业重点发展方向：一是，统筹优化产业结构，提升产能质量效率，大力推进基地产能建设、区域协同发展，以集约化、规模化、集中化提升资源、能源利用效率，降低产品生产成本，提高产业竞争力。二是，科技创新支撑转型发展，做好低成本"油转化、油转特"技术研发，稳步推进可持续燃料产业发展，加快节能降耗革新性技术研发，突破高端材料、关键设备和核心部件技术瓶颈。三是，加快数智化研发应用，推动过程控制、经营优化、AI 决策、互联平台等方面突破和应用，赋能石化行业发展。四是，发挥国企技术优势，加快绿色转型。中小型炼厂加快向科技型、特色型转型发展，做精做特，满足区域市场，细分领域需求。

# 3. 相关建议

## 3.1 炼油产能应控制好总体规模和发展节奏

　　石油消费达峰后炼油需要保持一定韧性和灵活性,产能规模不宜出现较快下降。从国内市场来看,2027—2028 年国内石油消费达到 8 亿吨左右峰值,2035 年回落至 7 亿吨左右。从国际市场来看,未来中国成品油出口潜力可达 6000 万~8000 万吨,化工品出口潜力达 3000 万~4000 万吨,同时考虑炼油开工率处于 80% 左右合理范围,中长期我国炼油规模控制在 9 亿~10 亿吨/年是合适的,2035 年前至少需要保持在 9 亿吨/年以上方可满足国内需求及最低成品油出口需求(约占国内成品油消费的 10%~15%)。

　　建议政府加强对炼油规模统筹优化布局。依托国家石化产业基地和现有骨干石化企业,引导新建炼化项目纳入产业园区规划,通过集群、集聚效应,重点打造若干具有国际竞争力的石化集群。企业项目申报需要将市场保供、油气储备、先进能效指标、税收环保可控作为必要条件,通过逐步抬高新建装置标准,引导行业高质量发展。

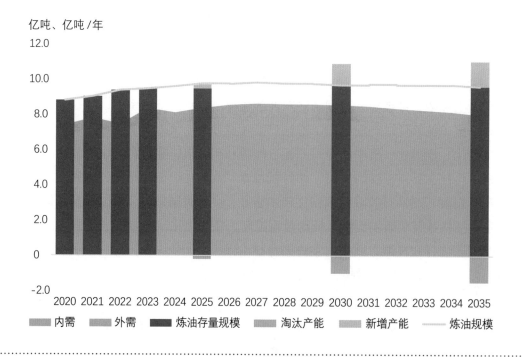

图 5　炼油规模展望

## 3.2 加强市场监管，营造公平竞争的营商环境

当前，部分民营炼油企业通过多种手段逃避缴纳成品油消费税义务，例如，产品变名、虚假抵扣、不开发票、挂账缓交等，造成市场混乱，劣币驱逐良币，不仅损害国家利益，也不利于合法经营企业转型。因此，需要加强对市场主体税收、排放、能耗、安全监管，营造公平竞争的市场环境。一是，加快建立信息化的监管体系，充分利用云计算、人工智能、大数据等先进技术手段，探索从炼油企业的生产、加工、销售等环节进行全流程实时数据监控，从产能较大的企业试点，并逐步推广。二是，加大对加油站销售终端的监管力度，充分借助大数据监管手段，推广税控云平台建设，会同商务部、市场监管总局联合下发《加油站智慧监管系统建设相关指导意见》，从省级层面统一监管系统建设的技术标准和技术路线，实现对加油机作弊的有效监管。持续规范变名、变票、票据回流等不规范行为。三是，在成品油市场环境得到净化以后，消费税征收环节后移至终端，可增强消费税的调节导向与约束功能。同时配套将成品油消费税改为中央地方共享税，调动和提高地方对消费税监管的积极性。四是，完善纳税信用体系建设，加快信用立法，建立全面科学的纳税信用评价指标体系。加强对违法经营、偷逃税款等失信行为的联合惩戒力度。

## 3.3 加强国际合作，"引进来"与"走出去"并重

未来几年是我国炼油结构调整、转型发展阵痛期，成品油出口有效减缓结构调整压力，以出口空间换转型时间。从产品出海到产能出海，是当前石化企业破解效益下滑和发展瓶颈的必然选择，有助于企业抓住市场机遇和探寻新的增长点，有利于增强全球产业链和供应链紧密合作，有利于共享成熟先进的国产炼化技术，帮助促进当地经济和产业发展，推动共同繁荣。充分利用"一带一路"、中非合作机会，加强政府间合作，强化重点区域能源合作，稳固海外石油供应渠道。积极争取财税、金融、保险等政策支持，加快推动中国标准的国际化认证，打造具有国际竞争力的世界一流企业，鼓励加大全球化业务布局。建议适度扩大成品油出口配额数量，为炼油转型升级实现"以空间换时间"，促进行业可持续发展。

# 19

专题4
## 美国页岩油气并购浪潮
## 复盘、影响与启示

自 2023 年末，美国页岩行业进入了整合周期。这一趋势的形成，是由油价的宏观走势、行业发展因素以及企业战略选择共同作用的结果。分析其影响和未来趋势，短期内行业整合影响了美国上游的钻探活动，并购活动呈现出地域横向转移和产业链纵向整合的新趋势，并逐渐显示出降温的迹象。本文将深入分析美国此轮并购浪潮的形成原因，并对其影响与未来趋势进行展望，旨在为中国企业与相关行业发展提供启示。

# 1. 事件描述

自 2016 年起，美国上游资产交易额在全球市场中占比稳定在 50% 左右的水平，页岩资产交易始终保有一定的交易量。然而 2023 年 10 月，埃克森美孚公司和雪佛龙公司爆出两笔高达 600 亿美元的巨额收购，推高美国上游资产交易额的同时，也引领美国页岩收并购趋势转变——交易额由"小而散"向"大而集中"转变，交易标的从资产交易向公司交易转变，开启了美国页岩产业的整合周期。近一年，西方石油、Diamondback 能源、切萨皮克能源和康菲石油等公司接连爆出大额交易，交易浪潮仍在持续。

表 1　近一年美国主要页岩公司及资产收并购情况（20 亿美元以上）

亿美元

| 时间 | 事件 | 交易额 | 主要资产 |
|---|---|---|---|
| 2023 年 10 月 | 埃克森美孚公司宣布收购先锋自然资源公司 | 680 | 二叠纪盆地 |
| 2023 年 10 月 | 雪佛龙公司宣布收购赫斯公司 | 594 | 巴肯盆地 |
| 2023 年 12 月 | 西方石油公司宣布收购 CrownRock 公司 | 120 | 二叠纪盆地 |
| 2024 年 1 月 | 阿帕奇石油公司宣布收购卡隆石油公司 | 45 | 二叠纪盆地 |
| 2024 年 1 月 | 切萨皮克能源公司宣布并购美国西南能源公司 | 116 | 马塞勒斯等地页岩区 |
| 2024 年 2 月 | Diamondback 能源公司宣布收购 Endeavor 公司 | 250 | 二叠纪盆地 |
| 2024 年 2 月 | Chord 能源公司宣布收购 Enerplus 公司 | 38 | 巴肯盆地 |
| 2024 年 5 月 | 康菲石油公司宣布收购马拉松石油公司 | 229 | 鹰滩盆地、巴肯盆地、二叠纪盆地 |
| 2024 年 5 月 | 新月能源公司宣布收购 SilverBow 能源公司 | 21 | 鹰滩盆地 |
| 2024 年 6 月 | SM 同 Northern 公司宣布收购 XCL 公司资产 | 26 | 由提卡盆地 |
| 2024 年 7 月 | 戴文能源公司宣布收购 GraysonMill 公司资产 | 50 | 巴肯盆地 |
| 2024 年 9 月 | Validus 公司宣布收购 Citizen Energy 公司 | 25 | 梅勒梅克页岩区、伍德福德页岩区 |

注：交易额取 Bloomberg 终端统计值，截至 2024 年 11 月。

# 2. 成因分析

## 2.1 油价持续在中高位运行，支持公司业绩与投资信心

自2022年以来，全球地缘冲突加剧，布伦特油价持续中高位运行，增强了国际石油公司的业绩和投资信心，各公司手中资金在回馈资本市场之后仍有较大富余，为开展大型收并购项目提供了有力支撑。

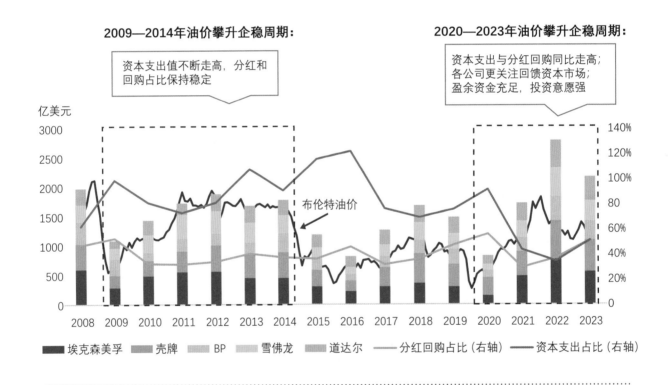

图1　国际石油公司在两轮油价上升周期中经营性现金流情况

◆ 数据来源：各公司公告，万得资讯（WIND）

## 2.2 从行业角度看，美国页岩产业进入整合周期

一是从产业发展上看，美国页岩油气事实上成为美国陆上油气开发的主战场。21世纪初以

来，美国页岩油气生产逐步常规化、主流化，2023 年美国页岩油、页岩气产量分别增至约 4.14 亿吨、8357 亿立方米，分别占总产量的 64% 与 78%，已经成为美国陆上油气开发的主战场。

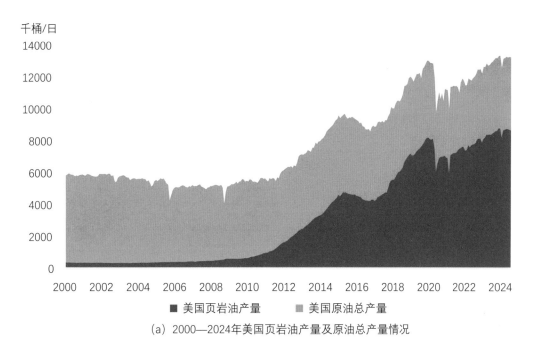

(a) 2000—2024年美国页岩油产量及原油总产量情况

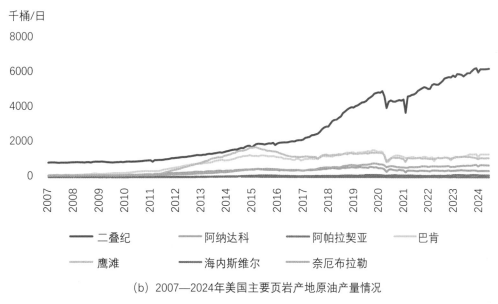

(b) 2007—2024年美国主要页岩产地原油产量情况

图 2   二叠纪盆地为首的页岩油气成为美国油气开发的主战场

◆ 数据来源：EIA

    其中，二叠纪（Permian）盆地"独占鳌头"，日产 600 余万桶原油，且具有充沛的探明储量，预计未来产量将占美国页岩油产量的一半以上，自然成为本轮并购浪潮的"发源地"与"必争之地"。

二是从周期上看，页岩业整合时机已到。经过几十年的发展，美国主要页岩产区矿权争夺已基本尘埃落定，低成本钻井地点和位置所剩无几，但行业集中度仍相对较低，盆地内中小型参与者众多，竞争激烈。近几年，优质页岩库存逐步消耗，单井生产率提升速度放缓，大规模勘探开发的边际收益逐步递减。北美页岩产区增量空间狭小的同时，存量区块分散在大量小公司手中，为行业整合提供了足够广大和优质的资产池。

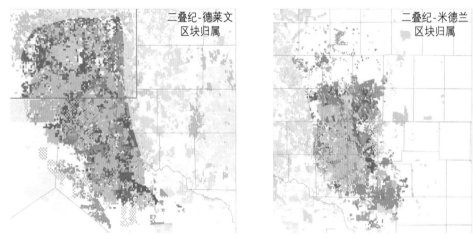

(a) 二叠纪盆地区块归属情况

注：图中各色块代表区域内公司权益分布。

(b) 2012—2024年美国页岩油井90日单井生产率范围与中位数

图3　美国页岩业进入整合周期

◆ 数据来源：Rystad Energy

在此情况下，行业发展逻辑发生了转变：中小型生产商争夺优质矿权、优选钻井地点、增加钻井钻机数量提升油气产量以实现快速增长的模式不再适用。行业逐渐过渡到了大型油气企业主导下，并购油气资产形成优质储量与协同优势；同时通过优化钻井参数、提升压裂效率、构建立体开发模式等技术创新措施获得效益产量的发展逻辑。

回顾美国开发较早的 DJ 盆地的成熟案例也可以发现，页岩资源整合是行业发展的必经之路，其他页岩油气产区也将复刻这一进程。

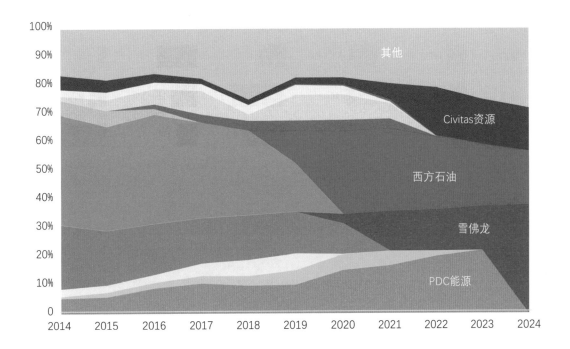

图 4　2014—2024 年 DJ 盆地主要从业者产量占比情况
◆ 数据来源：Rystad Energy

三是从资源属性上看，页岩资产优势突出，是理想的收购标的。据测算，在世界范围内所有待采的原油资源中，美国页岩油平均盈亏平衡价格低、资源开发周期显著短，为其带来了投资回收快、内部回报率高、风险敞口小等优势。

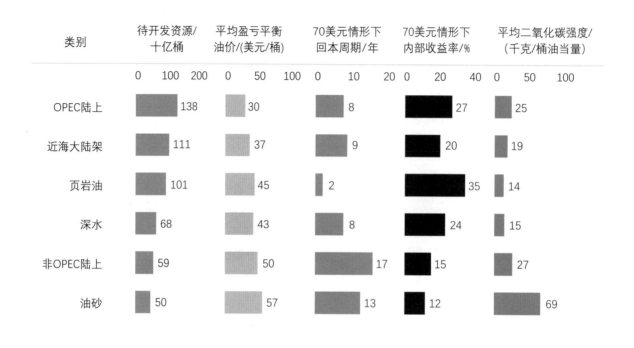

| 类别 | 待开发资源/<br>十亿桶 | 平均盈亏平衡<br>油价/(美元/桶) | 70美元情形下<br>回本周期/年 | 70美元情形下<br>内部收益率/% | 平均二氧化碳强度/<br>(千克/桶油当量) |
|---|---|---|---|---|---|
| OPEC陆上 | 138 | 30 | 8 | 27 | 25 |
| 近海大陆架 | 111 | 37 | 9 | 20 | 19 |
| 页岩油 | 101 | 45 | 2 | 35 | 14 |
| 深水 | 68 | 43 | 8 | 24 | 15 |
| 非OPEC陆上 | 59 | 50 | 17 | 15 | 27 |
| 油砂 | 50 | 57 | 13 | 12 | 69 |

图5 世界待采石油资源竞争力对比

◆ 数据来源：Rystad Energy

此外，考虑到北美页岩还有地缘政治风险小（对美国公司而言）及单位碳排放强度低等附加优点，可以认为是市场上最具竞争力的资源。

## 2.3 从公司角度看，行业整合符合收购双方利益

被收购方：随着页岩行业步入成熟阶段，优质区块和构造基本开发完毕，市场竞争愈发激烈；叠加近年两次低油价打击与加息推高经营成本等因素影响，一些独立公司现因缺乏一体化、规模化优势导致发展受限，普遍面临可持续发展困境与资本市场压力。在中高油价环境下，面对大型企业的收购意向，这些公司更愿意借机出售资产，平稳着陆。

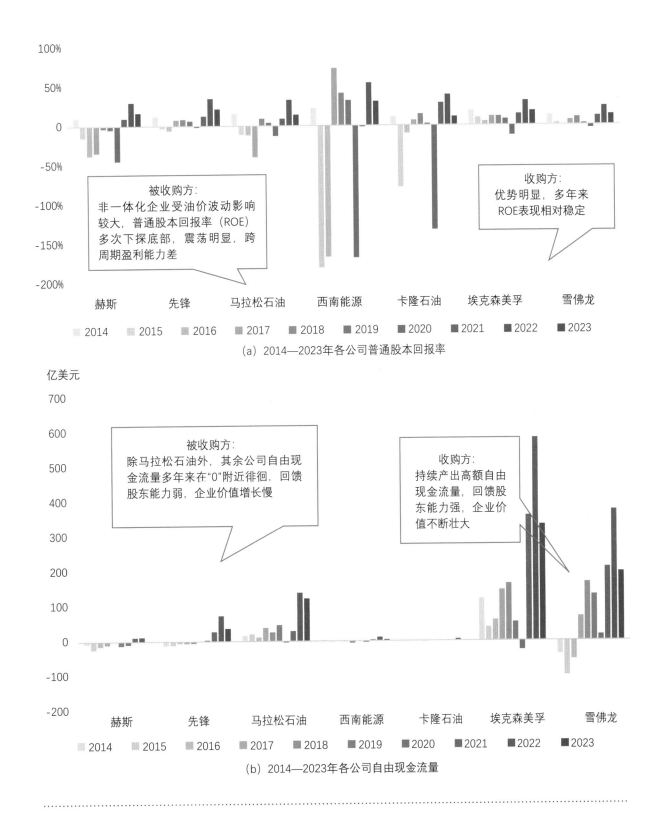

(a) 2014—2023年各公司普通股本回报率

(b) 2014—2023年各公司自由现金流量

图 6　主要被收购与收购公司 2014—2024 年绩效评价

◆ 数据来源：Bloomberg

收购方：美国大型公司普遍采取"归核化"发展战略，专注于油气主业，保持较高水平油气业务投资，致力于提高油气业务核心竞争力，以确保投资者的回报和业绩能持续增长。在国际油气市场暂时处于景气周期且油气价格中高位震荡的当下，他们希望锁定更多的油气储量、进一步夯实油气产量基础，具有较高的上游资产收购意愿。此外，当前的收并购交易大多采用股票的方式，一定程度上舒缓了收购方的现金压力。

对交易双方来讲：本轮收并购活动不仅补强了油气资产，还整合了产业链，融合了技术和管理经验，提升了区域协同和低碳技术应用，降低了综合成本。

# 3. 中短期影响与趋势分析

## 3.1 行业整合短期内降低了美国上游钻探活跃度

近两年，美国上游水平井钻机数量延续下降趋势。截至 2024 年 9 月底，美国水平油、气井共有 520 个，相比 2022 年同期的 711 个下降了约 26.9%。

拆解其中并购潮的影响，一方面，行业整合中，出售方因资产出售预期而投资意愿低迷，减缓甚至部分关停了勘探开发活动；另一方面，收购方则因预期的资本支出压力同样缺乏投资意愿，而产量又可从收购方得到补充，短期开展勘探开发的动力弱，这种双向作用导致了美国短期内钻探活动的衰退。实际上，近两年巨头公司（如埃克森美孚）与大型独立生产商（如西方石油等）合计钻机数基本保持在稳定水平，而中小型/私营企业钻机数波动明显，侧面印证了上述观点。

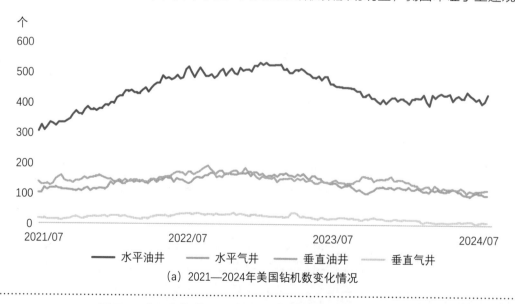

（a）2021—2024年美国钻机数变化情况

图 7  "双向"作用下美国钻探活动短期内出现衰退

◆ 数据来源：S&P Global

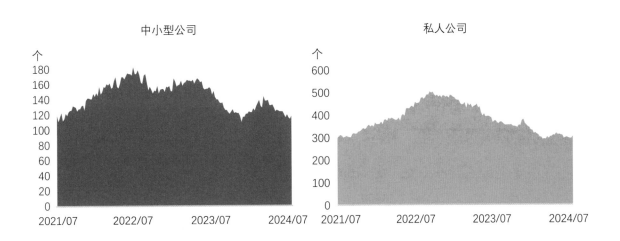

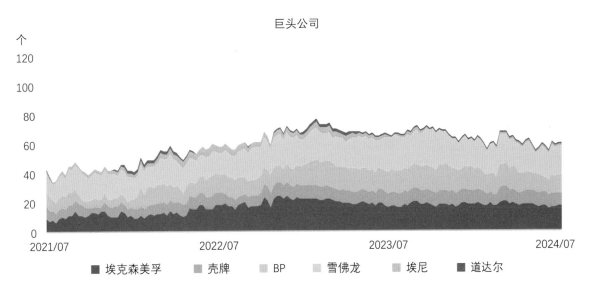

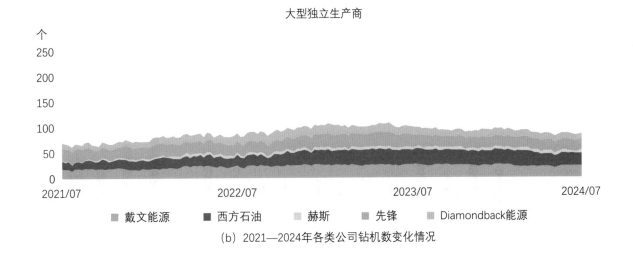

(b) 2021—2024年各类公司钻机数变化情况

图7　"双向"作用下美国钻探活动短期内出现衰退（续图）

◆ 数据来源：S&P Global

## 3.2 并购浪潮呈现横向转移、纵向延伸趋势

从地域上看，交易重心正从二叠纪盆地向外横向转移。自2024年5月以来，市场上再也没有出现50亿美元规模以上，专注于二叠纪盆地的公司级收并购交易。据Rystad Energy统计，2024年第二季度，二叠纪资产的交易额仅占北美交易总额的19%，这一比例远低于一季度的63%和2023年四季度的85%。与二叠纪盆地剩余的挂售资产相比，巴肯盆地、鹰滩盆地、尤因塔盆地等区域由于进入成本低、库存相对充足，展现出了较强的吸引力。因此，资产交易的重心正发生地域上的横向分散转移。

从产业链上看，交易标的或将向纵向延伸。2024年3月，继切萨皮克能源宣布重大收购后，殷拓能源也宣布将斥资约55亿美元收购中游天然气业务运营商Equitrans，这一举措被业界视为并购潮沿产业链"纵向整合"的新动向。在当下，随着优质页岩资产向具有一体化优势的大公司集中，中游/油田服务商的生存空间将受到挤压，或将初步形成出售意愿，以满足潜在收购方延链补链、增强一体化优势的需要。

## 3.3 此轮浪潮正在降温，但短期内仍将渐进延续

经过近一年的市场博弈与消化，优质资产已完成一轮向大公司集中，交易正呈现由公司收购向资产收购转变的趋势。自2023年四季度以来，美国上游资产交易额不断下滑，可以认为美国资产并购市场正逐步回归常态。

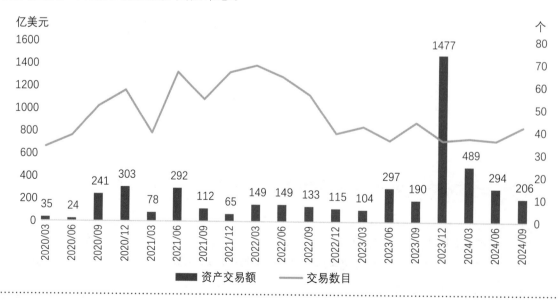

图8  2020—2024年美国上游资产交易情况

◆ 数据来源：Bloomberg

但也应认识到，交易的暂缓受到了多方因素影响：2024 年下半年，中东危机、美国大选、欧佩克＋增产等诸多不确定性因素叠加影响，从业者投资及中短期计划编制受扰，可能正在观望以等待局势明朗。

展望未来，并购浪潮仍具备延续的动力：交易数目反映应出当前的并购活动仍保持着一定的活跃度，且市场上仍有约 500 亿美元的页岩资产待售，构成了延续浪潮的基础。此外，前期收购完成的大公司也正计划进一步剥离非核心资产，此类动作将进一步推动并购市场的持续发展。

## 3.4 预计美国原油产量将延续温和增长趋势

一是钻井数下降的传导作用暂且有限。随着整合周期的不断延长，北美原油产量增速呈现出了减缓的趋势。但具体到二叠纪盆地，其月均完井数同比仅下降 4.9%，降幅并不显著。鉴于该北美最大产区 2024 年 8 月底的钻井数量已基本止稳，可以推断，本轮收并购浪潮对原油产量的影响仍相对有限。

二是美国大公司具备增长意愿，亦有明确计划，美国大型石油公司是推动油气产量增长的积极者，埃克森美孚和雪佛龙均有中短期增产计划。同时，考虑二叠纪盆地等地的主要从业者降本增效均取得了一定成果，收并购完成后，各"主要玩家"或将在油价偏高的中短期内继续推动优势产区油气产量增长，以增强投资回报。

表 2　二叠纪盆地主要从业者推动页岩油气生产降本增效取得成果

| 公司 | 主要成效 |
| --- | --- |
| 埃克森美孚 | 开始利用立体开发技术来提高二叠纪盆地采收率和效率 |
| EOG | 特拉华区域的产量超出预期，由于油田服务成本的下降和钻井效率提高，油井成本也呈同比下降趋势 |
| Diamondback Energy | 生产效率得到提高，由于钻井和完井速度加快，可维持产量不变的同时，将钻机从 12 台减少到 10 台，压裂组由 4 个减少到 3 个 |
| Ovintiv | 得益于对效率、物流和供应链管理的重视，二叠纪盆地地区表现优异，与公司 2023 年的平均完井速度相比，"三重压裂钻井"的完井时间缩短了 30% |
| 戴文能源 | 二叠纪盆地油井生产率比 2023 年的同期水平高出 10% 以上 |

三是新一届美国政府将带来积极影响。特朗普竞选时将支持油气行业作为政策的核心组成部分，上任后将对前任政府的能源政策进行重大调整，潜在行动对美国油气行业构成实质利好，形成增产基础。

结合以上分析，可以预计未来一段时间美国油气产量将延续增长趋势，考虑到欧佩克＋或将增产，且地缘政治冲突有可能趋缓，世界油气供应将转向宽松，油价下行空间或被打开。在此情况下，增量空间大小将主要取决于大公司"量还是价"的油气业务战略选择，而具体节奏仍需紧密观察各公司动向。

## 4.总结与启发

本轮并购趋势的形成，是由油价的宏观走势、行业发展因素以及企业战略选择共同作用的结果。

其中，埃克森美孚和雪佛龙在去年10月的精准出击，聚焦于二叠纪盆地等高品质资产，引领了行业并购的新趋势，成为行业中"率先分蛋糕"的企业。其资本运作的灵敏的嗅觉与灵活的手段值得学习借鉴。

此外，回顾北美页岩行业"从无到有"的发展历程，"水平井＋压裂"技术的出现促成了北美页岩的大规模商业化开发；2014年国际油价暴跌迫使各公司增强技术迭代创新与运营管理，依靠立体开发等技术进一步降低了开发成本。中国页岩油气盆地较美国情况复杂，但发展潜力巨大，在借鉴美国经验的同时，也需要通过不断的技术创新和迭代，走出一条适合自身发展的"中国道路"。

在百年未有之大变局下，全球油气行业格局正在不断重塑。美国页岩并购活动可能成为一定程度上的"先行指标"，折射出美国大型油气公司战略选择的新动向，对美国油气产量产生深远影响，并进一步洞察国际油气供需状况，值得持续关注。

# 20

# 2024年中国能源化工产业政策大事记

# 1. 宏观指导政策

2024 年 1 月 11 日，财政部印发**《关于加强数据资产管理的指导意见》**，针对数据的权责、使用、开发、价值评估、收益分配、信息披露等作出明确规定，旨在通过主导数据资产的合规高效流通使用，加强对数据资产全过程的管理，更好地发挥数据资产的价值。

> **简评** 我国是全球数字经济发展最快的国家之一。数据显示，2023 年，我国数字经济规模已达到 53.9 万亿元，占 GDP 比重 42.8%，稳居世界第二位。数据已成为第五大生产要素。近年来，党中央、国务院高度重视数字中国建设和数字经济发展，围绕数据资产管理作出一系列重要决策部署。但随着数字经济的快速发展和数字政府建设的加快推进，数据资产仍面临高质量供给明显不足、合规化使用路径不清晰、应用赋能增值不充分等难点。《意见》明确了数据的资产属性，以"价值实现"为主线健全有效管理机制，并针对公共数据资产授权运营提出具体路径，对推进数据资源资产化、资本化，全面释放数据资产价值，加快形成以数据驱动创新为内核的新质生产力意义重大。

2024 年 3 月 5 日，习近平总书记在参加十四届全国人大二次会议江苏代表团审议时强调，要牢牢把握高质量发展这个首要任务，因地制宜发展新质生产力。从 2023 年习近平总书记在地方考察时首次提出，到今年中央政治局首次集体学习又一次聚焦，再到全国两会上共商国是时深入阐释，就发展新质生产力提出明确要求、作出深入阐释、指导发展实践。

> **简评** 新质生产力是由技术革命性突破、生产要素创新性配置、产业深度转型升级而催生的当代先进生产力。以劳动者、劳动资料、劳动对象及其优化组合的跃升为基本内涵，以全要素生产率大幅提升为核心标志，特点是创新，关键在质优，本质是先进生产力。新质生产力既是传统产业的升级改造，也是战略性新兴产业的培育壮大和未来产业的前瞻谋划。其中，战略新兴产业包括绿色环保、新一代信息技术、生物、高端装备制造、新能源、新材料、新能源汽车、航空航天和海洋装备；未来产业则包括类脑智能、量子信息、基因技术、未来网络、深海空天开发、氢能与储能。
>
> 在发展新质生产力的背景下，能源化工行业发展有三大新趋势：一是传统产业正经历着深刻的转型升级，新能源、新材料等战略新兴产业正以前所未有的速度崛起。二是科技创新的步伐正不断加快，数智融合应用日益深化。三是深化改革纵深推进，发展内生动力不断增强。

2024 年 3 月 13 日，国务院印发**《推动大规模设备更新和消费品以旧换新行动方案》**。3月 28 日，李强总理在国务院相关工作视频会议上，强调行动要扎实推动。推动新一轮大规模设备更新和消费品以旧换新，是党中央加快构建新发展格局、推动高质量发展而作出的重大决策，是解决有效需求不足的综合良方，也是扩大科技创新成果应用载体、促进国内大循环良性发展的有力措施。《方案》细分为设备更新、消费品以旧换新、回收循环利用、标准提升四大行动，实施目标为：到 2027 年，（1）工业、农业、建筑、交通、教育、文旅、医疗等领域设备投资规模较 2023 年增长 25% 以上。（2）重点行业主要用能设备能效基本达到节能水平，环保绩效达到 A 级水平的产能比例大幅提升。（3）规模以上工业企业数字化研发设计工具普及率、关键工序数控化率分别超过 90%、75%。（4）报废汽车回收量较 2023 年增加约 1 倍，二手车交易量较 2023 年增长 45%。（5）废旧家电回收量较 2023 年增长 30%，再生材料在资源供给中的占比进一步提升。此后，相关部委、各地方政府相继出台大规模设备更新和消费品以旧换新政策。

> **简评** 　对经济的影响，（1）2027 年重点领域设备投资规模"较 2023 年增长 25% 以上"，2024—2027 年年均增速将超过 5.74%，显著高于 2019—2023 年的年均增速 -0.2%，至少可拉动整体固定资产投资年增速 0.56 个百分点。（2）"报废汽车回收量较 2023 年增加约 1 倍""废旧家电回收量较 2023 年增长 30%"，若报废后全部换新，汽车和家电销售可直接拉动 2024 年社会消费品零售总额增长 0.24%~0.34%；综合考虑，设备更新和以旧换新可直接拉动 2024 年 GDP 增长 0.31%~ 0.35%，若政策平稳有序推进，2027 年情况类似。
>
> 　对行业的影响，（1）钢铁方面，将带动钢铁消费量年增长 443 万~515 万吨，是 2023 年钢材表观消费量 9 亿吨的 0.5%~0.6%。今年行动目标即使翻倍，也仅带动需求增长 1% 左右，即新增钢材需求 950 万吨。目前钢铁市场处于高产量、高库存、低需求的局面，本轮行动对整体钢铁市场的影响相对有限。但新增钢材需求中一半以上为特种钢材，将拉动特种钢材消费增长 3.7 个百分点（2023 年国内特种钢材消费 1.4 亿吨），再叠加钢铁行业自身设备换新对局部产能的影响，需要注意特定品种钢材价格的波动。（2）成品油方面，调查显示 2023 年燃油车主置换新能源车的比例不足 30%，结合目前政策方向和新购市场特点，估计 2024 年新能源汽车渗透率达到 43%，比 2023 年的 32% 提高 11 个百分点，则 2024 年新能源汽车的销量预计约 1359 万辆（国内销量 1155 万辆）。截至 2023 年底，全国新能源汽车保有量达 2041 万辆。在新能源汽车报废率 2% 的情景下，2024 年新能源汽车保有量预计约 3155 万辆，从而一年替代汽油需求约为 2224 万吨，替代的柴油需求约为 1325 万吨，分别占汽柴油消费量的 12.3% 和 6.9%。另外，燃油新车相比十多年前购置的旧车，平均油耗下降 40%，换购的燃油车也将比旧车一年节油约 300 万吨。两个因素合计替油 3850 万吨，可见其将对成品油市场产生明显冲击。（3）化工材料方面，汽车报废换购可贡献 2024 年塑料需求约 110 万吨，可贡献 2027 年塑料需求 140 万~164 万吨；废旧家电换购可产生 2024 年塑料需求 785 万吨，2027 年塑料需求 867 万吨。两者合计每年贡献塑料需求 1000 万吨左右，其中新增需求 150 万吨，将带动 HDPE、PP、PS、ABS 等材料增长 2.1 个百分点（2023 年国内消费量 7000 万吨）。同时，2024 年和 2027 年分别产生 260 万吨和 350 万吨的回收废旧塑料。

　　2024 年 6 月 11 日，中央全面深化改革委员会第五次会议审议通过《**关于完善中国特色现代企业制度的意见**》。习近平总书记强调，完善中国特色现代企业制度，必须着眼于发挥中国特色社会主义制度优势，加强党的领导，完善公司治理，推动企业建立健全产权清晰、权责明确、政企分开、管理科学的现代企业制度，培育更多世界一流企业。会议指出，完善中国特色现代企业制度，要尊重企业经营主体地位，坚持问题导向，根据企业规模、发展阶段、所有制性质等，分类施策、加强引导。要加强党对国有企业的全面领导，完善党领导国有企业的制度机制，推动国有企业严格落实责任，完善国有企业现代公司治理，加强对国有资本监督管理。要鼓励有条件的民营企业建立现代企业制度，完善法人治理结构、规范股东行为、强化内部监督、健全风险防范机制，注重发挥党建引领作用，提升内部管理水平。

> **简评**　本次中央深改委对完善中国特色现代企业制度作出的安排有助于新《公司法》的深化实践。此前，新修订的《公司法》将"完善中国特色现代企业制度，弘扬企业家精神"作为立法目的，并明确《公司法》的上位法是宪法，完善中国特色现代企业制度也从政策层面、实践层面上升至法律层面。具体而言，本次会议在以下 4 个方面进一步明确了关键点。
>
> 　一是进一步明确推进党的领导融入公司治理。这是立足于中国特色社会主义制度国情的必然要求。对国企而言，坚持党的领导、加强党的建设，深入推进实现党的领导与公司治理的有机融合，是确保党的领导在国企真正落实到位的有效途径，是建设中国式现代化的重要保证。二是进一步明确了现代企业制度的基本特征。中央再次强调现代企业制度"产权清晰、权责明确、政企分开、管理科学"的基本特征，显示国企下一步还应当在理顺产权关系、权责关系、政企关系、管理关系上进一步下功夫。发展新质生产力需要构建与之相匹配的新型生产关系，现代企业制度实际上是新型生产关系中新质组织力的重要组成部分。三是进一步明确分类建设的重要性。"分类建设"是完善中国特色现代企业制度的关键，也是尊重企业经营主体地位的需要。由于企业规模、发展阶段、所有制性质等不同，完全按照一个模板、"一刀切"来完善中国特色现代企业制度是行不通的，必须因企制宜。四是进一步明确建设世界一流企业的制度基础。建设世界一流企业，必须有与之相适应的企业制度作为基础保障，必须有与之相适应的企业家精神作为动力支撑。完善中国特色现代企业制度是制度保障，弘扬企业家精神是内在要求，加快建设世界一流企业是目标结果。

2024 年 7 月 18 日，二十届三中全会通过《**中共中央关于进一步全面深化改革 推进中国式现代化的决定**》。《决定》对进一步全面深化改革做出系统部署，强调构建高水平社会主义市场经济体制，健全推动经济高质量发展体制机制，构建支持全面创新体制机制，健全宏观经济治理体系，完善城乡融合发展体制机制，完善高水平对外开放体制机制，健全全过程人民民主制度体系，完善中国特色社会主义法治体系，深化文化体制机制改革，健全保障和改善民生制度体系，深化生态文明体制改革，推进国家安全体系和能力现代化，持续深化国防和军队改革，提高党对进一步全面深化改革、推进中国式现代化的领导水平。

> **简评**　在以经济体制改革为牵引，全面推进中国式现代化方面，一是构建高水平社会主义市场经济体制。二是健全推动经济高质量发展体制机制。影响：一是激发各类市场主体活力，

改革国企考核制度、推动企业竞争性环节向市场化方向转型；引导民营企业更多参与国家重大创新，激发企业家精神。二是建设高标准市场体系，通过实行统一的市场准入制度、要素市场化改革、完善市场经济基础制度等，解决市场运行效率较低等问题。三是因地制宜形成特色优势。市场主体基于不同地区的产业基础、自然资源、人力资源、资本资源差异自主选择发展新质生产力。

在加快培育新质生产力方面，一是推动新质生产力的体制机制建设。二是加快生产关系适应新质生产力。三是促进实体经济与数字经济的深度融合。影响：一是传统产业优化升级。让传统产业"焕发新机"，使传统产业所蕴含的新质生产力有效释放。二是推进战略性新兴产业融合集群生态化发展。重点领域培育一批各具特色、优势互补、结构合理的战略性新兴产业集群。三是促进各类先进生产要素向发展新质生产力集聚。改革创新生产要素配置方式，促进生产要素向发展新质生产力集聚。四是推动高水平科技自立自强。五是新一代信息技术全方位全链条普及应用。

在成品油价税改革方面，一是完善成品油定价机制。二是推进消费税征收环节后移并稳步下划地方，完善增值税留抵退税政策和抵扣链条，优化共享税分享比例。影响：一是解决成品油价格调整的滞后性和不连续性问题。二是有助于建立更为权责清晰、财力协调、区域均衡的中央和地方财政体系，并提高税收征收率。三是提高税收与税源的匹配性，均衡地区间税源分布。配合中央与地方税收收入划分改革，可以使政府获得与事权更加匹配的财政收入，有利于地方政府更好地履职。四是调动地方政府征管积极性。消费税下划地方后，将成为其重要税收来源。地方政府将优化征管，提高效率，防止税收流失，维护税收秩序和公平竞争，提升征管水平。

在海南自贸港方面，加快建设海南自由贸易港。影响：一是低税收环境带来消费优势和生产压力。"两个15%"所得税政策将覆盖绝大多数行业企业和所有居民，"零关税"将覆盖绝大多数商品，进口产品优势增加。二是可能成为消费税后移的先行者。现行增值税、消费税、车辆购置税、城市维护建设税及教育费附加等五项税费将简并为销售税，在零售环节征收。三是境内关外可能增加岛内产品到内地成本。海南到内地按进口管理，内地到海南按国内流通管理，入岛退税。

在绿色低碳发展方面，健全绿色低碳发展机制。实施支持绿色低碳发展的财税、金融、投资、价格政策和标准体系，健全绿色消费激励机制。政府绿色采购，绿色税制；资源总量管理，废弃物循环利用；煤炭清洁高效利用；新型能源体系，新能源消纳和调控；能耗双控向碳排放双控全面转型；碳排放统计核算、产品碳标识认证、产品碳足迹管理、碳市场交易、温室气体自愿减排交易。影响：一是聚焦重点领域促进全面转型，形成节约资源和保护环境的空间格局、产业结构、生产方式、生活方式。二是完善支持政策促进创新转型，实施支持绿色低碳发展的财税、金融、投资、价格政策和标准体系。三是抓住关键环节促进协同转型，促进生产、流通、消费各环节协同转型。四是坚持底线思维促进安全转型，在经济社会发展全面绿色转型中更多考虑安全因素。

2024 年 11 月 8 日，十四届全国人大常委会第十二次会议表决通过《**中华人民共和国能源法**》（以下简称《能源法》）。该法自 2025 年 1 月 1 日起施行。

> **简评** 我国已制定电力法、煤炭法、节约能源法、可再生能源法、城镇燃气管理条例等多部单行能源方面的法律法规，但多年来能源领域一直缺少一部具有基础性、统领性的法律。在单行能源法律法规基础上制定能源法，从宏观层面就规划、开发利用、市场体系、储备和应急、科技创新等能源领域基础性重大问题作出规定，是加强重点领域立法的重要举措，对推动能源高质量发展、保障国家能源安全、促进能源绿色低碳转型具有重大意义。一是有助于保障国家能源安全。《能源法》提出加强能源领域宏观管理和调控，促进能源结构优化升级，有助于更好满足持续增长的能源需求，保障国家能源和经济安全。二是有助于促进能源产业高质量发展。《能源法》提出的能源规划体系、能源开发利用制度、能源市场体系建设等，将为能源产业高质量发展提供坚实法律保障。三是有助于促进能源产业绿色低碳转型。《能源法》通过科学制定能源规划，优化能源结构，提高能源利用效率，将加快推进能源产业绿色低碳转型，保障能源产业实现"双碳"目标。四是有助于提高能源产业抗风险能力。《能源法》强调加强政府、社会、企业三级能源储备体系和应急制度建设，有助于保障国家能源安全和应对能源市场突发事件，有效提高能源产业风险管理能力。五是有助于提升能源产业核心竞争力。科技创新是推动能源产业高质量发展的关键。《能源法》提出要加强能源科技创新，加快推动能源产业技术进步和产业升级，将进一步巩固和提升能源产业国际竞争力。

2024 年 9 月 24 日，国务院新闻办公室举行新闻发布会，中国人民银行、国家金融监督管理总局、中国证券监督管理委员会等多部门介绍金融支持经济高质量发展有关情况，多角度、多层次出台了一系列提振经济和金融市场的相关措施。

（1）货币政策。降息：7 天期逆回购操作利率下调 0.2 个百分点至 1.5%。降准：将下调存款准备金率 0.5 个百分点，提供长期流动性约 1 万亿元；可能择机进一步下调 0.25~0.5 个百分点。新设立货币政策工具：创设证券、基金、保险公司互换便利，首期规模 5000 亿元；创设股票回购增持专项再贷款，首期规模 3000 亿元，利率 1.75%。

（2）房地产政策。降低存量房贷利率：引导商业银行将利率降至新发放贷款利率附近，预计平均降幅约 0.5 个百分点。降低二套房首付比例：全国层面二套房贷款最低首付比例从 25% 下调至 15%。优化保障房再贷款：将人民银行创设的 3000 亿元保障性住房再贷款，央行资金支持比例由 60% 提高至 100%。延长相关政策期限：将年底前到期的经营性物业条款和金融 16 条延期到 2026 年底。支持收购房企存量土地：研究允许政策性银行、商业银行贷款支持有条件的企业市场化收购房企土地。

（3）资本市场支持政策。发展权益类公募基金：优化权益类基金产品注册，推动宽基 ETF 等指数化产品创新等。长线资金入市：将发布关于推动中长期资金入市的指导意见，提高监管包容性，落实 3 年以上长周期考核。打通影响保险资金长期投资的制度障碍。鼓励并购重组：将出台《关于深化上市公司并购重组市场改革的意见》，支持上市公司向新质生产力方向转型。

市值管理：已研究制定上市公司市值管理指引，要求上市公司依法做好市值管理。

> **简评** 政策宣布后，沪指随即大幅上涨。货币财政政策将与设备更新、以旧换新等政策加强配合，形成合力。逆周期政策加码且组合发力，经济预期将逐步改善。

2024 年 10 月 12 日，国务院新闻办公室举行新闻发布会，财政部发布增量财政政策。政策基调是加大逆周期调节力度，加大财政力度；防范地方债务风险；支持实体经济；促进房地产市场平稳发展。

（1）加力支持地方化债：加力支持地方化解政府债务风险，较大规模增加债务额度。

（2）支持国有银行补充资本：发行特别国债支持国有大型商业银行补充核心一级资本，提升银行抵御风险和信贷投放能力，更好地服务实体经济发展。

（3）支持房地产止跌回稳：叠加运用地方政府专项债券、专项资金、税收政策等工具。

（4）民生保障、提升消费：加大对重点群体的支持保障力度，国庆节前已向困难群众发放一次性生活补助，下一步还将针对学生群体加大奖优助困力度。

> **简评** 财政基调积极，长短结合，空间充足。（1）增量财政政策进一步聚焦"稳增长、扩内需、化风险"，特别针对地方政府化债、房地产市场以及民生等重点领域。（2）会议积极引导市场预期，强调在完成全年预算目标前提下，仍有充足政策空间，尤其是"中央财政还有较大的举债空间和赤字提升空间"。

2024 年 10 月 17 日，国务院新闻办公室举行新闻发布会，住建部发布促进房地产市场平稳健康发展政策。

（1）四个取消，即充分赋予城市政府调控自主权，调整或取消各类购房的限制性措施，主要包括取消限购、取消限售、取消限价、取消普通住宅和非普通住宅标准。

（2）四个降低，即降低住房公积金贷款利率、降低住房贷款的首付比例、降低存量贷款利率、降低"卖旧买新"换购住房税费负担。

（3）两个增加，即通过货币化安置等方式新增实施 100 万套城中村改造和危旧房改造，年底前将"白名单"项目的信贷规模增加至 4 万亿元。

> **简评** 新一轮房地产优化政策注重逆周期调节和促进房地产止跌回稳。（1）财政货币协同发力稳地产。本轮稳地产政策在财政方面有所增加和倾斜，逆周期调节作用更为明显。（2）本轮政策在于"促进房地产市场止跌回稳"，而不是进行强刺激。政策出台以来，信心得到提振，短期效应有所显现，地产销售回暖，10 月 1—23 日，30 大中城市商品房成交面积同比增速从 9 月的 −32.4% 大幅收窄至 −6.8%。

# 2.油气行业政策

2024 年 1 月 16 日，工业和信息化部等九部门联合印发《**原材料工业数字化转型工作方案（2024—2026 年）**》，提出到 2026 年，我国原材料工业数字化转型取得重要进展，重点企业完成数字化转型诊断评估，数字技术在研发设计、生产制造、经营管理、市场服务等环节实现深度应用，生产要素泛在感知、制造过程自主调控、运营管理最优决策水平大幅提高，为行业高质量发展提供有力支撑。

> **简评**
>
> 《方案》部署 4 个方面任务。一是强化基础能力。提出夯实数字化基础，提升数据采集、数据汇聚和数据质量管理等能力；完善网络化基础，构建泛在感知网络环境，开展内网改造、打造高质量外网，推进工业互联网标识解析二级节点建设和应用；强化智能化基础，加强重点行业智能装备、算力设施、模型算法的建设部署和推广普及。二是深化赋能应用。提出助力高端化升级，加快产品高端创新，推动生产过程高端升级，提升服务高端化水平；支撑绿色化发展，基于数字技术开展装备及工艺流程优化升级改造，开展碳排放计算与碳足迹追溯，加强数字化能源管控等；保障安全化生产，加快提升快速感知、超前预警预防、应急处置、系统评估等能力；实现高效化运营，打造全链条一体化管理模式，推进产业链上下游企业间业务协同和资源优化。三是加强主体培育。提出培育数字化转型标杆，打造一批数字化转型典型场景、标杆工厂、标杆企业；推动大中小企业融通发展，支持龙头企业和"链主"企业向中小企业开放市场、平台等资源，强化中小企业与大型企业的专业化协作，开展中小企业数字化转型城市试点；推进产业园区智慧化建设，加强重点行业园区数字化基础能力升级和公共服务平台建设。四是完善服务支撑。提出加强技术创新供给，面向重点行业培育一批产品和系统解决方案，分行业建设原材料工业制造业创新中心；强化人工智能驱动，催化一批低成本高价值人工智能产品和解决方案，构建细分行业通用大模型；增强公共服务支撑，打造涵盖技术创新转化、产业生态建设和数据要素赋能的公共服务支撑体系；加强网络与数据安全治理。

2024 年 1 月 29 日，工业和信息化部等七部门联合印发《**关于推动未来产业创新发展的实施意见**》，以加强对未来产业的前瞻谋划、政策引导，支撑推进新型工业化，加快形成新质生产力。

> **简评**
>
> 《意见》提出重点推进未来制造、未来信息、未来材料、未来能源、未来空间和未来健康六大方向产业发展。其中，未来材料产业发展包括推动有色金属、化工、无机非金属等先进基础材料升级，发展高性能碳纤维、先进半导体等关键战略材料，加快超导材料等前沿新材料创新应用。到 2025 年，未来产业技术创新、产业培育、安全治理等全面发展，部分领域达到国际先进水平，产业规模稳步提升。建设一批未来产业孵化器和先导区，突破百

项前沿关键核心技术，形成百项标志性产品，打造百家领军企业，开拓百项典型应用场景，制定百项关键标准，培育百家专业服务机构，初步形成符合我国实际的未来产业发展模式。到 2027 年，未来产业综合实力显著提升，部分领域实现全球引领。关键核心技术取得重大突破，一批新技术、新产品、新业态、新模式得到普遍应用，重点产业实现规模化发展，培育一批生态主导型领军企业，构建未来产业和优势产业、新兴产业、传统产业协同联动的发展格局，形成可持续发展的长效机制，成为世界未来产业重要策源地。

2024 年 2 月 2 日，国家发展改革委、国家统计局、国家能源局联合发布《**关于加强绿色电力证书与节能降碳政策衔接 大力促进非化石能源消费的通知**》，明确了绿证与能耗双控、碳排放管理等政策衔接方式，提出了绿证交易电量纳入节能评价考核指标核算的具体操作办法，有助于加强绿证与节能降碳政策有效衔接，充分发挥绿证作为可再生能源电力消费基础凭证作用。

**简评** 《通知》进一步完善绿证制度交易体系。一是明确绿证全覆盖时间要求。到 2024 年 6 月底，全国集中式可再生能源发电项目基本完成建档立卡，分布式项目建档立卡规模进一步提升。二是要求扩大绿证交易范围。建立高耗能企业可再生能源强制消费机制，合理提高高耗能企业可再生能源消费比例。对于重点用能单位，要求各地区分解下达可再生能源消纳责任，探索实施化石能源消费预算管理。对于新上项目，鼓励地方实行可再生能源消费承诺制。此外，支持中央企业、地方国有企业、外向型企业、行业龙头企业、机关和事业单位稳步提升可再生能源消费比例。三是要求规范交易管理。建立跨省区绿证交易协调机制和交易市场，要求各地区加强统筹协调，支持绿证供需省份结合实际开展协议锁定，协助经营主体开展供需对接、集中交易、技术服务等。强调各地区不得采取强制性手段限制绿证跨省交易，避免绿证惜售。

《通知》进一步加强绿证与节能降碳管理、碳排放核算、产品碳足迹等衔接协调。一是健全绿电消费认证和节能降碳管理机制。加快建立基于绿证的绿色电力消费认证机制，明确认证标准、制度和标识。在用能预算、碳排放预算管理中加强绿证应用，将绿证纳入固定资产投资项目节能审查、碳排放评价管理机制。二是加强绿证与碳核算、碳市场、碳足迹等制度衔接。推动建立绿证纳入地方、企业、公共机构、产品的碳排放核算的制度规则，以有效增强绿证适用性。加强绿证与全国碳排放权交易机制、温室气体自愿减排交易机制的衔接协调，为统筹做好绿证和碳排放权交易创造条件。强化绿证在碳足迹核算体系中的应用，将绿证纳入碳足迹标准、认证管理、产品标识。三是加强绿证国际互认。充分利用多双边国际交流渠道，大力宣介绿证制度，解读中国绿证政策和应用实践。鼓励加强多元化、多层次国际交流，推动国际机构特别是大型国际机构碳排放核算方法与绿证衔接。积极参与国际涉绿证议题设置和研讨，推动绿证核发、计量、交易等国际标准研究制定，着力提升中国绿证的国际影响力和认可度。

2024 年 7 月 12 日，工信部等九部门联合发布《**精细化工产业创新发展实施方案（2024—2027 年）**》，明确提出到 2027 年，石化化工产业精细化延伸取得积极进展。在产品供给方面，未来重点将推进传统产业高端化延链，加快攻关关键产品，促进优势产品提质。在技术攻关方面，突破一批绿色化、安全化、智能化关键技术，能效水平和本质安全水平均显著提高。在企业培育方面，培育5家以上创新引领和协同集成能力强的世界一流企业，培育500家以上专精特新"小巨人"企业，创建20家以上以精细化工为主导、具有较强竞争优势的化工园区，形成大中小企业融通、上下游企业协同的创新发展体系。《方案》对有效供给能力提升、安全环保技术改造、创新体系完善、强企育才、产业布局优化、发展环境改善等六大重点任务作出全面部署。

> **简评**　精细化工产品具有产量小、种类多、附加值高、更新快、垄断性强、生产灵活、技术密集等特点，对质量、纯度都有极高要求。精细化工产业是石化化工行业稳增长、转型升级的重要引擎，是制造业高质量发展不可或缺的物质支撑。我国精细化工产业起步较晚，近年来在国家政策和资金的大力支持下，精细化工产业发展迅速，但仍然面临着多重挑战。为此，《方案》再次强调亟需聚焦重点产业链供应链需求，以延链强链为方向，加大技术攻关力度，补齐产业链短板，提升优势产品竞争力，为石化产业精细化延伸和高质量发展指明方向。

# 3. 节能环保政策

2024年5月23日，国务院发布《**2024—2025年节能降碳行动方案**》。《方案》提出，2024年，单位国内生产总值能源消耗和二氧化碳排放分别降低2.5%左右、3.9%左右，规模以上工业单位增加值能源消耗降低3.5%左右，非化石能源消费占比达到18.9%左右，重点领域和行业节能降碳改造形成节能量约5000万吨标准煤、减排二氧化碳约1.3亿吨。2025年，非化石能源消费占比达到20%左右，重点领域和行业节能降碳改造形成节能量约5000万吨标准煤、减排二氧化碳约1.3亿吨，尽最大努力完成"十四五"节能降碳约束性指标。

> **简评**　2024年政府工作报告提出，2024年单位国内生产总值能耗要降低2.5%左右，生态环境质量持续改善。本次《方案》是对"十四五"节能降碳约束性指标的拆解，在能耗强度方面延续政府工作报告要求，对2024—2025年的节能降碳任务做出具体规划，从而指导节能降碳的进行。《方案》再次强调了高耗能行业新增产能的控制。以炼油为例，2023年我国炼油产能为9.11亿吨/年，在10亿吨炼油红线的限制下，后续大幅新增炼化产能有限，现有的项目储备将成为我国炼化产能扩增的尾声。目前石化行业需求复苏缓慢、新增产能集中投产，行业整体处于景气底部。随着政策端继续强调石化产业规划布局刚性约束，新增产能投放速度有望降低，有助于改善我国石化行业供给端格局，行业景气度有望反转。
>
> 《方案》发布后，国家对重点行业节能降碳的执行力度持续加大。近日，国家发展改革委等五部门联合印发《炼油行业节能降碳专项行动计划》。《行动计划》提出，到2025年底，全国原油一次加工能力控制在10亿吨/年以内，能效标杆水平以上产能占比超过30%，能

效基准水平以下产能完成技术改造或淘汰退出。2024—2025 年，通过实施炼油行业节能降碳改造和用能设备更新形成节能量约 200 万吨标准煤、减排二氧化碳约 500 万吨。到 2030 年底，炼油行业布局进一步优化，能效标杆水平以上产能占比持续提升，主要用能设备能效基本达到先进水平。

2024 年 6 月 4 日，生态环境部等 15 个部门联合发布《**关于建立碳足迹管理体系的实施方案**》。《方案》明确提出，到 2027 年，碳足迹管理体系初步建立。制定发布与国际接轨的国家产品碳足迹核算通则标准，制定出台 100 个左右重点产品碳足迹核算规则标准，产品碳足迹因子数据库初步构建；到 2030 年，碳足迹管理体系更加完善。制定出台 200 个左右重点产品碳足迹核算规则标准，产品碳足迹因子数据库基本建成。产品碳足迹核算规则、因子数据库与碳标识认证制度逐步与国际接轨，实质性参与产品碳足迹国际规则制定。为建立碳足迹管理体系，实施方案提出 4 方面 22 条重点工作任务，包括建立健全碳足迹管理体系、构建多方参与的碳足迹工作格局、推动产品碳足迹规则国际互信、持续加强产品碳足迹能力建设等。

**简评**　近几年，随着各类涉碳贸易壁垒相继涌现、供应链脱碳压力传导，国内一些企业开展碳足迹工作的需求越来越多。但由于国内碳足迹制度体系尚未建立，企业在实际工作中只能参考国际标准和数据库，存在诸多不便和不利影响。国家有关部委陆续出台相关政策，对建立产品碳足迹管理体系予以规范，此方案重点从 3 方面对体系建设作出细化安排：

一是目标时间推后，政策走向精细和全面。牵头部门有所调整、联合部门增加，可以更有效地整合行政资源，确保政策推行的连贯性和执行效率。目标落实的时间线推后，确保了政策实施的可操作性，给有关部门和企业充足的调整适应时间，政策落实路径更加稳健。二是碳足迹应用场景细化，政策有望加速市场转型进程。《方案》遵循"政府引导，市场主导"的总体要求，针对研究机构、企业、金融机构、政府采购部门、商超和消费者等多种主体都提出了相应要求，确保碳足迹的应用场景在生产、需求和投资层面都得到细化和实用化，使碳足迹管理体系服务于国家与社会发展的真实需要，我国经济低碳化转型的进程有望加速。三是产品碳足迹规则"出海"动机与路径明确。针对近年来国际市场上形成的绿色贸易壁垒，以及我国外贸板块中亟待化解的环境合规压力，《方案》从推动产品碳足迹核算评价和认证标准、机构和人员资质评定的国际对接和互通互认、推动与共建"一带一路"国家产品碳标识互认等方面提供了政策指导。未来我国有望实质性参与国际碳足迹相关标准的制修订工作，形成兼具中国特色和国际影响的规则体系。《方案》目前只提及未来要做 100 多种产品的碳足迹，未涉及具体的产品。

2024 年 7 月 2 日，生态环境部办公厅发布《**关于公开征求 < 关于加强重点行业建设项目环境影响评价中甲烷管控的通知（征求意见稿）> 意见的函**》。《通知》要求在煤炭开采、油气开采、污水处理等 5 个重点行业建设项目环境影响评价中开展甲烷排放评价，进一步强化源头管控及过程控制，优化治理工艺技术，提高资源利用效率，鼓励实施新型高效利用与处理措施，开展示范工程建设，提高重点行业甲烷排放控制能力。

> **简评**　　甲烷是全球第二大温室气体，占比约 16%，有序控制甲烷排放，兼具气候效益和经济效益。《通知》要求在煤炭开采、油气开采等重点行业建设项目环评中开展甲烷排放评价，从项目审批、核准等前期环节加强甲烷排放控制，包括甲烷排放量核算、预测，强化源头管控及过程控制、监测、回收利用等。2023 年 11 月，生态环境部等 11 部门印发《甲烷排放控制行动方案》，这是我国首个全面的甲烷控制国家行动计划，提出到 2025 年，煤矿瓦斯年利用量达到 60 亿立方米；到 2030 年，油田伴生气集气率达到国际先进水平。《通知》是从环境影响评价源头环节对该方案的贯彻落实。总的看来，《通知》对煤炭开采、油气开采等项目审批和核准可能带来一定影响，但影响不大。

2024 年 7 月 30 日，国务院办公厅印发《**加快构建碳排放双控制度体系工作方案**》，旨在落实二十届三中全会"建立能耗双控向碳排放双控全面转型新机制"要求，从体制机制方面推进碳达峰碳中和、加快发展方式绿色转型。《方案》明确目标以及将建立 6 个层次的政策制度和机制。碳达峰前，实施以强度控制为主、总量控制为辅的碳排放双控制度；碳达峰后，实施以总量控制为主、强度控制为辅的碳排放双控制度。建立健全国家碳规划、地方碳考核、行业碳管控、企业碳管理、项目碳评价、产品碳足迹等政策制度和管理机制，并与全国碳排放权交易市场有效衔接，构建系统完备的碳排放双控制度体系。

国家层面，完善规划制度，将碳排放指标及相关要求纳入国家规划；地方层面，侧重考核约束，建立地方碳排放目标评价考核制度；行业层面，完善重点行业领域碳排放核算机制，建立碳排放预警机制；企业层面，完善节能降碳管理制度，健全重点用能和碳排放单位管理制度，发挥市场机制调控作用；项目层面，开展固定资产投资项目碳排放评价，完善固定资产投资项目节能审查和建设项目环境影响评价；产品层面，加快建立产品碳足迹管理体系，制定产品碳足迹核算规则标准，加强碳足迹背景数据库建设，建立产品碳标识认证制度和严格统一的碳标识认证管理办法。

> **简评**　　《方案》是我国实现绿色低碳高质量发展的重要政策举措，将推动产业结构优化和能源消费模式转变，对能化行业生产经营和低碳转型带来深远影响。一是促进能源化工行业低碳转型。《方案》提出建立重点行业领域碳排放监测预警管控机制，由能耗双控向碳排放双控转变，以电力、钢铁、有色、建材、石化、化工等工业行业和城乡建设、交通运输等领域为重点，控制企业碳排放量。碳排放总量和强度的硬约束，要求石化行业落实刚性生产经营要求。二是碳排放指标分配差异影响未来产能布局。各区域碳排放指标分配差异，不同省市的碳排放空间余量和碳减排压力不同，将直接影响石化行业未来产能布局，对炼化企业未来发展带来不同程度的影响。三是市场机制调控作用将推动石化、化工等高碳行业减排。随着石化、化工行业纳入全国碳市场管控范畴，石化行业履约成本将进一步增加，对企业生产经营带来更大的影响。

2024 年 8 月 11 日，中共中央、国务院印发《**加快经济社会发展全面绿色转型的意见**》，首次从国家层面对全面绿色转型进行系统部署。《意见》指出，到 2030 年重点领域绿色转型取得积极进展，到 2035 年绿色低碳循环发展经济体系基本建立。（1）大力发展绿色低碳产业：

到 2030 年，节能环保产业规模达到 15 万亿元左右。（2）大力发展非化石能源：非化石能源消费比重提高到 25% 左右。加快西北风电光伏、西南水电、海上风电、沿海核电等清洁能源基地建设，积极发展分布式光伏、分散式风电，因地制宜开发生物质能、地热能、海洋能等新能源，推进氢能"制储输用"全链条发展。（3）加快构建新型电力系统：到 2030 年，抽水蓄能装机容量超过 1.2 亿千瓦。（4）推广低碳交通运输工具：到 2030 年，营运交通工具单位换算周转量碳排放强度比 2020 年下降 9.5% 左右。到 2035 年新能源汽车成为新销售车辆的主流。

> **简评** 本次《意见》是中央层面首次对"全面绿色转型"进行系统部署，政策出台利好石化行业风电、光伏、氢能等新能源业务领域。一是政策加速推动发展非化石能源，加快清洁能源基地建设。根据国家能源局统计，2023 年，我国风电、太阳能发电、水电、核电及生物质能等非化石能源消费比重为 17.9%，与 2030 年目标相比，我国非化石能源消费比重仍有 7.1 个百分点的提升空间。未来太阳能、风电的装机规模和发电量占比有望持续提升。二是政策加速推动高耗能行业绿色低碳转型，大力发展循环经济。《意见》提出推动钢铁、有色、石化等高耗能行业绿色低碳转型，推广节能低碳和清洁生产技术装备，推动重点行业节能降碳改造，加快设备产品更新换代升级。《意见》提出 2030 年大宗固体废弃物年利用量达到 45 亿吨左右，主要资源产出率比 2020 年提高 45% 左右。预计后续高耗能行业绿色低碳产品技术及服务，金属危废资源化、再生塑料、锂电回收等循环经济领域将迎来发展机遇。三是政策推动提升系统调节能力，科学布局抽水蓄能和新型储能。自 2017 年以来，中国储能行业保持了高增长态势，特别是新型储能累计装机规模增长迅速，从 0.39 吉瓦增长至 2023 年底的 31.39 吉瓦，年复合增长率（CAGR）达到 108%，行业规模在 6 年内增长近百倍。政策推动下，抽水蓄能和新型储能装机有望进一步提高。

2024 年 8 月 21 日，中共中央办公厅、国务院办公厅印发《**关于完善市场准入制度的意见**》，对完善市场准入制度作出系统部署。《意见》提出以加快形成新质生产力为导向，对新业态新领域分别制定优化市场环境实施方案，对石油石化行业发展具有重要指导意义。

> **简评** 党的二十届三中全会《决定》要求，"完善市场准入制度，优化新业态新领域市场准入环境"。《意见》紧扣"开放透明、规范有序、平等竞争、权责清晰、监管有力"的目标要求，对完善市场准入制度作出系统部署，有利于增强市场准入制度的统一性，稳步提升市场准入效能，为加快建设高标准市场体系、建设全国统一大市场、构建高水平社会主义市场经济体制提供有力支撑。市场准入制度是社会主义市场经济基础制度之一，是推动有效市场和有为政府更好结合的关键。《意见》提出 10 条完善市场准入制度意见，被称为"市场准入 10 条"。这是中央层面首次专门就完善市场准入制度出台的政策文件，释放出进一步激发市场活力的重要信号。
>
> 《意见》从建立传统行业全国统一市场准入负面清单和优化新业态新领域市场准入环境两个方面对石化行业转型升级和新兴赛道布局产生影响。一是有利于石化行业油气矿权流转。二是有利于石化行业加快布局发展战新产业和未来产业。

# 4. 新能源政策

2024 年 1 月 27 日，国家发展改革委、国家统计局和国家能源局联合印发《**关于加强绿色电力证书与节能降碳政策衔接 大力促进非化石能源消费的通知**》。《通知》明确了绿证与能耗双控、碳排放管理等政策衔接方式，提出了绿证交易电量纳入节能评价考核指标核算的具体操作办法。

> **简评**　自 2017 年国内绿证机制启动以来，国家对市场主体参与绿证绿电交易以鼓励引导为主，但未明确绿证应用的具体方式。本次《通知》明确指出，"十四五"期间省级人民政府节能目标责任评价考核指标核算，以物理电量为基础、跨省绿证交易为补充，且具体核算方法鲜明、可操作性强。《通知》首次面向全国范围部署绿证应用的具体领域，指出未来节能降碳领域的应用方向，切实完善绿电溯源管理、数据核算等绿证应用的基础流程，对其他领域打通绿证应用具有积极的引导作用。一是绿证与能耗双控的衔接路径被彻底打通，明确可再生能源消费量的核算方法数据基础良好，具有现实可操作性，也将大大提升能耗指标紧张的省区跨省购入可再生能源的积极性，实现绿色电力需求拉动西部新能源开发的良性互动。二是有利于实现绿证同碳排放核算和碳市场的初步衔接。全国碳市场中只有专线直供和自发自用的非化石能源电量可按零计算碳排放，购入绿电的碳排放量仍按全国平均电网排放因子计算。随着绿证全覆盖政策全面落地，在完善碳排放因子核算的绿证标准后，可实现将符合核算标准的绿证对应电量从碳排放因子核算中扣除，在碳排放权市场内实现分行业核算电力碳排放因子，引导企业向行业内头部企业看齐。

2024 年 2 月 9 日，国务院办公厅印发《**关于加快构建废弃物循环利用体系的意见**》，提出推进废弃物精细管理和有效回收、推进废弃物能源化利用，其中提及完善农业废弃物收集体系，建立健全畜禽粪污收集处理利用体系、秸秆收储运体系等，稳步推进生物质能多元化开发利用。

> **简评**　我国已经具备较为成熟的生物质能开发利用技术，但受制于生物质资源较为分散、收储运成本高等因素，尚未形成较为完整的产业体系，生物质能开发利用规模仍较小。《意见》重点强调建立健全废弃物资源的收储运体系，释放了积极的政策信号，从体制机制上解决了原料收集和储运的问题，可以保证原料收储的可持续性，收储运的成本也相对可控，有利于生物质能产业拓展可持续发展的商业模式，进而推进我国生物质能大规模开发利用。

2024 年 6 月 4 日，国家能源局印发《**关于做好新能源消纳工作保障新能源高质量发展的通知**》。《通知》的主要目标为提升电力系统对新能源的消纳能力，确保新能源大规模发展的同时保持合理利用水平。同时，针对网源协调发展、调节能力提升、电网资源配置、新能源利用率目标优化等各方关注、亟待完善的重点方向，提出做好消纳工作的举措，对规划建设新型能源体系、构建新型电力系统、推动实现"双碳"目标具有重要意义。

> **简评**     "十四五"以来，我国新能源在电力系统中的比重明显提升，"十五五"新能源装机总规模仍将大幅增长。但目前新能源消纳还面临着一些问题和挑战，包括新能源项目与电网建设的协同有待提升、电力系统调节能力快速提升但仍不能满足高速增长的调节需求、省间交易机制尚未完善、消纳利用率约束过严等问题。《通知》出台将在保障未来可再生能源高质量跃升发展方面提供重要支撑。一是推进配套电网项目建设，从规划、建设、接网流程等三个环节打通了新能源目前在接网过程中面临的堵点。二是系统调节能力提升和网源协调发展，明确了企业、地方和国家能源主管部门在系统调节能力建设和网源协调发展统筹工作中的责任分工。三是发挥电网资源配置平台作用，明确了电网在新型电力系统中资源配置平台作用的定位，打破省间壁垒，要求不得限制跨省新能源交易。四是优化新能源利用率目标，明确了未来新能源消纳利用率目标的动态管理方式，部分资源条件较好的地区可适当放宽新能源利用利目标至 90%。五是新能源消纳数据统计管理。《通知》将有助于推动我国新能源行业的高质量发展，保障新能源开发规模、供给裕度、利用水平、盈利能力等方面保持良好发展态势。

2024 年 10 月 18 日，国家发展改革委等六部委联合印发《**关于大力实施可再生能源替代行动的指导意见**》（发改能源〔2024〕1537 号）。《意见》围绕规划建设新型能源体系、以更大力度推动新能源高质量发展，重点对可再生能源安全可靠供应、传统能源稳妥有序替代，以及工业、交通、建筑、农业农村等重点领域加快可再生能源替代应用提出具体要求，对加快在各领域各行业实施可再生能源替代，统筹推动全社会绿色低碳转型意义重大。《意见》明确，"十四五"重点领域可再生能源替代取得积极进展，2025 年全国可再生能源消费量达到 11 亿吨标煤以上；"十五五"各领域优先利用可再生能源的生产生活方式基本形成，2030 年全国可再生能源消费量达到 15 亿吨标煤以上，有力支撑实现 2030 年碳达峰目标。

> **简评**     大力实施可再生能源替代行动，有利于环境保护、能源安全、经济发展，是实现可持续发展目标、构建绿色低碳循环发展经济体系的重要举措。《意见》覆盖了工业、交通运输、建筑、农业、新基建等用能关键领域，凸显了未来新能源与其他产业相结合的发展大趋势。随着能源转型加速推进，未来新能源和其他产业的融合度将越来越高。未来一个时期，推动绿色科技创新和产业发展面临巨大机遇，要聚焦绿色低碳技术攻关，以绿色低碳发展为遵循，以数字化、人工智能技术为支撑，在绿色低碳转型关键领域，加强关键核心技术联合攻关，培育以绿色低碳科技创新为主导的先进生产力，服务国家能源安全保障重大需求。

# 5. 财税价格政策

2023 年 11 月 28 日，国家发展改革委印发《**关于核定跨省天然气管道运输价格的通知**》，首次分区域核定了国家石油天然气管网集团有限公司经营的跨省天然气管道运输价格。

> **简评** 此次核价是天然气管网运营机制改革以来的首次定价，也是国家首次按"一区一价"核定跨省天然气管道运输价格。价格核定后，国家石油天然气管网集团有限公司经营的跨省天然气管道运价率由 20 个大幅减少至 4 个，构建了相对统一的运价结构，打破了运价率过多对管网运行的条线分割，有利于实现管网设施互联互通和公平开放，加快形成"全国一张网"，促进天然气资源自由流动和市场竞争，助力行业高质量发展。

2024 年 11 月 15 日，财政部、税务总局联合发布《**关于调整出口退税政策的公告**》，取消铝材、铜材以及化学改性的动植物或微生物油、脂等产品出口退税，将部分成品油、光伏、电池、部分非金属矿物制品的出口退税率由 13% 下调至 9%。

> **简评** 将汽煤柴等成品油的出口退税率由 13% 下调至 9%，将对成品油出口带来较大影响。在国内炼油产能严重过剩、成品油需求基本达峰并将持续萎缩、电动汽车和燃油汽车加快替代以及国家严格控制成品油出口配额的大背景下，下调成品油出口退税率将进一步压缩企业出口利润，压制企业出口意愿，加剧国内成品油市场竞争，导致成品油价格下跌，使本已经营艰难的炼油行业效益进一步承压，可能推动炼油行业加快淘汰落后产能和转型升级发展。
>
> 同时，取消化学改性动植物或微生物油、脂出口退税，有助于抑制生物柴油、可持续航空燃料（SAF）等生物燃料原料出口，增加国内生物燃料原料供应，降低原料成本，为生物柴油特别是高价值 SAF 生产提供良好原料供应环境。

# 6. 科技创新政策

2024 年 7 月 18 日，二十届三中全会通过《**中共中央关于进一步全面深化改革 推进中国式现代化的决定**》。《决定》在创新体制机制改革方面作出系统安排。一是统筹推进教育科技人才体制机制一体改革，健全新型举国体制，提升国家创新体系整体效能。二是深化科技体制改革。统筹强化关键核心技术攻关，推动科技创新力量、要素配置、人才队伍体系化、建制化、协同化。改进科技计划管理，强化基础研究领域、交叉前沿领域、重点领域前瞻性、引领性布局。加强有组织的基础研究。强化企业科技创新主体地位，建立培育壮大科技领军企业机制，加强企业主导的产学研深度融合，建立企业研发准备金制度，支持企业主动牵头或参与国家科技攻关任务。三是深化人才发展体制机制改革。

> **简评** 影响主要包括：一是以创新引领高质量发展，培育壮大新质生产力，推动经济发展质量变革、效率变革、动力变革。二是深化科技体制改革，优化创新资源配置，推动科技创新和产业创新融合发展，为产业高端化、智能化、绿色化发展提供支撑。三是提升企业的创新活力，打通从科技强到企业强、产业强、经济强的通道。四是扩大高水平人才供给，激发人才活力。人才是第一资源，没有足够的人才，创新将会是"无米之炊"。

# 7. 绿色交易政策

2024 年 1 月 25 日，国务院总理李强签署第 775 号国务院令，公布《**碳排放权交易管理暂行条例**》，自 2024 年 5 月 1 日起施行。

> **简评**　《条例》从 6 个方面构建碳排放权交易管理的基本制度框架：一是注册登记机构和交易机构的法律地位和职责。全国碳排放权注册登记机构负责碳排放权交易产品登记，提供交易结算等服务，全国碳排放权交易机构负责组织开展碳排放权集中统一交易。二是碳排放权交易覆盖范围以及交易产品、交易主体和交易方式。国务院生态环境主管部门会同有关部门研究提出碳排放权交易覆盖的温室气体种类（目前为二氧化碳）和行业范围，报国务院批准后实施；碳排放权交易产品包括碳排放配额和经批准的其他现货交易产品，交易主体包括重点排放单位和符合规定的其他主体，交易方式包括协议转让、单向竞价或者符合规定的其他方式。三是重点排放单位确定。国务院生态环境主管部门会同有关部门制定重点排放单位确定条件，省级政府生态环境主管部门会同有关部门据此制定年度重点排放单位名录。四是碳排放配额分配。国务院生态环境主管部门会同有关部门制定年度碳排放配额总量和分配方案，省级政府生态环境主管部门会同有关部门据此向重点排放单位发放配额。五是排放报告编制与核查。重点排放单位应当编制年度温室气体排放报告，省级政府生态环境主管部门对报告进行核查并确认实际排放量。六是碳排放配额清缴和市场交易。重点排放单位应当根据核查结果足额清缴其碳排放配额，并可通过全国碳排放权交易市场购买或者出售碳排放配额，所购碳排放配额可用于清缴。

2024 年 8 月 26 日，国家能源局印发《**可再生能源绿色电力证书核发和交易规则**》（国能发新能规〔2024〕67 号）。《规则》确定了绿证核发和交易坚持"统一核发、交易开放、市场竞争、信息透明、全程可溯"的原则，风电（含分散式风电和海上风电）、太阳能发电（含分布式光伏发电和光热发电）、生物质发电、地热能发电、海洋能发电等可再生能源发电项目上网电量，核发可交易绿证。《规则》明确，1 个绿证单位对应 1000 千瓦时可再生能源电量；不足核发 1 个绿证的当月电量结转至次月；绿证有效期 2 年，时间自电量生产自然月（含）起计算；对 2024 年 1 月 1 日（不含）之前的可再生能源发电项目电量，对应绿证有效期延至 2025 年底。《规则》有效期 5 年。

> **简评**　随着全球绿色能源转型的加速，绿证已成为各国推动可再生能源发展、促进碳减排的有利工具。2017 年国家发展改革委印发《试行可再生能源绿色力证书核发及自愿认购交易制度的通知》，标志着我国绿色电力证书制度正式试行，2023 年以来，国家陆续出台多项政策，对绿证交易平台、绿证核发范围、绿证交易电量纳入考核等方面予以明确和完善，我国绿证交易规模稳步扩大，推动可再生能源消费比例不断提升。本次《规则》明确绿证扩容和有效期限，对不同绿证进行了有效的区分，既能避免市场无序竞争，也确保了国内市场的统一和透明。同时，《规则》明确要求卖方必须承诺仅申领中国绿证、不重复申领其他同属性凭证，即在国内已建档立卡的发电企业或项目业主在国内申领了中国绿证后，原则上不能针对同一电量再申领类似的国际认

证,防止同一电量在不同市场中被重复认证和交易,避免市场上的套利行为和混乱,为国内绿色电力市场的规范化发展提供强有力的保障。

2024 年 9 月 11 日,国家能源局及环境部发布《**关于做好可再生能源绿色电力证书与自愿减排市场衔接工作的通知**》,推动绿证与全国温室气体自愿减排交易(CCER)市场有效衔接。《通知》设置 2 年过渡期,自 2024 年 10 月 1 日起生效,有效期 2 年。(1)过渡期内:深远海海上风电、光热发电项目可自主选择核发交易绿证或申请 CCER;(2)过渡期后:综合市场运行情况适时调整绿证与自愿减排市场衔接要求。2017 年 3 月之前已完成 CCER 备案的可再生能源发电项目按《通知》相关要求参照执行。2024 年 9 月 20 日,工业和信息化部办公厅等联合发布《关于征集重点工业产品碳足迹核算规则标准研究课题的通知》。按照急用先行原则,优先聚焦钢铁、电解铝、水泥、化肥、氢、石灰、玻璃、乙烯、合成氨、电石、甲醇、锂电池、新能源汽车、光伏和电子电器等重点产品,以及其他减排贡献突出、市场需求迫切、供应链带动作用明显的工业产品,制定产品碳足迹核算规则标准。

> **简评**
>
> 绿电绿证涵盖的仅是可再生能源发电项目,而自愿减排项目 CCER 范围广泛得多,除可再生能源发电类项目外,还包括林业碳汇、甲烷减排、节能增效等多种类型。两者减排原理不同:绿电具有零碳属性,在相关碳足迹标准或倡议认可的条件下,购买绿电意味着企业电力消费带来的碳排放量为零;而自愿减排机制下的减排量,代表企业额外减排努力,其他主体可以通过交易获得自愿减排量并用于抵销自身的碳排放。二者减排范围也不同,绿电绿证只可在有关国际机制碳足迹规则认可前提下,用于减少范围二的间接排放,而自愿减排量可用于抵销企业所有的直接和间接排放。
>
> 对于 CCER 和碳排放权交易市场,碳交易市场上主要有两个产品,一个是碳排放配额,也称 CEA,是国家强制的主要适用于控排企业的交易市场;另一个就是 CCER 交易市场,它允许非控排企业进入,并提供经核证的自愿减碳交易平台,可理解为一种抵消机制。就是说控排企业,既可以在全国的碳市场直接购买碳配额,也可以选择在 CCER 市场购买 CCER,用来抵消碳排放量。

2024 年 11 月 11—22 日,《**联合国气候变化框架公约**》第二十九次缔约方大会(COP29)在阿塞拜疆首都巴库举行。此次气候大会的核心议题包括新的气候资金集体量化目标(NCQG)、《巴黎协定》第 6 条、新的国家自主贡献(NDCs)、适应资金以及气候行动中的年龄和性别议题。目前,COP29 的重要成果主要包括全球碳市场机制的重大进展和《巴黎协定》第 6.4 条的批准。

> **简评**
>
> COP29 首日,各缔约方就《巴黎协定》第 6 条第 4 款机制(6.4 条)下的碳信用创建标准达成共识,标志着全球碳市场迎来历史性时刻。6.4 条机制的核心是建立一个由联合国监督的碳信用机制,旨在通过国际合作减少温室气体排放。这一机制的通过为全球各国正式开展碳交易奠定坚实基础,预计每年可以减少 2500 亿美元的实施国家自主贡献的成本。此外,COP29 还重点关注"增强雄心",确保各国承诺雄心勃勃的减少温室气体排放国家目标。《巴黎协定》确定了共同但有区别的责任和各自能力原则,各国制定和通报自己的气候行动,即国家自主贡献。根据协定规定,每五年各缔约方要通报一次国家自主贡献,下一时间节点正是 2025 年。2025 年 2 月 10 日前,各国需要提交新的至 2035 年的国家自主贡献目标,并在 2025 年巴西召开的气候大会(COP30)上进行评估。